飞机安全性与适航技术丛书

工程可靠性基础

孙有朝　李龙彪　编著

科 学 出 版 社
北 京

内 容 简 介

本书在跟踪可靠性研究前沿的基础上，以航空、航天与民航为背景，结合数理统计与工程设计原理，系统全面地阐述工程可靠性的基础理论和相关技术。全书共7章，内容包括：绪论，可靠性数学基础，系统可靠性模型，系统可靠性分析方法，可靠性预计与分配，可靠性试验、验证与评定，以及人机系统可靠性。在以复杂系统可靠性建模与仿真为主要内容的同时，本书也对可靠性试验及失效机理等进行了较详细的阐述，同时为了便于学习和掌握，每章章后都配备了习题。

本书强调了可靠性基本理论与工程实践的结合，适合作为高等工科院校机械、电子、自动化、航空、航天、民航、船舶等相关专业本科生教材和教学参考书，也可供从事机械和电子产品可靠性设计、制造、试验和管理的工程技术人员使用和参考。

图书在版编目（CIP）数据

工程可靠性基础 / 孙有朝，李龙彪编著. —北京：科学出版社，2021.11
(飞机安全性与适航技术丛书)
ISBN 978-7-03-070541-9

Ⅰ. ①工…　Ⅱ. ①孙…②李…　Ⅲ. ①飞机系统-系统可靠性-研究　Ⅳ. ①V221

中国版本图书馆 CIP 数据核字（2021）第 224336 号

责任编辑：孙伯元 / 责任校对：崔向琳
责任印制：吴兆东 / 封面设计：十样花

科学出版社 出版
北京东黄城根北街 16 号
邮政编码：100717
http://www.sciencep.com

北京中石油彩色印刷有限责任公司 印刷
科学出版社发行　各地新华书店经销

*

2021 年 11 月第　一　版　开本：720 × 1000　B5
2022 年 7 月第二次印刷　印张：18 1/4
字数：350 000

定价：148.00 元
（如有印装质量问题，我社负责调换）

序

2002 年，国务院批准 ARJ21-700 飞机项目立项。2014 年 12 月 30 日，ARJ21-700 飞机取得我国首张喷气客机型号适航合格证，标志着我国首款按照国际标准自主研制的喷气支线客机通过民航局适航审定，具备了可接受的安全水平。围绕 ARJ21-700 飞机研制与适航验证，经过 12 年的历程初步形成了我国符合国际标准的适航验证审定程序、机制和体系，具备了保障我国航空工业持续发展的重要国家能力。

2006 年初，"发展大飞机" 作为国家决策被写进《国家中长期科技发展规划纲要》和《中华人民共和国国民经济和社会发展第十一个五年规划纲要》。2007 年 2 月，大型飞机研制重大科技专项正式立项。2011 年 1 月，首架第 4 代歼击机歼-20 工程验证机实现首飞。2013 年 1 月，大型运输机运-20 成功首飞，运-20 的研制兼顾了大型运输机的多任务能力和民用飞机的适航安全性要求。2015 年 11 月，我国首款按照最新国际适航标准研制的大型客机 C919 下线，2017 年 5 月 5 日成功首飞。中俄合研的 CR929 宽体客机总体布局已经确定，预计 2023 年首飞。2018 年 1 月 24 日，鲲龙-600（AG600）飞机完成了第二次陆上试飞。随着越来越多的军民用飞机投入运行，人们对飞机安全性与适航技术的要求也越来越高。

航空运输是公认的最安全的交通运输方式，但自飞机诞生至今，一些致命的飞行事故频繁发生。因此，在飞机设计过程中，飞机设计人员必须考虑飞机安全性的要求，使安全性成为民用飞机的一种基本特性。适航是飞机获得商业成功、走向国际市场的法定前提和重要保证。保证飞机飞行安全的适航标准是民用航空产品必须满足的最低安全要求。"民机发展，适航先行" 已成为民用航空产品开发的基本要求。美国在提高军用飞机安全性方面首先将民用适航性引入军用飞机研制过程，大大提高了军用飞机的安全性水平。目前军用飞机的适航性审查已经成为欧美地区提高军用飞机安全性水平的重要手段。

在飞机型号的研制与发展过程中，不仅需要强大的航空工业基础，更需要完备的安全性与适航技术体系作为支撑。我国在由航空大国迈向航空强国的道路上，无论是在工程技术上还是在项目管理上，都需要将适航作为基本的规范指南。

为了加快我国安全性与适航体系的完善及其在飞机型号研制中的全面实施，同时也为了促进安全性与适航紧缺人才培养，在相关基金的资助下，南京航空航天大学可靠性与适航技术研究中心组织编写了 "飞机安全性与适航技术丛书"。

该丛书从我国飞机型号研制的需求出发，在认真总结国内外飞机安全性与适航研究最新进展的基础上，结合我国飞机型号研制与适航管理经验，内容涵盖飞机复杂系统安全性、可靠性、适航技术、人为因素等多个方面，主要论述基本概念、理论模型、技术方法与实践经验，具有系统性、实用性和前瞻性，有助于读者全面、系统地了解飞机安全性与适航技术体系。

该丛书是一套理论研究与工程应用并重的著作，不仅可为广大飞机工程设计和项目管理人员提供指导和参考，同时也可作为飞机设计相关专业本科生、研究生的教学参考书。

希望该丛书的出版能够对我国飞机安全性和适航验证等领域的技术发展起到推动的作用。

前　言

可靠性理论及应用是一门多学科交叉的新兴边缘性学科，涉及基础科学、技术科学、信息科学和管理科学等诸多领域。

任何产品和技术，尤其是高科技产品、大型复杂系统设备以及尖端技术的发展，均需要以可靠性技术为基础。可靠性已经成为衡量产品质量和技术措施的重要指标之一。20 世纪 40 年代初期到 60 年代末期，是可靠性理论与工程发展的重要时期。1952 年，美国军方、工业界和学术界三方共同组成了电子设备可靠性咨询小组(Advisory Group on Reliability of Electronic Equipment，AGREE)，并于 1957 年发表了“军用电子设备可靠性”的研究报告，成为可靠性学科发展的奠基性文件和重要里程碑。60～80 年代，可靠性理论与实践进入了全面发展阶段，拓展到与工程应用有密切关系的多学科领域。进入 80 年代，西方发达国家在机械可靠性、软件可靠性和微电子可靠性等领域进行了深入的研究，全面推广计算机辅助设计技术在可靠性中的应用。我国也从这一时期开始，逐步颁布了一系列可靠性工程技术标准和管理规定，在现代武器装备等大型系统研制中全面推行可靠性工程技术，使工程型号的可靠性工作进入规范化轨道，并得到迅速发展。自 90 年代以来，可靠性向着模块化、综合化、自动化、系统化、智能化的方向发展，形成了多学科交叉、渗透和融合的学科发展趋势。

本书重点围绕工程可靠性基础展开论述，旨在满足高等工科院校机械、电子、自动化、航空、航天、民航、船舶等相关专业工程技术人员学习可靠性基础知识的要求。

本书是作者在多年从事可靠性理论、工程、方法和技术应用的教学与科学研究工作基础上，经过凝练与整理完成的。全书由孙有朝教授主编，感谢国家自然科学基金、工信部民机专项、国防基础科研计划、国防技术基础、民航局科技计划等对课题组可靠性领域相关项目给予的资助。在撰写过程中，作者参阅了国内外同行专家、学者的大量科技文献、著作、手册和教材等，在此一并谨致以诚挚的感谢。

由于作者水平有限，疏漏之处在所难免，敬请广大读者批评指正。

目　　录

第1章 绪　　论

可靠性(reliability)一词最早可追溯到 20 世纪 30 年代，源于人的品质与产品信誉。国际标准化组织(International Organization for Standardization，ISO)[1]把可靠性定义为：单元在给定的环境和运行条件下，在给定的时间内完成规定功能的能力。这里“单元”既可以是一个元件、设备或者一个子系统，又可以是一个系统；“给定的环境和运行条件”包括使用条件、应力条件、环境条件和储存条件等；“时间”一词也应从广义的角度去理解，可以是时间、次数、里程，如车辆的行驶里程、零件受到的应力循环次数等。在工程技术领域，可靠性概念是第一次世界大战后出现的，首先用在比较军用单缸飞机、双缸飞机及四缸飞机的安全性方面[2]，近年来发展到机械技术及现代工程管理领域，成为一个新兴的边缘交叉研究领域。

1.1 可靠性工程发展

可靠性理论诞生于 20 世纪 30～40 年代。1931 年，Shewhart[3]首先用统计方法分析工业产品的质量与可靠性。随着工业产品综合程度的提高，出现了以电视机、电子计算机、汽车等为代表的机械电子产品，复杂系统的可靠性和安全性已经提到了研究日程。早期，“可靠性”这一概念仅仅从定性方面去理解，没有数值度量。为了准确表述可靠性定义，不仅要从定性来评价，而且需要有定量的尺度。在第二次世界大战后期，德国火箭专家 Lusser 首先提出用概率乘积法则，将系统的可靠度看成是其各个子系统的可靠度乘积，从而算得 V-E 型火箭诱导装置的可靠度为 75%，首次定量表述了产品的可靠性。

据记载，在第二次世界大战末期，美国空军运到远东地区的电子系统有 60%发生故障，海军舰艇的电子设备有 70% 处于故障状态。美国率先研究可靠性工程问题，将可靠性设计贯穿于产品的研制、生产、使用和维修的全过程，并成立了各种研究可靠性组织，如 1950 年的导弹可靠性委员会小组，1952 年由军方、工业界及学术界组建的 AGREE，于 1957 年提出著名的 AGREE 报告，即 *Reliability of Military Electronic Equipment*[4]，为可靠性工程技术奠定了基础。日本在 1956 年从美国引进可靠性技术，并将可靠性技术推广到民用工业部门，取得了很大成功，极大程度上提高了产品的可靠度，从而提高了产品的竞争力，如汽车、电视、照相机等产品畅销全球并带来了巨大的经济效益。

20 世纪 60 年代初，美国洲际弹道导弹和太空开发计划的发展，尤其是墨丘利计划和双子星计划的推进，以及和苏联在外太空方面的军备竞赛，使人类首次登上了月球，这给可靠性的发展提供了良好的契机[5]。1962 年，英国出版了 *Reliability and Microelectronics* 杂志，法国国立通信研究所在这一年成立了“可靠性中心”，进行数据的收集与分析。1963 年，国际上著名的可靠性专业学术杂志 *IEEE Transaction on Reliability* 问世。1964 年，第一届可靠性学术会议在匈牙利召开，开始了对可靠性理论与应用的研究工作。1965 年，国际电工委员会(International Electrotechnical Commission，IEC)设立了可靠性技术委员会，对可靠性的研究，由航空、宇航、电子等尖端工业领域扩展到电力、机械、土木等一般性产业部门，使得可靠性工程和技术得到迅速发展[6]。

在 20 世纪 70 年代，美国和其他一些国家开始大力发展原子能。美国成立了以 Rasmussen 为首的研究小组，开展对原子能安全风险评估方面的工作，数百万美元研究经费的投入造就了世界上第一份原子能安全风险评估报告，即著名的 Rasmussen 报告[7-9]。70 年代初，我国航空航天工业部提出电子元器件必须经过严格筛选，70 年代中期，中日海底电缆工程的需要推动了高可靠性元器件验证试验，促进了我国可靠性工程的发展。

20 世纪 80 年代末至 90 年代初，在以科技为先导，质量为主线的方针指导下，以可靠性理论及工程应用为主的“北京航空航天大学可靠性与系统工程学院”、致力于微电子和元器件失效机理与分析新技术的“中国赛宝实验室(信息产业部电子第五研究所)可靠性研究分析中心”，以及新兴的以可靠性理论研究为主的“电子科技大学可靠性工程研究所”等重要科研院所先后成立[5]。国家军用标准《电子设备可靠性预计手册》(GJB/Z 299B—98)和《电子设备非工作状态预计手册》(GJB/Z 108—98)为开展可靠性预计提供了一系列参考数据和科学的技术方法[6]，应用于国内军用、民用及航空航天部门，助推了人造卫星、洲际导弹试验和同步通信卫星的成功发射，标志着我国可靠性工程和技术的研究取得了显著的成就，缩短了国内与国际先进的可靠性技术水平的差距。

可靠性作为衡量产品质量的一个重要指标，实质上是度量产品在时间维度上的质量。一个产品若不可靠，其高性能与强功能对顾客来说都是毫无意义的，而且会威胁财产生命安全，或导致灾难性事故发生。洛克希德飞机坠毁事故、福特汽车公司 Pinto 汽车的漏油事故、凡士通公司的轮胎事故等[10]，反映了产品在设计阶段需要充分考虑可靠性相关问题。随着可靠性研究的不断深入，以及现代高科技复杂系统产品发展的需要，研究过程经历了 20 世纪 50 年代的起步阶段，70 年代的成熟阶段，90 年代的向智能与自动化发展的阶段，到 21 世纪已发展到面向全寿命、全过程、全特性的综合集成阶段，逐步形成了一门综合性的可靠性工程技术学科。

近年来，欧洲和亚洲各国在工业系统的可靠性和安全性方面同样也做了大量有意义的工作[7, 10]，如挪威海洋石油天然气及北海石油天然气的开发，使得深海设备可靠性问题成为和航空航天设备一样的研究热点。

1.2　可靠性基本概念

在现代生产中，可靠性技术已贯穿于产品的初期研制、设计、制造、试验、使用、运输、保养及维修等各个环节。从经济角度分析，为提高产品的利用率，减少维修费用，高可靠性是必要的，但高可靠要求的费用较高，因此需要综合考虑优选部件设计问题，以便使得总费用取得最佳可靠度。

在应用概率统计相关方法研究系统可靠性时，总把产品发生的故障规律看成随机现象来研究，因此通常的可靠度不是指某一特定产品的可靠程度，而是针对该型号产品总体的可靠程度。可靠性理论在发展过程中形成了四个独立学科领域[11]。

(1) 可靠性数学。它是可靠性研究中最重要的基础理论之一，主要研究和解决各种可靠性问题的数学方法和数学模型，研究可靠性的定量规律，属于应用数学范畴，所涉及的知识主要有概率论、数理统计、随机过程、运筹学及拓扑学等数学分支，多数应用于数据收集与分析，以及系统设计与寿命试验等方面。

(2) 可靠性工程。该领域首先面对产品这个实体对象，可为零部件、元器件、设备或系统，从而说明可靠性工程是对产品的失效与其发生概率进行统计分析，以及对产品可靠性设计、预计、试验、评估、检验、控制、维修及失效分析的一门包含许多工程技术的边缘性学科。该学科立足于系统工程理论与方法，应用概率统计等方法对产品的可靠性问题进行定量分析，采用失效分析方法与逻辑推理对产品故障进行研究，找出薄弱环节，确定提高产品可靠性的途径，综合权衡经济、功能等方面的得失，将产品的可靠性提高到满意程度的一门学科。该学科包含了对零部件和系统等产品的可靠性数据的收集与分析、可靠性设计、预测与评价等。

(3) 可靠性物理。又称为失效物理，是研究失效的物理原因与数学物理模型，检测方法与纠正措施的一门可靠性理论。它使可靠性工程从数理统计方法发展到以理化分析为基础的失效分析方法。从本质和机理上探究产品的不可靠因素，从而为研究、生产高可靠性产品提供科学依据和试验机理。

(4) 可靠性管理。主要是指为确定和满足产品可靠性要求而必须进行的一系列计划、组织、协调、监督等工作，从制订设计方案、分配、优化等对产品或系统进行管理，对管理成功性提出概率和行为要求的软科学。

在可靠性工程中，现场使用数据与试验数据的收集整理，多数国家建立了各种数据库，因为数据是可靠性设计和可靠性研究的基础，在整个可靠性工程中，都是通过可靠性数据和信息反馈来改进产品的可靠性，于是存在可靠性设计这个重要的内容。

可靠性设计是可靠性工程的一个重要分支，因为产品的可靠性在很大程度上取决于设计的正确性，在可靠性设计中要规定可靠性和维修性指标，并使其达到最优[12]。可靠性预计则是可靠性设计的重要内容之一，是一种预测预报方法，在设计阶段，从失效率数据预报零部件和系统实际可能达到的可靠度，预计这些零部件和系统在规定的条件下和规定的时间内完成规定功能的概率。在设备设计的初期，及时完成可靠性预计工作，可以更清楚地了解元器件之间的可靠性关联关系，找出提高整个设备可靠度的有效途径。而可靠性设计的另一个重要内容则是可靠性分配，它是将系统规定的容许失效概率合理分配到系统的零部件，通常采用最优化方法进行系统的可靠性分配。在可靠性设计中，有时会采用冗余设计法，该方法是在系统中配置备用零部件或子系统，当原来部件或设备出现故障时，立即替换储备件，通常采用并联和旁联冗余，该方法可以成倍地提高系统可靠度。

可靠性设计中核心为机械可靠性设计，也称为机械概率设计，是工程可靠性在机械设计中的应用[13]。由于可靠性理论扩展到结构设计、强度分析、疲劳研究等方面，传统的机械设计方法不能预测零部件的破坏概率，主要是因为所采用的荷载和材料性能等数据为平均数据。选用强度时还要考虑安全因子，相比之下，机械可靠性设计则更为接近于实际情况。机械可靠性的设计特点是采用可靠度或其他可靠性指标，确保系统的结构可靠性，而传统的机械设计则是用安全因子来保证结构可靠性的，因此，机械可靠性设计方法对失效可能性的认识和估计都是比较合理的。从结构安全性评价来看，传统机械设计只有安全因子这样一个指标，而机械可靠性设计则有可靠度和安全因子两个指标。

最早可靠性定义是由 AGREE 在 1957 年的报告中提出的，1966 年，美国的 MIL-STD-721B 正式给出了传统和经典的可靠性定义，即产品在规定条件下和时间内完成规定功能的能力，它将可靠性定义分为任务可靠性和基本可靠性两部分[6]。任务可靠性的定义为产品在规定的任务剖面内完成规定功能的能力，反映产品在执行任务时成功的概率，只是统计危及任务成功的致命故障。基本可靠性定义为产品在规定条件下，无故障持续时间或概率，包括全寿命单位的全部故障，能反映产品维修人力和后勤保障等要求。

可靠性的理论基础是概率论和数理统计，其任务是研究系统或产品的可靠程度，提高质量、经济效益和生产的安全性。具体地，上述可靠性定义中，含有以下五个方面的因素[13~15]。

(1) 研究对象。可靠性研究的对象为产品，是一个广泛概念，可以是元件、组件、零件、部件、单元、机器、设备，乃至整个系统。研究可靠性时部件要确定具体产品，而且要明确其内容和性质。若研究对象为系统，则应包括硬件、软件，以及人的判断和操作等因素在内，即人机系统观点分析问题。

(2) 规定条件。包括使用时的环境条件和工作条件，如温度、湿度、振动、冲击、辐射等环境条件，使用时的应力条件、维护方法、储存时的储存条件，以及使用时对操作人员的技术等级要求等。在不同的规定条件下产品可靠性是不同的，如同一型号飞机在不同天气条件飞行表现的可靠性不完全一样，从而若要谈论产品的可靠性必须指明规定的条件是什么。

(3) 规定时间。它是指产品规定了的任务时间。随着产品任务时间的增加，产品出现故障的概率将增加，而产品的可靠性将会下降。因此，谈论产品的可靠性离不开规定的任务时间。不同类型的产品对应的时间单位可能不同，如火箭发射装置，其可靠性对应的时间以秒计算，而海底通信电缆寿命则以年计。时间单位不一定仅为年月日，时分秒，也可以是工作次数(如开关继电器等)、滚动循环次数(如发动机寿命)和行驶里程(如车辆、飞机)等。

(4) 规定功能。它是指产品规定了必须具备的功能及其技术指标。所要求产品功能的多少和其技术指标的高低，直接影响到产品可靠性指标的高低，如电风扇的主要功能有转叶、摇头和定时；规定功能是三者都要，还是仅需要转叶，所得出的可靠性指标是大不一样的。因此，在分析评价产品的可靠性时，必须首先明确要求产品完成的规定功能是什么，只有规定了清晰的功能及性能界限，才能给出明确的产品故障判据。

(5) 概率。可靠度是可靠性的概率表示，它是把概念性的可靠性用具体的数学形式，即“概率”来表示，这就是可靠性技术发展的出发点，应用概率来定义可靠度后，对元件、零件、部件、机器、设备、系统等产品的可靠程度的测定、比较、评估等才有了共同的基础，对产品质量的可靠性方面管理才有保障。有了概率来度量可靠性，从而可广泛采用概率论与数理统计方法来对产品的可靠性进行定量计算。

另外也常见到一些其他专门定义[6, 10]，产品运行时的可靠性称为工作可靠性(operational reliability)，包含产品制造与使用两方面的因素，且分别用固有可靠性和使用可靠性来反映[16-17]。其中针对制造生产所确定的可靠性，称为固有可靠性或潜在可靠性(inherent reliability)，是厂商在模拟实际工作的标准条件下，对产品检测并给予保证的可靠性。而与产品使用密切相关，在真实环境中表现出来的可靠性常称为使用可靠性(use reliability)，它受到使用环境、操作水平、保养和维修等因素的影响，且使用者的素质对其影响很大。

储存可靠性，通常针对长期储存、一次使用的产品，如火药、导弹等产品，也有关于一些重要系统备件的可靠性问题，它是指在规定的储存条件和时间内，保存其使用规定功能部件的能力。

对于可维修的产品，一旦发生故障或失效，总是修复后再使用，这种易于维修的性能，通常称为维修性，随着维修性和维修度的提出，可靠性与可靠度可分为狭义和广义[18-30]。

广义可靠性，是指产品在其整个寿命期限内完成规定功能的能力，包含可靠性(即狭义可靠性)与维修性，从而广义可靠性对于可能维修的产品和不可能维修的产品具有不同的意义。与广义可靠性相对应，不发生故障的狭义可靠度与排除故障的维修度称为广义可靠度。

随着可靠性工程与实际需求，可靠性分析方法大致可以分为三种：硬件可靠性、软件可靠性和人因可靠性。尽管许多系统同时包括硬件、软件和人的因素(如设计者、操作者和维修者)，但本书主要涉及硬件可靠性中的部件与系统的可靠性。硬件可靠性分析目前主要分为两种方法：机理模型法与统计分析法[31-36]。

机理模型法主要是用来进行结构产品单元(如梁、桥、机械构件等)的可靠性分析，也被称为结构可靠性分析法。在机理模型法中，涉及两个基本概念：应力与强度，应力通常指引起系统或产品失效的外载荷，强度是产品抵抗失效的能力。而产品的失效通常是由于其所承受的载荷超过了产品在当前状态下的极限承载能力[37-44]。

记强度与应力分别为随机变量 S 和 s。在时刻 t，应力的大小不一定是一个确定的值，而且一个产品或系统应力由若干构成，可抽象为随机变量组成的多元随机函数。应力-强度分布规律示意图如图 1-1 所示。应力大于强度则失效，可靠性 R 定义为强度大于应力的概率，即

$$R = P\{S > s\}$$

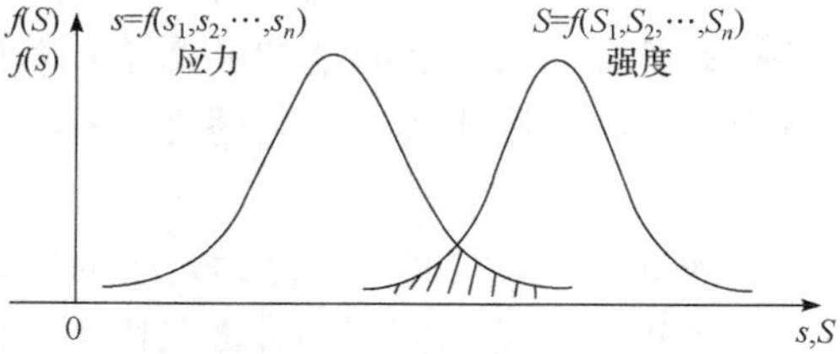

图 1-1　应力-强度分布规律示意图

应力和强度通常是随时间变化的，因此可以看成时间的函数，分别记为 $s(t)$ 和 $S(t)$，其概率密度函数分别记为 $f(s)$, $f(S)$。应力-强度分布与时间之间的关系如图 1-2 所示。

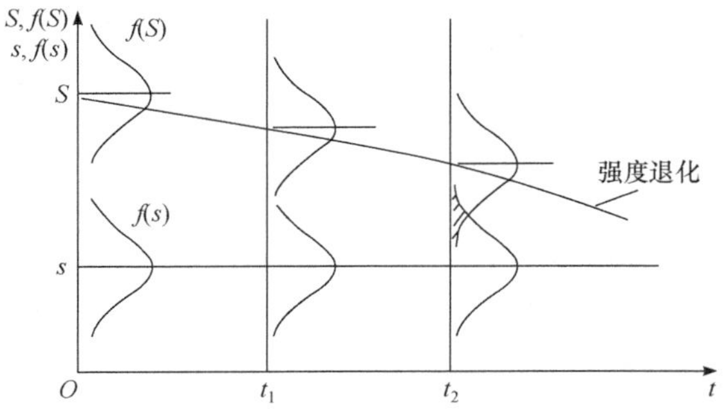

图 1-2　应力-强度分布与时间之间的关系

失效时间 T 定义为到 $S(t)<s(t)$为止时的(最短)时间，即

$$T = \min\{t : S(t) < s(t)\}$$

因此，可靠度 $R(t)$可以定义为

$$R(t) = P(T > t)$$

统计分析法通过分析在失效时间 T内荷载和强度的概率分布函数 $F(t)$ 来获得可靠性。评价可靠性的指标包括失效率(failure rate)、平均故障发生时间(mean time to failure，MTTF)和平均剩余寿命(mean residual life，MRL)等。

与可靠性密切相关的专业属性有维修性(maintainability)、有效性(也叫可用性，availability)、安全性(safety)、保障性(indemnificatory)、测试性(testability)等，下面分别简单地给出相关介绍。

维修性是指产品在规定的条件下和规定的时间内，按照规定的程序和方法进行维修时，保持或修复到完成规定状态的能力，它是一个重要的产品属性。在工程实践中，对维修性的任何定量度量一般都应该从概率统计的意义上去理解。

(1) 规定的条件是指进行维修的不同的处所(即维修级别)、不同素质的维修人员、不同水平的维修设施与设备等所构成的实施维修的条件，也涉及与之相关联的环境条件。

(2) 规定的时间是指直接完成维修工作需用时间所规定的限度，是衡量产品维修性好坏的主要度量尺度。

(3) 规定的程序和方法是指针对同一故障，以不同的程序和方法进行维修，完成维修工作所需时间会有所不同，规定的程序和方法通常是经过优化的维修操作过程。

(4) 规定的状态是指通过维修所应保持或恢复的功能状态。

定量的维修要求是与设计人员可控的设计特性相关联的，可以用不同的维修性参数表述定量的维修性要求，如维修时间、费用、故障的检测与隔离等相关参数。工程上，通常用指数分布(exponential distribution)、正态分布(normal distribution)

及对数正态分布(log-normal distribution)等描述不同维修情况下的随机维修时间。

维修度是指可修产品发生故障或失效后，在规定的条件和时间$(0, \tau)$内完成修复的概率，可表示为

$$M(\tau)=P(T\leqslant\tau)$$

式中，T为在规定的约束条件下完成维修的时间；τ为规定的维修时间。

由表达式$M(\tau)$知，维修度$M(\tau)$是对时间τ的累积概率，是τ的非降函数。维修度函数曲线如图 1-3 所示。

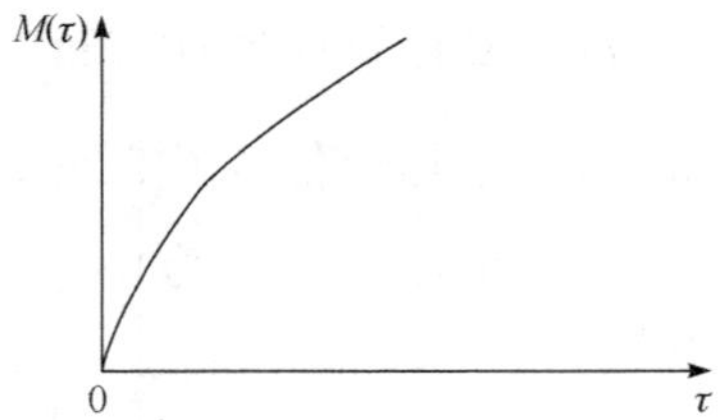

图 1-3　维修度函数曲线

记$m(\tau)$为单位时间内产品被修复的概率，则有

$$m(\tau)=\frac{\mathrm{d}M(\tau)}{\mathrm{d}\tau}$$

从而维修的修复率$\mu(\tau)$为

$$\mu(\tau)=\frac{1}{1-M(\tau)}\cdot\frac{\mathrm{d}M(\tau)}{\mathrm{d}\tau}=\frac{m(\tau)}{1-M(\tau)}$$

式中，$1-M(\tau)$为τ时刻未完成修复的概率。

通过积分运算得到维修度与修复率之间的关系为

$$M(\tau)=1-\exp\left[-\int_0^{\tau}\mu(\tau)\mathrm{d}\tau\right]$$

特殊地，当维修时间T服从指数分布时，修复率为常数，即$\mu(\tau)=\mu$，从而有

$$M(\tau)=1-\exp(-\mu\tau)$$

平均维修时间(mean time to repair，MTTR)是表示产品维修性的基本参数。其度量方法是在规定的条件下和时间内，系统修复性维修的总时间与被修复的产品的故障总数之比，即民机维修排除故障所需实际时间的平均值，包括准备、拆卸、更换、安装、调校、检测等维修作业的时间。对于一系列离散维修时间$t_1,t_2,\cdots,t_n$，其平均维修时间为

$$\mathrm{MTTR}=\frac{1}{n}\sum_{i=0}^{n}t_i$$

若为连续型维修时间，平均维修时间 MTTR 可以表示为

$$\mathrm{MTTR}=\int_0^{\infty}\tau m(\tau)\mathrm{d}\tau=\int_0^{+\infty}\tau\mathrm{d}M(\tau)$$

式中，$m(\tau)$ 为维修时间的密度函数。

若修复率为 μ，则维修度为

$$M(\tau)=1-\exp(-\mu\tau)$$

平均维修时间为

$$\mathrm{MTTR}=\frac{1}{\mu}$$

安全性指在规定的时间与条件下，产品不导致人员伤亡、不危害健康及环境、不造成设备损坏和财产损失的意外事件的能力。这些意外事件通常称为事故，导致事故发生的状态称为危险。要保证安全，最根本的问题是消除或控制这些潜在危险。安全性是通过设计赋予产品的一种产品特性，是武器装备设计必须满足的首要特性，包括定性要求和定量要求，定量要求采用安全性参数、指标来规定对产品安全性的要求，定性要求包括对危险(事故)影响的严重性、危险(事故)发生的可能性和危险风险评估指数的要求。安全性主要针对一些交通运输、战略武器、核设施等，其中适航性(airworthiness)是针对飞机按照批准的使用条件和限制，安全地实现、持续保持和结束飞行的特性，即飞机固有的安全性。民用飞机的设计首先必须严格开展安全性设计，满足适航条例规定的安全性要求，如在飞机系统设计与分析中，美国联邦航空管理局(Federal Aviation Administration，FAA)咨询通报 AC 25.1309–1A 对民用飞机的定性安全性是：灾难(catastrophic)、较大(major)、较小(minor)三个等级；而欧洲航空安全局(European Aviation Safety Agency，EASA)咨询材料 AMJ 25.1309 中对民用飞机规定安全性定性等级为：灾难、危险(hazardous)、较大、较小。

而系统或设备定量的安全性要求，通常是采用各种安全性参数和指标进行度量，常用的安全性参数有事故率或事故概率、安全可靠度等，相关度量方法通常分为以下两种形式。

事故概率度量方法是在规定的条件下和规定的时间内，系统的事故总次数与寿命单位总数之比，可用下式表示为

$$P_{\mathrm{A}}=N_{\mathrm{A}}/N_{\mathrm{T}}$$

式中，P_{A} 为事故率(次/单位时间)或事故概率(百分数%)；N_{A} 为事故总数；N_{T} 为寿命单位总数。

安全可靠度是与故障有关的安全性参数。其度量方法是在规定的条件下和规定的时间内，系统执行任务过程中不发生由设备或部件故障造成灾难事故的概率，

可用下式表示为

$$R_S = N_W / N_T$$

式中，N_W为不发生由系统或设备故障造成灾难事故的任务次数。

保障性是系统(装备)的固有属性，指系统的设计特性和计划的保障资源满足平时战备完好性和战时使用要求的能力。它包含两个方面的含义，即与装备保障性有关的设计特性和保障资源的充足和适用程度。

测试性是系统及设备的一种设计特性，是指产品(系统、子系统、设备或组件)能够及时而准确地确定其状态(可工作、不可工作或性能下降程度)，是描述和确定系统检测和隔离故障的能力。

有效性(可用性)是指装备在任一随机时刻需要和开始执行任务时处于可工作或可使用状态的能力。它是综合反映可靠性与维修性的一个重要特征量，是一个反映可维修产品使用效率的广义可靠性尺度，包括可靠性及维修性等，在t时刻的有效度定义为维修产品在某时刻t具有或维持其功能的概率，用$A(t)$表示，即

$$A(t) = \text{平均失效前时间}/(\text{平均失效前时间}+\text{平均故障修复时间})$$

瞬时有效度表示产品在某一特定瞬时，可能维修的产品保持正常使用状态或功能的概率。记平均有效度为$\overline{A(t)}$，则产品在时间(t_1,t_2)内的平均有效度为

$$\overline{A(t)} = A(t_1,t_2) = \frac{1}{t_2 - t_1}\int_{t_1}^{t_2} A(t)\mathrm{d}t$$

习　题　1

1. 根据产品可靠性、维修性、安全性、测试性、保障性的定义，分析讨论这些单个特性之间的关系以及相关影响特性？

2. 一个具有恒定故障率$\lambda = 2\times10^{-3}\mathrm{h}^{-1}$的机器每天工作 8h，每年 230 天。需要用于维修机器并使它回到运行状态的平均停机时间(mean down time，MDT)为5h，假设机器在运行中才出现故障。若一个维修行为在正常工作时间内不能完成，将超时来完成维修，使得机器在第二天早晨可以使用。

① 求机器的平均可用性？

② 若不允许使用超时，求机器的平均可用性？

3. 已知产品的失效密度函数$f(t) = \lambda\exp[-\lambda(t-\gamma)], t \geqslant \gamma$。试推导该产品的失效分布函数、可靠性函数、失效率函数、平均寿命、可靠性为 0.80 的可靠寿命，以及使用时间为T_0后剩余寿命的相关表达式？

4. 微波发射管寿命服从正态分布，其寿命均值为$\mu = 5000\mathrm{h}$，标准差为

$\sigma = 1500\text{h}$。试求当工作时间为 4100h 时，这种管子的可靠度？使用到 4400h 时，该管子的瞬时失效率又是多少？

5. 某厂生产的直径为 5mm 的钢丝弹簧，要求承受耐剪力强度为$30 \times 10^3 \text{Pa}$，且弹簧在工作应力条件下承受10^6次载荷循环后立即更换。根据以往的试验，该弹簧在恒定应力条件下的疲劳寿命服从参数为$\mu = 6.1399$，$\sigma = 0.1035$的对数正态分布，试问在更换之前，弹簧失效的可能性有多大？若要保证更换前具有 99%的可靠度，应在多少次循环前更换？

6. 推导参数为λ的泊松分布中参数λ的无偏估计，样本容量为n且置信水平为$1-\alpha$的置信区间。若某一地区在一个世纪中发生 4 次洪水，如果假设各个世纪发生洪水的次数服从泊松分布，试求一个世纪中发生洪水平均次数的 95%的置信区间？

第 2 章　可靠性数学基础

可靠性数学原理大约起源于 20 世纪 30 年代，随着现代技术的不断进步，可靠性数学原理日趋完善。自 50 年代至今，可靠性数学应用领域已从军事技术扩展到国民经济的诸多领域，而且用到的数学工具也越来越深刻。

一般来说，产品的寿命是一个非负随机变量，从而可靠性数学成为概率论和数理统计的一个重要分支；同时，可靠性通常与决策及最优化问题紧密联系，这决定了可靠性数学又是运筹学的一个重要分支；而管理问题中，高可靠性的管理提升企业竞争力，可靠性可应用于工程管理问题中，其又成为质量与工程管理的一个重要基础理论知识。由于现代信息技术的快速发展，信息的存储与传播，高度复杂系统集成可靠性需要借助计算机来完成，可靠性数学成为信息科学应用的又一个重要研究领域。

为可靠性工程应用提供数学基础，本章首先从可靠性试验的抽样原理出发，介绍相关重要特征量及其分布、分布参数的估计、线性回归分析、截尾数据分析、小子样和无故障数据分析、分布类型检验等。

2.1　可靠性基本特征量

2.1.1　可靠度与不可靠度

设 T 是单元到失效的时间，它是一个随机变量。根据可靠性的定义，事件 $\{T>t\}$ 的概率是单元在时刻 t 时的可靠性，即单元在 $(0,t)$ 内不发生失效的概率。设 $R(t)$ 为可靠性函数(也叫生存函数)，则有

$$R(t)=P\{T>t\}$$

它表示在规定的使用条件下和规定的时间内，无故障发挥规定功能而工作的产品占全部累积产品的百分率，因此可靠度 R 或 $R(t)$ 的取值范围为

$$0\leqslant R(t)\leqslant 1$$

而事件 $\{T\leqslant t\}$ 是事件 $\{T>t\}$ 的对立事件，它的概率称为累积分布函数，或累积失效概率，用 $F(t)$ 来表示，从而有

$$F(t)=P\{T\leqslant t\}=1-R(t)$$

其物理意义是单元在时间间隔 $(0,t)$ 内失效的概率，是时间 t 的函数，故又称为失效概率函数或不可靠度函数，它与可靠度成互补关系。

设有 N 个同一型号的产品，开始工作$(t=0)$后到任意时刻 t 时，有 $n(t)$个失效，则

$$R(t)\approx\frac{N-n(t)}{N},\quad F(t)\approx\frac{n(t)}{N}$$

一般情况下，产品在开始时，都是无故障的，从而有

$$n(t)=n(0)=0\text{，}\quad R(t)=R(0)=1\text{，}\quad F(t)=F(0)=0$$

进一步，随着运行时间的增加，产品失效数不断增多，可靠度就相应地降低。当产品的使用时间 t 趋向于无穷大时，所有产品不管其寿命有多长，最后总会失效。因此，有

$$n(t)=n(\infty)=N\text{，}\quad R(t)=R(\infty)=0\text{，}\quad F(t)=F(\infty)=1$$

对不可靠度函数 $F(t)$求导，则失效密度函数 $f(t)$为

$$f(t)=\frac{\mathrm{d}F(t)}{\mathrm{d}t}=-\frac{\mathrm{d}R(t)}{\mathrm{d}t}$$

从而失效密度函数又可称为故障密度函数，于是

$$f(t)=\int_0^t f(x)\mathrm{d}x\text{，}\quad R(t)=1-\int_0^t f(x)\mathrm{d}x=\int_t^\infty f(x)\mathrm{d}x$$

由上述失效分布函数表达式，可将不可靠度函数 $F(t)$ 理解为累积失效密度函数。

2.1.2　失效率

失效率又称为故障率，其定义为工作到某时刻 t 时尚未失效的产品，在 t 时刻以后的下一个单位时间内发生失效的概率。失效率的观测值为某时刻 t 以后的下一个单位时间内失效的产品数与工作到该时刻尚未失效的产品数之比。故障率 $\lambda(t)$ 可以表示为

$$\lambda(t)=\frac{\mathrm{d}r(t)}{N_{\mathrm{s}}(t)\mathrm{d}t}=\frac{\Delta r(t)}{N_{\mathrm{s}}(t)\Delta t}$$

式中，$\mathrm{d}r(t)$为在 t 时刻后，$\mathrm{d}t$ 时间内故障的产品数；$N_{\mathrm{s}}(t)$为残存的产品数，即到 t 时刻尚未故障的产品数，$N_{\mathrm{s}}(t)=N_0-r(t)$；$\Delta r(t)$ 为 t 时刻后，Δt 时间内故障的产品数；Δt 为所取时间间隔。

若已知一个单元在时刻 t 是工作的，称它在时间间隔 $(t,t+\mathrm{d}t)$ 内的单位时间发生失效的概率为单元在时刻 t 的失效率(也叫风险率)，常记作 $\lambda(t)$，即

$$\lambda(t)=\frac{P\{t<T\leqslant t+\mathrm{d}t|T>t\}}{\mathrm{d}t}=\frac{f(t)}{R(t)}$$

若可靠度函数 $R(t)$ 或不可靠度函数 $F(t)=1-R(t)$ 已求出，则根据上式可求出 $\lambda(t)$，反之若失效率函数 $\lambda(t)$ 已知，可得可靠性函数为

$$R(t)=\exp\left[-\int_0^t\lambda(t)\mathrm{d}t\right]$$

即可靠度函数 $R(t)$ 可理解为 $\lambda(t)$ 由 0 至 t 积分之后作为指数的指数型函数。

例题 2.1　设某机械系统失效时间 t 的分布函数为 $F(t)=1-\exp(-0.5t^{2.5})$，则有

$$R(t)=\exp(-0.5t^{2.5}),\quad f(t)=1.25t^{1.5}\exp(-0.5t^{2.5}),\quad \lambda(t)=1.25t^{1.5}$$

上面已经定义了四个可靠性基本函数，这样只要知道其中任何一个函数就可以导出其他三个函数的表达式。

解：若已知失效率函数 $\lambda(t)=\dfrac{f(t)}{\int_t^{\infty}f(t)\mathrm{d}t}$，则

$$\lambda(t)=\frac{f(t)}{R(t)}=-\frac{1}{R(t)}\frac{\mathrm{d}R(t)}{\mathrm{d}t}$$

对上式求积分并整理可得

$$R(t)=\exp\left[-\int_0^t\lambda(t)\mathrm{d}t\right]$$

由此求得其余两个函数的表达式：

$$F(t)=1-\exp\left[-\int_0^t r(t)\mathrm{d}t\right]$$

$$f(t)=\lambda(t)\exp\left[-\int_0^t r(t)\mathrm{d}t\right]$$

失效率函数的形状往往能揭示某种失效机理或者对应于某一特定的使用阶段，因而受到特别的重视。一般地，产品的失效率遵循如图 2-1 所示的浴盆曲线。它是不可修复产品的失效率的变化曲线，由三部分组成。在左边部分，它是单调递减的；在中间的部分，它接近于一个常数；而在右边的部分，它是单调递增的。在产品使用的早期，由于加工和装配过程中留下内部缺陷，产品的失效率往往较高。通常在产品出厂前，要进行老化筛选试验，可将早期失效消除。当产品经历了早期失效期之后，失效率稳定在一个较低的水平，接近一个常数，这个时期的

失效往往由随机的原因所引起，称为偶然失效，或正常工作期。对应于这个时期的使用时间称为使用寿命。

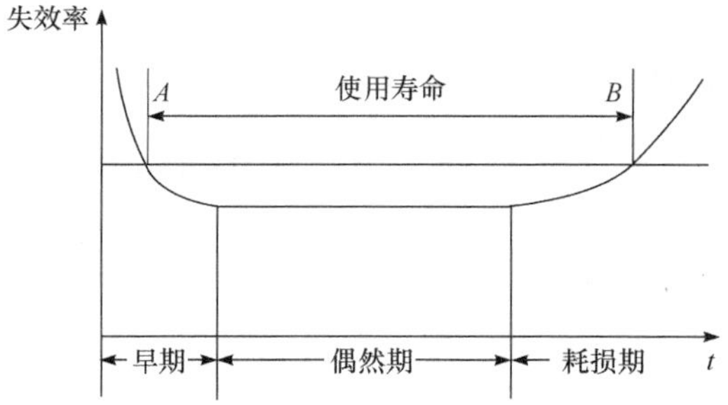

图 2-1　浴盆曲线

产品在经历了一个比较稳定的失效率时期之后，由于零部件老化、耗损等原因，失效率开始增加。若此时对产品进行维修，则可以遏制失效率上升的趋势，延长产品的使用寿命。

2.1.3　平均故障发生时间与平均故障间隔时间

1. 平均故障发生时间

设有 N 个不可修复的产品在同样条件下进行试验,测得其全部故障时间为 t_1，t_2，…，t_N，其平均故障前时间为

$$\mathrm{MTTF}=\frac{1}{N}\sum_{i=1}^{N}t_i$$

当 N 趋向于无穷时，MTTF 为产品故障时间这一随机变量的数学期望。不可修复的产品平均寿命时间指的是产品失效前工作时间的平均值，即寿命均值，即单元平均故障发生时间(也叫平均失效时间)：

$$\mathrm{MTTF}=E(T)=\int_0^{\infty}tf(t)\mathrm{d}t \tag{2-1}$$

由于 $f(t)=-\dfrac{\mathrm{d}R(t)}{\mathrm{d}t}$，则有

$$\mathrm{MTTF}=-\int_0^{\infty}tR'(t)\mathrm{d}t=-\left[tR(t)\right]_0^{\infty}+\int_0^{\infty}R(t)\mathrm{d}t$$

当 $\mathrm{MTTF}<\infty$，可以得到 $\left[tR(t)\right]_0^{\infty}=0$，此时

$$\mathrm{MTTF}=\int_0^{\infty}R(t)\mathrm{d}t \tag{2-2}$$

当产品的寿命服从指数分布时：

$$\mathrm{MTTF}=\int_0^{\infty}\exp(-\lambda t)\mathrm{d}t=\frac{1}{\lambda}$$

2. 平均故障间隔时间(mean time between failure，MTBF)

当故障产品单元的修理时间相对于 MTTF 非常短以至于可以忽略时，MTTF 可约等于平均故障间隔时间，即可修复产品两次相邻故障之间的平均时间。当故障产品单元的修理时间不能忽略时，MTBF 还包含平均维修时间。

$$\mathrm{MTBF}=\frac{1}{\sum_{i=1}^{N}n_i}\sum_{i=1}^{N}\sum_{j=1}^{n_i}t_{ij}$$

式中，N 为测试的总数；n_i 为第 i 个测试产品的故障数；t_{ij} 为第 i 个产品的第 $j-1$ 次故障到第 j 次故障的工作时间，单位为 h。

事实上，MTTF 与 MTBF 的理论意义和数学表达式的实际内容相同，统称为平均寿命，从而若从一批产品中任意取 N 个产品进行寿命试验，得到第 i 个产品的寿命数据为 t_i，则该产品的平均寿命 θ 为

$$\theta=\frac{\text{所有产品总工作时间}}{\text{总故障数}}=\frac{1}{N}\sum_{i=1}^{N}t_i$$

若进行寿命试验的产品数 N 较大，寿命数据较多，用上列各式计算较烦琐，可将全部寿命数据按一定时间间隔分组，并取每组寿命数据的中值 t_i 作为该组各寿命数据的近似值，那么总的工作时间就可近似地用各组寿命数据的中值 t_i 与相应频数 Δn_i 的乘积之和 $\sum_{i=1}^{n}(t_i\Delta n_i)$ 来表示，这样平均寿命 θ 又可表达为

$$\theta=\frac{1}{N}\sum_{i=1}^{n}(t_i\Delta n_i)$$

式中，N 为总的寿命数据；n 为分组数；t_i 为第 i 组寿命数据的中值，单位为 h；Δn_i 为第 i 组寿命数据的失效频数。

2.1.4 剩余寿命

产品可靠性特性的另一个测度是平均剩余寿命。当一个产品到时刻 t 时尚未失效，剩余的寿命 $T-t$ 是一个随机变量，它的数学期望即为平均剩余寿命，则有

$$\mathrm{MRL}(t)=E\left\{T-t\middle|T\geqslant t\right\}=\frac{P\left\{T-t,T\geqslant t\right\}}{P\left\{T\geqslant t\right\}}$$

$$=\frac{\int_t^{+\infty}\left(x-t\right)f(x)\mathrm{d}x}{R(t)}=\frac{\int_t^{+\infty}xf(x)\mathrm{d}x}{R(t)}-t \tag{2-3}$$

由于 $R'(t)=-f(t)$，有

$$\int_t^{+\infty}(x-t)f(x)\mathrm{d}x=-(x-t)R(x)\Big|_{x=t}^{\infty}+\int_t^{+\infty}R(x)\mathrm{d}x=\int_t^{+\infty}R(x)\mathrm{d}x$$

式中，$R(\infty)=0$。式(2-3)可以表示为

$$\mathrm{MRL}(x)=\begin{cases}\dfrac{\int_t^{+\infty}R(x)\mathrm{d}x}{R(t)}, & R(t)>0\\ 0, & R(t)=0\end{cases}$$

2.1.5　可靠/中位/特征寿命

在工程上，通常需要知道给定可靠度情况下，与其相对应的工作时间，即可靠寿命问题。

定义：设产品的可靠度函数为 $R(t)$，使其等于给定值 $R(0<R<1)$ 的时间 t_R 称为可靠度为 R 的可靠寿命，简称可靠寿命 t_R，其中 R 称为可靠水平。可靠水平为 0.5 的可靠寿命 $t_{0.5}$ 称为中位寿命，可靠水平 $R=\mathrm{e}^{-1}=0.368$ 的可靠寿命 $t_{0.368}$ 称为特征寿命，如图 2-2 所示。

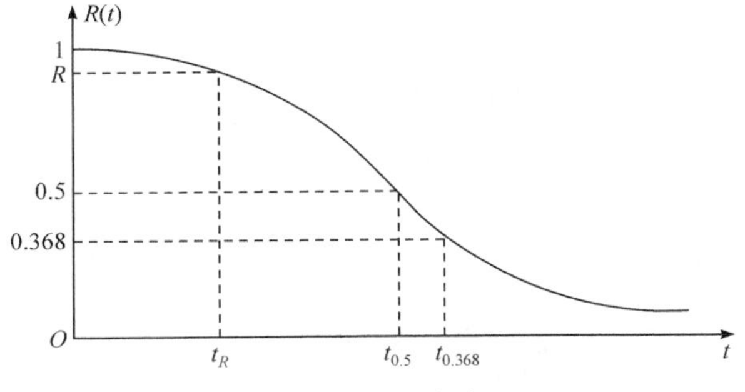

图 2-2　特征寿命

从分布的角度看，可靠寿命 t_R 满足

$$R(t_R)=R \text{ 或 } P(T\geqslant t_R)=R$$

可见可靠寿命 t_R 就是失效分布的上侧 R 分位数。中位寿命 $t_{0.5}$ 就是失效分布的中位数，如某产品的中位寿命 $t_{0.5}=5000\mathrm{h}$，它表示该产品中约有一半产品寿命

低于 5000h，另一半产品寿命高于 5000h。

可靠寿命t_R在实际中常有应用。

(1) 作为产品的可靠性指标使用，如轴承的可靠性指标就是用$R=0.9$的可靠寿命$t_{0.9}$，比较两种轴承的可靠性高低可观察$t_{0.9}$的大小，$t_{0.9}^{(1)}=1500\text{h}$与$t_{0.9}^{(2)}=2000\text{h}$相比，后者可靠性比前者高。

(2) 对可靠度有一定要求的产品，工作到了可靠寿命t_R时就要替换，否则就不能保证其可靠度。例如，飞机的操纵杆要求可靠度 R=0.999。若其可靠寿命$t_{0.999}=100\text{h}$，则飞行 100h 后，无论失效与否均应替换新的。

例题 2.2 指数分布的可靠寿命可由下列方程给出：$t_R=-\theta\ln R$，式中θ为平均寿命。如果保证有 90%的可靠度，在产品寿命服从指数分布的条件下，产品的可靠寿命$t_R=-\theta\ln 0.9\approx\theta/10$，即其工作时间不应超过平均寿命 1/10。

2.2 随机变量数字特征

由于可靠性研究的前提是试验数据的收集，而试验数据的处理通常看成随机变量，对于产品寿命随机变量，期望 EX、方差 Var(X)和标准差$\sigma(X)$是随机变量(也是相应分布)最重要的数字特征，分别刻画了一个分布的两个重要侧面：位置与散布。在实际应用中它们的使用频率最高。这里将指出它们的几项应用和其他特征数。

1. Chebyshev 不等式

对方差存在的随机变量 X，有

$$P(|X-\text{EX}|\geqslant\varepsilon)\leqslant\frac{\text{Var}(X)}{\varepsilon^2}$$

式中，ε为任一正数。这个概率不等式表明，大偏差发生的概率被其方差所控制。

2. Benulli 大数定律

设事件 A 的概率$P(A)=p$，在 n 次随机试验中 A 发生次数X_n服从二项分布$B(n,p)$，对任意小的正数ε，事件发生的频率X_n/n与其概率p之间的偏差超过ε的概率将随着 n 的无限增大而趋于零，即有

$$\lim_{n\to\infty}\left(\left|\frac{X_n}{n}-p\right|\geqslant\varepsilon\right)=0$$

这个大数定律是“频率的稳定值是概率”这样一句话的确切含义。

3. 中心极限定理

n 个相互独立且分布相同的随机变量，其和分布在一定条件下近似于正态分布，并且 n 越大，近似程度越好。研究这类结果成立的条件就构成中心极限定理。

(1) Lindeberg-Levi 中心极限定理：设 $\{X_n\}$ 是独立同分布随机变量序列，$E(X_1)=\mu$，$\mathrm{Var}(X_1)=\sigma^2$，若方差有限，且不为零，则前 n 个随机变量之和的标准化变量

$$Y_n^*=\frac{X_1+\cdots+X_n-n\mu}{\sqrt{n}\sigma}$$

的分布函数将随着 $n\to\infty$ 而收敛于标准正态分布 $\Phi(y)$，即对任意实数 y，有

$$\lim_{n\to\infty}(Y_n^*\leqslant y)=\Phi(y)$$

这个定理很深刻，它表明不管 X_1 是离散分布还是连续分布，也不管是正态分布还是非正态分布，只要满足如下三个条件。

① 诸 X_i 相互独立同分布。

② 其分布的方差有限，且不为零。

③ n 充分大，如 $n\geqslant 30$。

都可以用上述正态近似来计算有关事件的概率，如 $P(X_1+X_2+\cdots+X_n)<a$、$P(\overline{X}<b)$ 等。

在概率论中，常把 n 充分大时才具有的性质称为渐进性质。于是 Lindeberg-Levi 中心极限定理可以表述为：在一定条件下，Y_n^* 渐进服从标准正态分布 $N(0,1)$，记为

$$Y_n^*=\frac{X_1+\cdots+X_n-n\mu}{\sqrt{n}\sigma}\sim AN(0,1)$$

(2) Demorve-Laplace 中心极限定理：设随机变量 $Y_n\sim B(n,p)$，则其标准化随机变量

$$Y_n^*=\frac{Y_n-np}{\sqrt{np(1-p)}}$$

的分布函数将随着 $n\to\infty$ 而收敛于标准正态分布函数 $\Phi(y)$，即对任意实数 y 有，有

$$\lim_{n\to\infty}(Y_n^*\leqslant y)=\Phi(y)$$

这是最早的中心极限定理。其实质是对二项分布用正态分布作近似计算，根据这个定理，当 $Y_n\sim B(n,p)$ 时，假如 n 充分大，则有

$$Y_n \overset{\text{近似}}{\sim} N[np, np(1-p)]$$

在实际使用中，对 n 的大小给出了两个基本要求：

① 要使二项分布中的 n 与 p 满足

$$np \geqslant 5 \quad \text{和} \quad n(1-p) \geqslant 5$$

② 若要求二项变量 Y_n 在 $[a,b]$ 的概率，应把区间修改为 $(a-0.5, b+0.5)$，具体是

$$P(a \leqslant Y_n \leqslant b) = \Phi\left[\frac{b+0.5-np}{\sqrt{np(1-p)}}\right] - \Phi\left[\frac{a-0.5-np}{\sqrt{np(1-p)}}\right]$$

这里使用的不等号是"⩽"或"⩾"，如要求 $P(Y_n < 20)$ 要转化为 $P(Y_n \leqslant 19)$。

例题 2.3 已知某产品的正品率为 0.515，求在 10000 个产品中正品不多于不合格产品的概率是多少？

解：设 X 表示 10000 个产品中的正品数，则 $X \sim B(10000, 0.515)$。依题意要求 $P(X \leqslant 5000)$。由于 $np = 5150$，$n(1-p) = 4850$，故可以用 Demorve-Laplace 定理求概率：

$$\begin{aligned} P(X \leqslant 5000) &\approx \Phi\left(\frac{5000+0.5-5150}{\sqrt{10000 \times 0.515 \times 0.485}}\right) \\ &= \Phi(-2.991) = 1 - \Phi(2.991) \\ &= 1 - 0.9986 = 0.0014 \end{aligned}$$

这个概率很小，只有千分之 1.4，故其对立事件"合格多余不合格"最有可能发生。

4. 随机变量函数的数学期望

设 $g(X)$ 是随机变量 X 的函数，假如它的数学期望存在，则

$$E[g(X)] = \begin{cases} \sum\limits_i g(x_i)p(x_i), & \text{在离散场合} \\ \int_{-\infty}^{+\infty} g(x)p(x)\mathrm{d}x, & \text{在连续场合} \end{cases}$$

这个性质可以简化随机变量函数期望的计算，导出有用性质，如：

(1) 若 C 是常数，则有 $E(C) = C$，$\mathrm{Var}(C) = 0$。

(2) 若 $a \neq 0$，b 是常数，则有 $E(aX+b) = aE(X) + b$，$\mathrm{Var}(aX+b) = a^2\mathrm{Var}(X)$。

5. (原点)矩和中心矩

以下所涉及的期望都假设存在：①X(或分布)的 k 阶(原点)矩 $\mu_k = E(X^k)$，数

学期望是 X 的一阶矩；②X(或分布)的 k 阶中心矩 $v_k = E(X-\mathrm{E}X)^k$，方差 $\mathrm{Var}(X)$ 是 X 的二阶中心矩。

6. 中位数与分位数

连续分布的 $\alpha(0<\alpha<1)$ (下侧)分位数 x_α 满足下式：

$$P(X \leqslant x_\alpha)=\alpha \text{ 或 } F(x_\alpha)=\alpha \tag{2-4}$$

的解。0.5 分位数为中位数。

α 分位数 x_α 是 x 轴上的一个点(实数)，它把密度函数 $p(x)$ 下的面积(概率)分为两块，左侧的一块面积恰好为 α，中位数是把 $p(x)$ 下的面积分为相等的两块，各为 0.5，如图 2-3 所示。

α 分位数 x_α 是 α 的非减函数，即有 $x_{0.1} \leqslant x_{0.3} \leqslant x_{0.7}$ 等。标准正态分布 $N(0,1)$ 的 α 分位数 $u_\alpha = \Phi^{-1}(\alpha)$，式中 $\Phi^{-1}(\alpha)$ 是标准正态分布函数 $\Phi(u)$ 的反函数，人们对各种 α 编制了“标准正态分布的 α 分位数 u_α 表”。由于标准正态密度函数的对称性，故有：① 当 $\alpha<0.5$ 时，$u_\alpha<0$；当 $\alpha>0.5$ 时，$u_\alpha>0$；当 $\alpha=0.5$ 时，$u_\alpha=0$；② 对任意 $\alpha(0<\alpha<1)$，有 $u_\alpha = u_{1-\alpha}$ (图 2-4)。

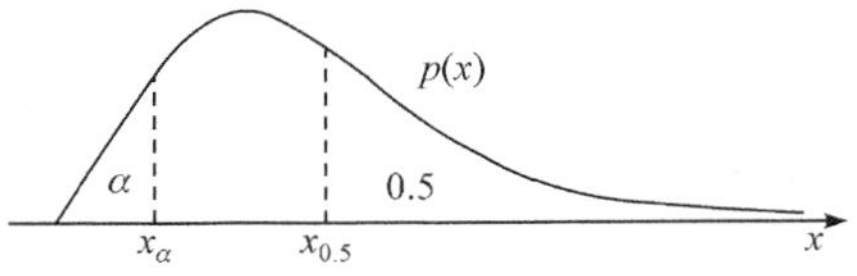

图 2-3　α 分位数与中位数

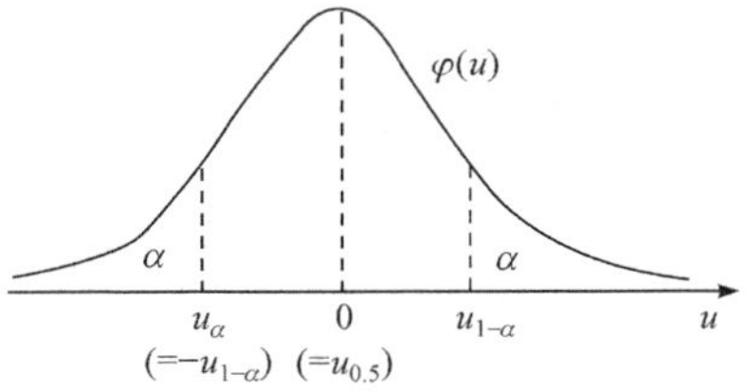

图 2-4　标准正态分布的分位数

一般正态分布 $N(\mu,\sigma^2)$ 的 α 分位数 $x_\alpha = \mu + \alpha u_\alpha$，式中 u_α 为标准正态分布的 α 分位数。连续分布的 α 上侧分位数 x'_α 由等式 $P(X \geqslant x'_\alpha)=\alpha$ 确定，如图 2-5 所示。

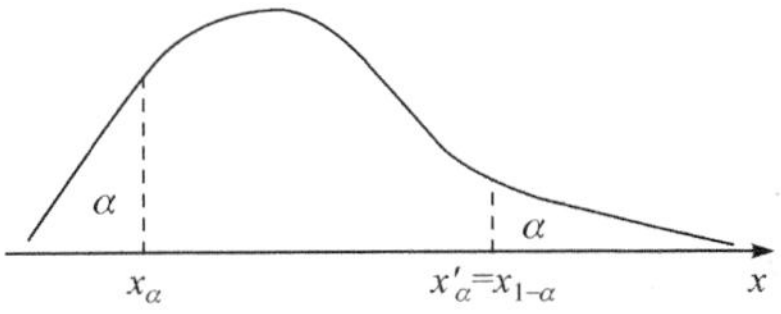

图 2-5　上下侧分位数间关系

(1) α (下侧)分位数 x_α 与 α 上侧分位数 x'_α 是两个不同概念，即在 $\alpha \neq 0.5$ 时，$x_\alpha \neq x'_\alpha$。

(2) 它们之间有如下转换关系，即 $x'_\alpha \neq x_{1-\alpha}$ 或 $x_\alpha = x'_{1-\alpha}$。

例题 2.4 某绝缘材料的使用寿命 T(单位：h)服从对数正态分布 $\ln(\mu,\sigma^2)$ 。

(1) 求对数正态分布的 α 分位数 t_α 。

(2) 若 $\mu=10,\sigma=2$ ，求 $t_{0.1}$ 。

(3) 若 $t_{0.2}=5000\text{h},t_{0.8}=65000\text{h}$ ，求 μ 与 σ 。

解：(1) 设对数正态分布函数为 $F(t)$ ，则其 α 分位数 t_α 满足方程 $F(t_\alpha)=\alpha$ ，其中

$$F(t_\alpha)=P(T\leqslant t_\alpha)=P(\ln T\leqslant \ln t_\alpha)=\Phi\left(\frac{\ln t_\alpha-\mu}{\sigma}\right)$$

若令 u_α 为标准正态分布的 α 分位数，则有

$$\frac{\ln t_\alpha-\mu}{\sigma}=\mu_\alpha,\quad t_\alpha=\exp(\mu+\sigma\mu_\alpha)$$

(2) 在 $\mu=0.2,\sigma=2$ 时，$t_{0.1}=\exp(10+2u_{0.1})=\exp[10+2\times(-1.282)]=1662\text{h}$ 。

这表明，该绝缘体材料在 1662h 内有 10%会发生失效。若进行质量改进，把对数正态分布的标准差 σ 减少到 1.7，这时 0.1 的分位数为

$$t_{0.1}=\exp[10+1.7\times(-1.282)]=2491\text{h}$$

这表明，该绝缘体材料的寿命延长了，其 10%失效会延迟到 2491h。

(3) 由 $t_{0.2}=5000\text{h}$ 和 $t_{0.8}=65000\text{h}$ 可列出如下联立方程组：

$$\begin{cases}\ln 5000=\mu+\sigma u_{0.2}\\ \ln 65000=\mu+\sigma u_{0.8}\end{cases}$$

查表知，$u_{0.8}=0.84,u_{0.2}=-u_{0.8}=-0.84$ ，代入上式，解之可得

$$\mu=9.8,\quad \sigma=1.527$$

这意味着，该绝缘体材料的平均寿命 $E(T)$ 为

$$E(T)=\exp\left(\mu+\frac{\sigma^2}{2}\right)=\exp\left(9.8+\frac{1.527^2}{2}\right)=57865\text{h}$$

7. 顺序统计量

设 $X_1,X_2,\cdots,X_n$ 是取自总体 X 的样本，X_i 称为该样本的第 i 个顺序统计量，它的取值是将样本观测值由小到大排列后得到的第 i 个观测值。其中：

$X_1=\min\{X_1,X_2,\cdots,X_n\}$ 称为该样本的最小顺序统计量；

$X_n=\max\{X_1,X_2,\cdots,X_n\}$ 称为该样本的最大顺序统计量。

在一个(简单随机)样本中，$X_1,X_2,\cdots,X_n$ 是独立同分布的，而其顺序统计量 $X_1,X_2,\cdots,X_n$ 则既不独立，分布也不相同。

2.3 常用参数型分布

系统可靠性大都服从指数分布、正态分布、伽马分布(Gamma distribution)、对数正态分布、威布尔分布(Weibull distribution)和极值分布。其中，最基本的分布模型是指数分布、正态分布和伽马分布。威布尔分布和极值分布可以看成由指数分布派生而来的，而对数正态分布可以看成由正态分布派生而来的。

2.3.1 指数分布模型

指数分布是一种单参数分布函数，主要适用于机械系统、电子元件及对承受一定载荷而磨损量又小的机械零部件寿命、复杂大系统故障间隔时间与维修时间的描述。

1. 概率密度与分布函数

设连续型随机变量 T 的概率密度函数为

$$f(t)=\frac{1}{\theta}\exp\left(-\frac{t}{\theta}\right), \quad t\geqslant 0$$

式中，$\theta>0$ 为常数，则称 T 服从参数为 θ 的指数分布，从而该随机变量 T 的分布函数为

$$F(t)=\int_{-\infty}^{t}f(t)\mathrm{d}t=1-\exp\left(-\frac{t}{\theta}\right), \quad t\geqslant 0$$

2. 相关性质

设随机变量 T 服从参数为 θ 的指数分布。

(1) 寿命均值：$E(T)=\theta$，可见分布参数 θ 为指数分布的均值，通常称 θ 为指数分布的平均故障间隔时间。

(2) 寿命方差：$DT=\theta^2$。

(3) 可靠度函数：$R(t)=1-F(t)=\exp\left(-\dfrac{t}{\theta}\right),t\geqslant 0$。

(4) 故障率函数：$\lambda(t)=\dfrac{f(t)}{R(t)}=\dfrac{1}{\theta}\triangleq\lambda(\text{常数}),t\geqslant 0$。

由可靠度表达式可知，只要确定其单一参数 λ (故障率)，则可靠度函数就完全确定。可知，曲线在形状上相似，但是 λ 的大小直接影响可靠度下降的快慢。

(5) 无记忆性：对于任意时间 $t_1,t_2>0$ 有 $P\left\{X>t_1+t_2\middle|X>t_1\right\}=P(X>t_2)$，称

为无记忆性。

(6) 维修性相关特征量：当维修时间服从指数分布时，机械系统的维修性评价指标的计算公式如下。

① 修复率：$\mu(t)=\mu$。

② 维修度函数(维修概率) $M(t)=1-\exp(-\mu t)$。

③ 平均维修时间 $\mathrm{MTTR}=\dfrac{1}{\mu}$。

④ 中位维修时间 $t_{\mathrm{M}}=-\dfrac{\ln 0.5}{\mu}$。

由于指数分布在数学运算上最为简单，在很多随机问题中，常假定随机变量为指数分布，以便获得封闭形式的数学表达而不必借助数值运算求解。在这种情况下，虽然假定可能并不精确地被满足，然而对于获得粗略的估计或者产生定性的结论却是有用的。事实上，威布尔分布、伽马分布等都包含在指数分布中并作为指数分布的特例等。

2.3.2 正态分布模型

正态分布，又称高斯(Gauss)分布，是概率分布中最普通和最常用的一种统计分布，很多的自然现象都可以用它来描述，如工艺(测量、尺寸等)误差、机械装置的磨损、老化与腐蚀而发生的产品失效、材料特性、应力分布、机械系统的维修时间，也可以用于产品的质量控制等。

1. 概率密度与分布函数

设连续型随机变量 X 的概率密度函数为

$$f(x)=\frac{1}{\sqrt{2\pi}\sigma}\exp\left[-\frac{1}{2}\left(\frac{x-\mu}{\sigma}\right)^2\right],\quad -\infty<x<\infty$$

式中，μ 为均值，是抽样总体的集中趋势尺度，即总体的数学期望；σ 为方差，反映了随机变量的离散程度，为总体的均方差。μ 和 σ 为正态分布的两个参数，它们确定后，则整个分布的特征也就确定了，其正态分布概率密度函数曲线如图 2-6 所示。

相应地，其累积概率分布函数为

$$F(x)=\frac{1}{\sqrt{2\pi}\sigma}\int_{-\infty}^{x}\exp\left[-\frac{1}{2}\left(\frac{x-\mu}{\sigma}\right)^2\right]\mathrm{d}x,\quad -\infty<x<\infty$$

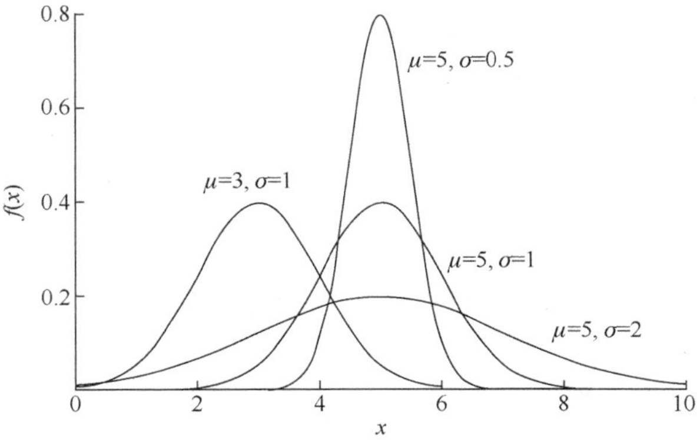

图 2-6　正态分布概率密度

显然，正态分布概率密度函数具有以下性质。

(1) $f(x)$ 关于 $x=\mu$ 对称。

(2) 当 $x=\mu$ 时，$f(x)$ 取得最大值，即 $f(\mu)=\dfrac{1}{\sqrt{2\pi}\sigma}$ 。

(3) 在 $x=\mu\pm\sigma$ 处，$f(x)$ 有拐点，且曲线以 x 轴为渐进线。

(4) 如果固定 σ，改变 μ 的值，则曲线沿着 x 轴平移，但形状不发生改变；如果固定 μ 不变，σ 改变时，分布曲线的位置不变但是离散程度有所改变，如图 2-6 所示，反映在曲线上就是“肥”“瘦”的不同。

2. 标准正态分布函数

当 $\mu=0,\sigma=1$ 时，称随机变量 X 服从标准正态分布，其概率密度和分布函数分别用 $\varphi(x)$ 和 $\Phi(x)$ 表示，对应地，有

$$\Phi(x)=\frac{1}{\sqrt{2\pi}}\int_{-\infty}^{x}\exp\left(-\frac{1}{2}x^2\right)\mathrm{d}x,\quad -\infty<x<\infty$$

显然有 $\Phi(-x)=-\Phi(x)$ 。一般地，按照分布函数计算时很复杂，将其表达式进行变换，令 $z=\dfrac{x-\mu}{\sigma}$ ，则有 $\mathrm{d}t=\sigma\mathrm{d}z$ ，从而有

$$\begin{aligned}F(t)&=\frac{1}{\sqrt{2\pi}\sigma}\int_{-\infty}^{\frac{t-\mu}{\sigma}}\exp\left(-\frac{1}{2}z^2\right)\mathrm{d}z\\&=\int_{-\infty}^{z}\varphi(z)\mathrm{d}z=\Phi(z)\end{aligned}$$

式中，$\varphi(z)$ 和 $\Phi(z)$ 分别为标准正态分布的密度函数和累积概率分布函数。因此，当随机变量 X 服从正态分布，且均值 μ 和标准差 σ 已知，可以将它的分布函数转换为标准正态分布函数，其函数特性保持不变，即 $F(t)=\Phi(z)$ ，关于标准正态变

量 z 所对应的累积概率值，查标准正态概率表可知。

3. 相关性质

若寿命随机变量 $X \sim N(\mu,\sigma^2)$，则有①X 的均值为 $\mathrm{EX}=\mu$，方差为 $\mathrm{DX}=\sigma^2$；②可靠度函数 $R(x)$ 为

$$R(x)=1-F(x)=1-\Phi\left(\frac{x-\mu}{\sigma}\right)$$

2.3.3 对数正态分布模型

正态分布虽然应用较广，但是分布规律的对称性，往往使得它在使用中受到一定的限制，如一定应力下材料的疲劳寿命及维修时间都不服从正态分布，即分布曲线不对称。而对数正态分布是描述此类寿命与耐久性的一种较好的分布，它解决了对称正态分布在描述试样或维修工作在未经试验及维修情况下，即在 t=0 时出现故障的不合理性，能使之更符合实际。近年来，对数正态分布在可靠性与维修性领域受到重视，某些机械零部件的疲劳寿命、维修时间、半导体寿命以及加速寿命试验数据等，一般选择对数正态分布来描述。

1. 概率密度与分布函数

假设随机变量 x 服从正态分布 $N(\mu_x,\sigma_x)$，则 $t=\mathrm{e}^x$ 随机变量服从对数正态分布，其概率密度函数为

$$f(t)=\frac{1}{\sqrt{2\pi}\sigma_x t}\exp\left[-\frac{1}{2}\left(\frac{\ln t-u_x}{\sigma_x}\right)^2\right],\quad t>0$$

故障概率分布函数为

$$F(t)=\int_0^t\frac{1}{\sqrt{2\pi}\sigma_x t}\exp\left[-\frac{1}{2}\left(\frac{\ln t-u_x}{\sigma_x}\right)^2\right]\mathrm{d}t,\quad t>0$$

或者写成标准正态分布形式

$$F(t)=\int_0^{u_p}\frac{1}{\sqrt{2\pi}}\exp\left(-\frac{1}{2}x^2\right)\mathrm{d}t,\quad t>0$$

式中，$u_p=\dfrac{\ln p-u_x}{\sigma_x}$。事实上，对数正态分布是一个单峰的偏态分布。

2. 相关性质

设随机变量 T 服从参数为 μ,σ^2 的对数正态分布，即 $T\sim\ln(\mu,\sigma^2)$，则有

(1) T 的均值为 $\mathrm{ET}=\exp\left(\mu+\frac{1}{2}\sigma^2\right)$，可见对数均值 μ 并不是对数正态分布的均值。

(2) T 的方差为 $\mathrm{DT}=\mathrm{EX}^2\left[\exp(\sigma^2)-1\right]$。

(3) 可靠度函数为 $R(x)=1-F(x)=1-\Phi\left(\dfrac{\ln x-\mu}{\sigma}\right)$。

(4) 失效率函数为

$$\lambda(t)=\frac{f(t)}{R(t)}=\frac{\dfrac{1}{t\sigma_x}\exp\left[-\dfrac{1}{2}\left(\dfrac{\ln t-\mu_x}{\sigma_x}\right)^2\right]}{\displaystyle\int_{u_p}^{\infty}\exp\left(-\frac{1}{2}x^2\right)\mathrm{d}x},\quad t>0$$

对数正态分布的两个参数 μ_x 和 σ_x，分别称为对数均值和对数标准差，通常 μ_x、σ_x 确定后分布曲线形状也就确定下来了，当 $\mu_x=0$ 时，对数正态分布概率密度曲线如图 2-7 所示。

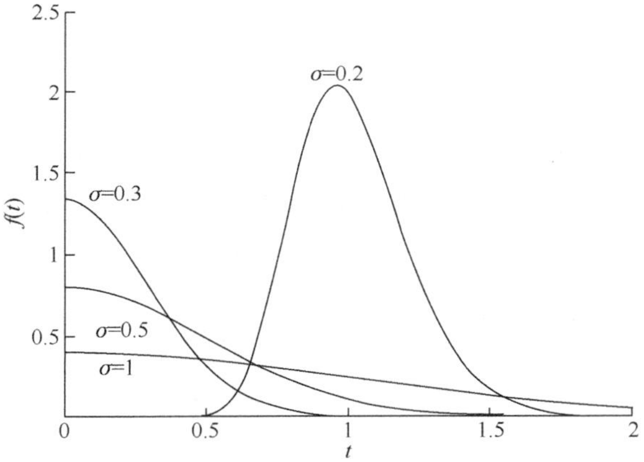

图 2-7　对数正态分布概率密度函数

2.3.4　威布尔分布模型

威布尔分布是近年来在可靠性分析中使用最为广泛的分布模型。一方面，它能合理描述大多数元器件的寿命，如真空管、球轴承、复合材料等。另一方面，这个分布模型包含形状参数，使得它在数据拟合上极其富有弹性。最后，它的所有可靠性基本函数都有封闭性解析表达式，使得数学处理十分便利，尤其是经过双对数变换后能转化成线性形式，使计算机图形处理及线性回归等技术能够很方便地处理分布参数问题。

1951 年，瑞典科学家威布尔在研究链强度问题时，根据薄弱环节思想(图 2-8)，发现该链寿命数据符合一特定概率分布模型，命名为威布尔分布。在机械强度的可靠性计算中，威布尔分布是除正态分布外经常用于强度及寿命的一种分布形式。

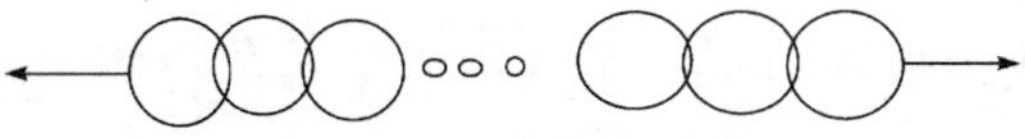

图 2-8　薄弱链图示

1. 概率密度与分布函数

若连续型随机变量 T 的概率密度函数为

$$f(t)=\frac{\beta}{\alpha^{\beta}}(t-t_0)^{\beta-1}\exp\left[-\left(\frac{t-t_0}{\alpha}\right)^{\beta}\right],\quad t_0\leqslant t<\infty$$

式中，$t\geqslant t_0,\alpha,\beta>0$；$\beta$ 为形状参数；α 为尺度参数；t_0 为位置参数，则称寿命随机变量 T 服从参数为 α,β,t_0 的威布尔分布，记为 $T\sim W(\alpha,\beta,t_0)$，随机变量 T 的分布函数为

$$F(t)=1-\exp\left[-\left(\frac{t-t_0}{\alpha}\right)^{\beta}\right],\quad t_0\leqslant t<\infty$$

具体地，当 $t_0\neq 0$ 时称为三参数威布尔分布，而通常所说的威布尔分布是指 $t_0=0$ 时的两参数威布尔分布，其函数图像如图 2-9、图 2-10 所示。

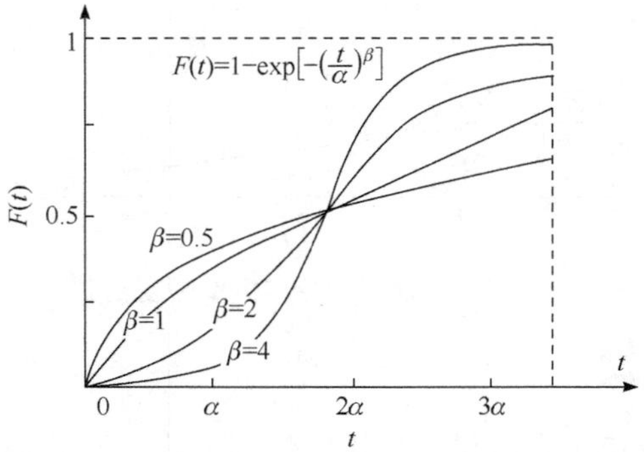

图 2-9　威布尔累积分布函数

2. 相关函数与性质

(1) 若数据描述系统或产品的可靠性，则根据分布函数得到随机变量 T 的可靠度函数为

$$R(t)=\exp\left[-\left(\frac{t-t_0}{\alpha}\right)^{\beta}\right],\quad t_0\leqslant t<\infty$$

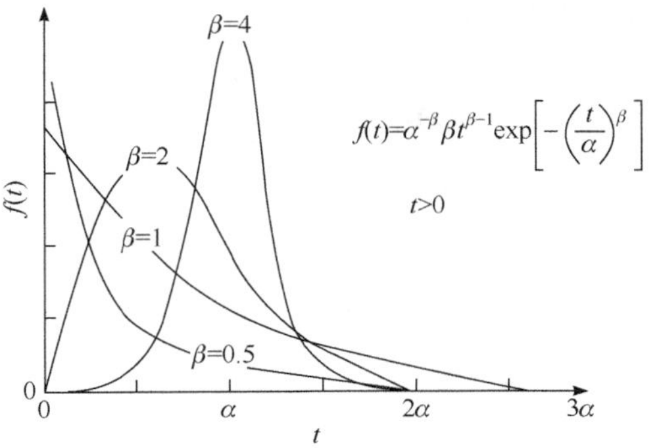

图 2-10　威布尔概率密度函数

从而故障率函数为 $\lambda(t)=\dfrac{\beta}{\alpha^{\beta}}(t-t_0)^{\beta-1}$，$t_0=0$ 时的失效率函数图像如图 2-11 所示。

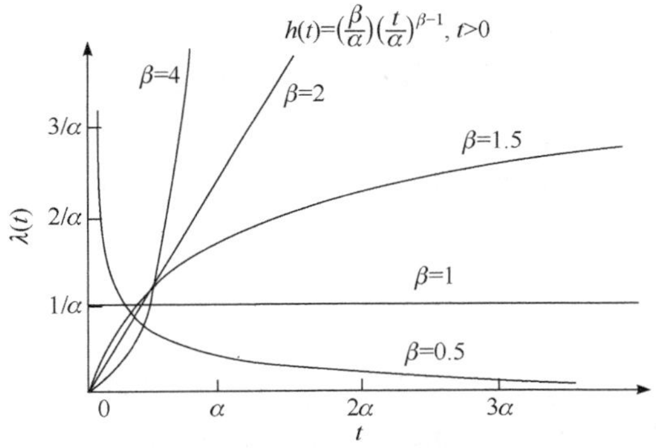

图 2-11　威布尔故障率函数

随机变量 T 的数学期望(均值)为

$$E(T)=t_0+\alpha\Gamma\left(1+\frac{1}{\beta}\right)$$

方差为

$$D(T)=\alpha^2\left[\Gamma\left(1+\frac{2}{\beta}\right)-\Gamma^2\left(1+\frac{1}{\beta}\right)\right]$$

(2) 当维修时间服从威布尔分布时，下面给出维修性相关评价指标函数。

随机变量 T 的维修密度函数为

$$m(t)=\frac{\beta}{\alpha^{\beta}}(t-t_0)^{\beta-1}\exp\left[-\left(\frac{t-t_0}{\alpha}\right)^{\beta}\right],\quad t_0\leqslant t<\infty$$

从而维修度函数(即维修概率)为

$$M(t)=1-\exp\left[-\left(\frac{t-t_0}{\alpha}\right)^{\beta}\right],\quad t_0\leqslant t<\infty$$

瞬时修复率为

$$\mu(t)=\frac{\beta}{\alpha^{\beta}}(t-t_0)^{\beta-1}$$

平均维修时间为

$$\text{MTTR}=\text{ET}=\alpha\Gamma\left(1+\frac{1}{\beta}\right)$$

上述各式中$\Gamma(\cdot)$为伽马函数。

(3) 选用不同的形状参数β，威布尔可以用于描述早期失效、偶然失效和耗损失效三种失效类型。当$m>1$时，失效率呈现上升趋势，可以用于描述耗损失效类型，尤其是当$m\approx 3$时，威布尔分布与正态分布接近；当$m=1$时，威布尔分布退化为指数分布，失效率恒定，可以用于偶然失效类型；当$m<1$时，失效率呈现下降趋势，可以用于描述早期失效类型，由于这些性质，威布尔分布对各种失效类型数据的拟合能力很强。

2.3.5 极值分布模型

极值分布是与威布尔分布和指数分布具有密切关系的一种分布形式，该分布广泛应用于许多领域，它由 Gumbel 于 1958 年最先使用，故有时也称 Gumbel 分布，虽然极值分布适合于描述低温度、干旱期间的降雨量、材料的电强度(electrical strength)、老年死亡数据等一类极端现象，Bunday 还指出该分布适合于由连续的化学腐蚀所引起的失效建模，也适合于串、并联系统的失效建模。

1. 概率密度与分布函数

若随机变量X的概率密度函数为

$$f(x)=\frac{1}{b}\exp\left[\frac{x-\mu}{b}-\exp\left(\frac{x-\mu}{b}\right)\right],\quad -\infty<x<\infty$$

式中，$b>0$及$-\infty<\mu<\infty$均为参数，则称X服从极值分布。从而极值概率分布函数为

$$F(x)=1-\exp\left[-\exp\left(\frac{x-\mu}{b}\right)\right],\quad -\infty<x<\infty$$

当 $\mu=0$，$b=1$时，极值分布又称为标准极值分布。由于 μ 是一个位置参数而 b 是一个尺度参数，从而在极值分布的概率密度函数中 μ 和 b 不是 0 和 1 时，$f(x)$的形状并不改变，只是改变了其位置和刻度。

2. 与威布尔分布关系

当随机变量 T 服从威布尔分布时，令 $x=\log T$，则 x 便服从 $b=\beta^{-1}$ 和 $\mu=-\log\lambda$ 的极值分布。事实上，这个分布也可以看成 $\exp\left(\frac{x-\mu}{b}\right)$ 服从指数分布而得到的。在数据分析时使用对数寿命时间常常很方便，因而当寿命时间服从威布尔分布时，极值分布就产生了。

3. 标准极值分布的均值与方差

对于标准极值分布，其矩母函数为

$$M(\theta)=E(\mathrm{e}^{\theta x})=\int_{-\infty}^{\infty}\mathrm{e}^{\theta x}\exp(x-\mathrm{e}^{x})\mathrm{d}x$$

令 $y=\mathrm{e}^{x}$ 有 $M(\theta)=\int_{0}^{\infty}y^{\theta}\exp(-y)\mathrm{d}y=\Gamma(1+\theta)$，从而标准极值分布的均值为

$$\mathrm{ET}=\Gamma'(1)=-\gamma$$

方差为

$$\mathrm{DT}=\Gamma''(1)-\gamma^{2}=\frac{\pi^{2}}{6}$$

这里 $\gamma=0.5772$，为著名的欧拉常数。

2.4　基本抽样分布

2.4.1　总体与个体

在一个统计问题中，研究对象的全体称为总体，构成总体的每个成员称为个体。

总体中的个体都是实在的人或物，每个人或物都有很多侧面，如研究厂家生产的产品这个总体，每个产品就是一个个体，每个个体有很多侧面，如重量、长、宽、高等。若只限于研究产品的重量，其他特性暂时不考虑，这样一来，一个个

体(产品)对应一个数。假如撇开实际背景，那么总体就是一堆数，这一堆数中有大有小，有的出现机会多，有的出现机会少，因此概率分布 $F(x)$ 去归纳它是恰当的，服从 $F(x)$ 的随机变量 X 就是相应的数量指标。由此可见，总体可以用一个分布 $F(x)$ 表示，也可以用一个随机变量 X 表示。

总体分为有限总体与无限总体，当一个总体很大，或用不返回抽样与返回抽样的效果很接近时，该总体就可看成是无限总体。

2.4.2 样本

从总体中抽出的部分个体组成的集合称为样本，其中个体称为样品，样本中样品个数称为样本量或样本容量。为了能从样本正确地推导总体，对抽样提出两点要求：①代表性，总体中每个个体有同等机会被选入样本；②独立性，样本中每个样品的抽取不影响其他样品的抽取。

由此获得的样本称为简单随机样本，又简称样本。

若 $X_1,X_2,\cdots,X_n$ 是从某总体抽取的样本，则 $X_1,X_2,\cdots,X_n$ 可看成相互独立同总体分布的随机变量，它的观察值用小写字母 $x_1,x_2,\cdots,x_n$ 表示。

例题 2.5 363 个零售商店调查月零售额的结果如表 2-1 所示。

表 2-1 363 个零售商店的月零售额 (单位：万元)

零售额	≤10	(10, 15]	(15, 20]	(20, 25]	(25, 50]
商店数	61	135	110	42	15

这是一个容量为 363 的样本的观察值，对应的总体是所有零售店的月零售额。不过这里没有给出每一个样品的具体观察值，而是给出了样本观察值所在的区间，称为分组样本的观察值。分组样本的缺点是失去样品的部分信息；优点是可以简明地概括出总体中实际常用的一些有用信息。

2.4.3 统计量

设 $X_1,X_2,\cdots,X_n$ 是来自总体的一个样本，则不含未知参数的样本函数 $T=T(X_1,X_2,\cdots,X_n)$ 称为统计量，其分布称为抽样分布。

最常用的统计量是样本均值 $\overline{X}$，样本方差 S^2 和样本标准差 S。

$$\overline{X}=\frac{1}{n}\sum_{i=1}^{n}X_i,\quad S^2=\frac{1}{n-1}\sum_{i=1}^{n}(X_i-\overline{X})^2,\quad S=\sqrt{S^2}$$

对这三个基本统计量作一些说明。

(1) 样本均值 $\overline{X}$ 总位于样本中间位置，常用来估计总体均值 μ，记为 $\mu=\overline{X}$。

(2) 样本的偏差平方和$Q=\sum_{i=1}^{n}(X_i-\overline{X})^2$表征样本分散程度，它还有两个简便公式：

$$Q=\sum_{i=1}^{n}\overline{X}_i^2-\frac{1}{n}\left(\sum_{i=1}^{n}X_i\right)^2=\sum_{i=1}^{n}X_i^2-n\overline{X}^2$$

(3) 偏差平方和Q的自由度f是指独立偏差的个数。Q虽含有n个偏差$X_1-\overline{X}$，$X_2-\overline{X},\cdots,X_n-\overline{X}$，由于其和恒为零，故自由度$f=n-1$。

(4) 样本方差S^2=样本的偏差平方和除以自由度=$Q/(n-1)$，它又称均方，是总体方差σ^2的最好估计，记为$\sigma^2=S^2$。

(5) 样本标准值差$S=\sqrt{S^2}$常用来估计总体标准差σ，记为$\sigma=S$。

除以上常用基本统计量外，还有一些统计量在实际中会用到。

(1) 分组样本的均值与方差分别为

$$\overline{X}=\frac{1}{n}\sum_{i=1}^{n}n_iX_i,\quad S^2=\frac{1}{n-1}\sum_{i=1}^{n}n_i(X_i-\overline{X})^2$$

可分别用来估计总体均值与总体方差，X_i与n_i分别为第i组的组中值与样品个数，$n=\sum_{i=1}^{k}n_i$，其中k为分组样本中的组数。

(2) 样本k阶(原点)矩$A_k=\frac{1}{n}\sum_{i=1}^{n}X_i^k$，它反映总体$k$阶(原点)矩的信息，$k$=1, 2, …，样本一阶矩就是样本均值$\overline{X}$。

(3) 样本k阶中心矩$B_k=\frac{1}{n}\sum_{i=1}^{n}(X_i-\overline{X})^k$，它反映总体$k$阶中心矩的信息，$k$=1, 2, …。

例题 2.6　某厂大批生产一种零件，从中随机抽取 500 个检测其长度(单位：cm)，数据分组统计在表 2-2 中。

表 2-2　分组的数据统计

组号 i	区间	组中值 X_i	频数 n_i
1	[9.6, 9.7)	9.65	6
2	[9.7, 9.8)	9.75	25
3	[9.8, 9.9)	9.85	72
4	[9.9, 10.0)	9.95	133
5	[10.0, 10.1)	10.05	120
6	[10.1, 10.2)	10.15	88

续表

组号 i	区间	组中值 X_i	频数 n_i
7	[10.2, 10.3)	10.25	46
8	[10.3, 10.4)	10.35	10
合计	—	—	500

试计算其样本均值 $\overline{X}$、样本方差 S^2 与样本标准差 S 的近似值。

解：按照分组样本均值、方差的近似计算公式如下：

$$\overline{X} = \frac{1}{500}\sum_{i=1}^{8} n_i X_i = 10.0168\text{cm}$$

$$S^2 = \frac{1}{500-1}\sum_{i=1}^{8} n_i (X_i - \overline{X})^2 = 0.2102\text{cm}^2$$

$$S = \sqrt{0.2102} = 0.1450\text{cm}$$

2.4.4 基本抽样分布

统计量的分布称为抽样分布。寻求抽样分布是统计推断的基础工作。有三条途径可获得抽样分布：①用严格的数学推理获得的精确抽样分布；②用大样本方法获得的渐进抽样分布；③用随机模拟或其他拟合方法获得的近似抽样分布。

统计量作为样本的不含未知量的函数，也是一个随机变量。当总体分布确定时，统计量的分布也是确定的。抽样分布在数理统计的诸多方法及其应用中都有十分重要的作用,有些方法的核心内容就是构造一个恰当的统计量并确定其分布。一般说来，求出一个统计量的精确分布是较为困难的，不过对于最重要的正态总体的几个常用统计量的分布，已取得较为完整的结果，下面介绍几种常用的抽样分布。

1. 样本均值 $\overline{X}$ 的分布

定理 2.1 设 $X_1, X_2, \cdots, X_n$ 是来自总体的一个样本。

(1) 若总体为正态分布，则样本均值 $\overline{X}$ 的精确分布为 $N(\mu, \sigma^2/n)$，即 $\overline{X} \sim N(\mu, \sigma^2/n)$。

(2) 若总体分布未知或是某个非正态分布，但其期望 μ 与方差 σ^2 存在，则在 n 较大时，样本均值 $\overline{X}$ 的渐进分布为 $N(\mu, \sigma^2/n)$，即 $\overline{X} \sim N(\mu, \sigma^2/n)$。这表明无论总体分布是什么，只要其方差存在，则 $\overline{X}$ 的分布将随着样本量 n 的增加而越接近于正态分布，其均值不变，而方差缩小 n 倍，$\overline{X}$ 的标准差 $\sigma_{\overline{X}} = \sigma/\sqrt{n}$。

2. t 分布

定义 2.1　设随机变量 T 的概率密度函数为

$$f(x)=\frac{\Gamma\left(\frac{n+1}{2}\right)}{\sqrt{n\pi}\Gamma\left(\frac{n}{2}\right)}\left(1+\frac{x^2}{n}\right)^{-\frac{n+1}{2}},\quad -\infty<x<\infty$$

则称随机变量 T 服从自由度为 n 的 t 分布，记为 $T\sim t(n)$。

定理 2.2　设 $X_1,X_2,\cdots,X_n$ 是来自正态总体 $N(\mu,\sigma^2)$ 的一个样本，$\overline{X}$ 与 S^2 是其样本均值与样本方差，则有

$$t=\frac{\sqrt{n}(\overline{X}-\mu)}{S}\sim t(n-1)$$

式中，$t(n-1)$ 为自由度为 $n-1$ 的 t 分布，其自由度是由样本方差 S^2 带来的。

关于 t 分布有几点说明。

(1) 自由度为 n 的 t 分布 $t(n)$ 是对称分布。故其 α 分位数 $t_\alpha(n)$ 与 $1-\alpha$ 分位数 $t_{1-\alpha}(n)$ 互为相反数，即 $t_\alpha(n)+t_{1-\alpha}(n)=0$。

(2) t 分布的概率密度函数与标准正态分布的密度函数很相似，其峰值比 $N(0,1)$ 的峰略低一些，而两侧的尾部概率总比 $N(0,1)$ 的尾部概率大一些，如图 2-12 所示，详情如表 2-3 所示。正是这种差别促使英国酿酒工程师 Gosset 发现了 t 分布。

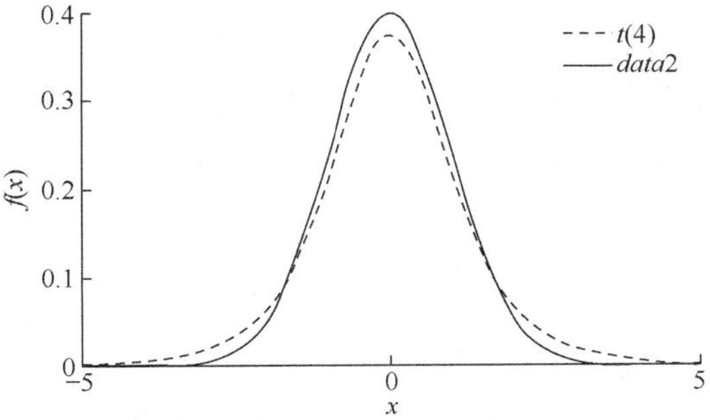

图 2-12　$t(4)$ 分布与 $N(0,1)$ 的概率密度函数

表 2-3　$N(0,1)$ 和 $t(4)$ 的尾部概率 $P(|X|\geqslant c)$

	c=2	c=2.5	c=3	c=3.5
$X\sim N(0,1)$	0.0455	0.0124	0.0027	0.000465
$X\sim t(4)$	0.1161	0.0668	0.0399	0.0249

(3) 设 $T\sim t(n)$，$0<\alpha<1$，对于满足下列不等式：

$$P\{T>t_\alpha(n)\}=\int_{t_\alpha(n)}^{+\infty}f_T(x)\mathrm{d}x=\alpha$$

的数 $t_\alpha(n)$，称为 $t(n)$ 分布的上侧分位数。给定 n 及 α（$0<\alpha<1$），可查表得到 $t_\alpha(n)$，如 $t_{0.025}(10)=2.2281$。

(4) 若 $T\sim t(n)$，则对任意实数 x 有

$$\lim_{n\to\infty} f_T(x)=\varphi(x)=\frac{1}{\sqrt{2\pi}}\mathrm{e}^{-\frac{x^2}{2}}$$

因此，当 n 足够大时，T 近似服从 $N(0,1)$ 分布。于是对较大的 $n(n>45)$，可以标准正态分布的上侧分位数 u_α 作为 $t(n)$ 分布的上侧分位数，即 $t_\alpha(n)=u_\alpha$。

3. χ^2 分布

定义 2.2　设随机变量 χ^2 的概率密度函数为

$$f(x)=\begin{cases}\dfrac{1}{2\Gamma\left(\dfrac{n}{2}\right)}\left(\dfrac{x}{2}\right)^{\frac{n}{2}-1}\mathrm{e}^{-\frac{x}{2}}, & x>0\\ 0, & x\leqslant 0\end{cases}$$

则称随机变量 χ^2 服从自由度为 n 的 χ^2 分布，记为 $\chi^2\sim\chi^2(n)$。

定理 2.3　设 n 个相互独立并且都服从正态分布 $N(0,1)$ 分布的随机变量 $X_1,X_2,\cdots,X_n$，记为 $\chi^2=\sum\limits_{i=1}^{n}X_i^2$，则随机变量 χ^2 服从自由度为 n 的 χ^2 分布。其中自由度为右端所包含的独立随机变量个数。

不同自由度 $\chi^2(n)$ 分布的概率密度曲线如图 2-13 所示。事实上，χ^2 分布是右偏分布，是一种伽马分布，即

$$\chi^2(n-1)=\mathrm{Ga}\left(\frac{n-1}{2},\frac{1}{2}\right)$$

定理 2.4　设 $X_1,X_2,\cdots,X_n$ 是来自正态分布 $N(\mu_1,\sigma^2)$ 的一个样本，$\overline{X}$ 与 S^2 是其样本均值与样本方差，则有

$$\chi^2=\frac{(n-1)S^2}{\sigma^2}=\frac{1}{\sigma^2}\sum_{i=1}^{n}(X_i-\overline{X})^2\sim\chi^2(n-1)$$

式中，$\chi^2(n-1)$ 为自由度为 $n-1$ 的 χ^2 分布。

设 $X\sim\chi^2(n)$，对于满足下列等式：

$$P\left\{\chi^2>\chi_\alpha^2(n)\right\}=\int_{\chi_\alpha{}^2(n)}^{+\infty}f_{\chi^2}(x)\mathrm{d}x=\alpha$$

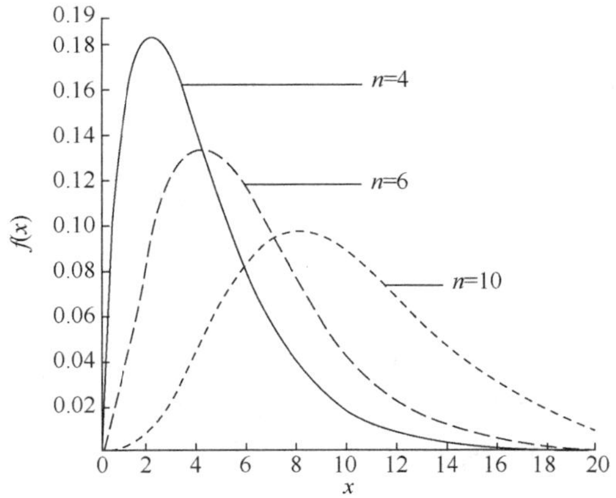

图 2-13　$\chi^2(n)$ 分布的概率密度函数

的数 $\chi_\alpha^2(n)$，称为 $\chi^2(n)$ 分布的上侧临界值或上侧分位数，这里 $0<\alpha<1$。

χ^2 分布具有以下三个重要性质。

性质 2.1　设 $X \sim \chi^2(n)$，则有 $\mathrm{EX}=n, \mathrm{DX}=2n$。

性质 2.2　设 Y_1, Y_2 相互独立且 $Y_1 \sim \chi^2(n_1)$，$Y_2 \sim \chi^2(n_2)$，则有 $Y_1+Y_2 \sim \chi^2(n_1+n_2)$。

该性质的直接证明可以利用相互独立随机变量之和的概率密度公式得到。事实上，直观地，Y_1, Y_2 可以表示成 n_1+n_2 个标准正态变量的平方和，即可解释该结论。性质 2.2 说明 χ^2 分布具有可加性，还可以推广到任意有限个相互独立，且服从 χ^2 分布的随机变量之和的情况中。

性质 2.3　当 n 足够大时有

$$\chi_\alpha^2(n) \approx n + u_\alpha \sqrt{2n}$$

式中，u_α 为标准正态分布的上侧分位数，即 u_α 是满足等式 $\Phi(u_\alpha)=1-\alpha$ 的数。当 $n>45$ 时，一般附表均查不到 $\chi_\alpha^2(n)$ 的值，这时可以通过性质 2.3 做近似计算。

4. F 分布

定义 2.3　设随机变量 F 的概率密度函数为

$$f_X(x;n_1,n_2)=\begin{cases}\dfrac{\Gamma\left(\dfrac{n_1+n_2}{2}\right)}{\Gamma\left(\dfrac{n_1}{2}\right)\Gamma\left(\dfrac{n_2}{2}\right)}\cdot\left(\dfrac{n_1}{n_2}\right)^{\frac{n_1}{2}} x^{\frac{n_1}{2}-1}\left(1+\dfrac{n_1}{n_2}x\right)^{-\frac{n_1+n_2}{2}}, & x>0\\ 0, & x\leqslant 0\end{cases}$$

则称 X 服从自由度为 n_1 和 n_2 的 F 分布，记作 $X \sim F(n_1, n_2)$。

下面给出相关结论与性质。

定理 2.5　设 $X_1, X_2, \cdots, X_n$ 是来自正态分布 $N(\mu_1, \sigma^2)$ 的一个样本，$\overline{X}$ 与 S_X^2 是其样本均值与样本方差，$Y_1, Y_2, \cdots, Y_n$ 是来自正态分布 $N(\mu_2, \sigma^2)$ 的一个样本，$\overline{Y}$ 与 S_Y^2 是其样本均值与样本方差，并且两个样本相互独立，则其样本方差比为

$$F = \frac{S_X^2}{S_Y^2} \sim F(n-1, m-1)$$

式中，$F(n-1, m-1)$ 为分子自由度为 $n-1$，分母自由度为 $m-1$ 的 F 分布。

F 分布是右偏分布，分布密度函数如图 2-14 所示。

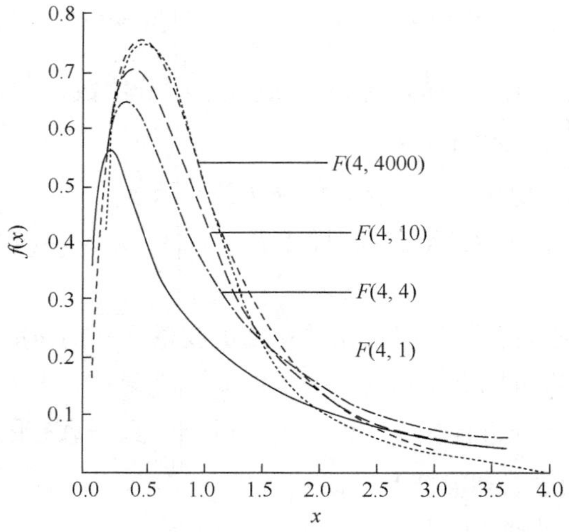

图 2-14　$F(n,m)$ 分布密度函数

定理 2.6　设随机变量 X, Y 相互独立，$X \sim \chi^2(n_1)$，$Y \sim \chi^2(n_2)$，记为

$$F = \frac{X/n_1}{Y/n_2}$$

则随机变量 F 服从自由度为 n_1 与 n_2 的 F 分布。

设 $F \sim F(n_1, n_2)$，$0 < \alpha < 1$，对于满足下列等式：

$$P\{F > F_\alpha(n_1, n_2)\} = \int_{F_\alpha(n_1, n_2)}^{+\infty} f_F(x)\mathrm{d}x = \alpha$$

的数 $F_\alpha(n_1, n_2)$，称为 $F(n_1, n_2)$ 分布的上侧分位数。给定 n_1, n_2 及 α $(0 < \alpha < 1)$，可查表得 $F_\alpha(n_1, n_2)$。一般查表只能查到 α 较小时的值，当 α 较大(接近 1)时，可以利用下面性质。

性质 2.4　若$T \sim t(n)$，则$T^2 \sim F(1,n)$。

性质 2.5　若$F \sim F(n_1,n_2)$，则$\dfrac{1}{F} \sim F(n_1,n_2)$。

利用该式，可计算α接近 1 的$F_\alpha(n_1,n_2)$的值，如

$$F_{0.95}(12,9)=\frac{1}{F_{0.05}(9,12)}=\frac{1}{2.80}=0.3571$$

5. 经验分布

经验分布主要是用来描述抽样总体不确定情况下的概率分布问题，下面给出经验分布的定义，并给出由样本推断总体的基本理论基础。

定义 2.4　设$X_1,X_2,\cdots,X_n$是来自总体X的样本，$X_1,X_2,\cdots,X_n$为样本$X_1,X_2,\cdots,X_n$的顺序统计量，则对$\forall x \in R$，记

$$F_n(x)=\begin{cases}0, & x \leqslant X_1 \\ \dfrac{k}{n}, & X_k \leqslant x \leqslant X_{k+1}, \quad k=1,2,\cdots,n-1 \\ 1, & x > X_n\end{cases}$$

称$F_n(x)$为总体X的经验分布函数。

事实上，当样本量较大时，任何一个总体经验分布近似收敛于正态分布，这使得使用经验分布去估计总体分布具有一定的科学依据，下面给出这个基本定理。

定理 2.7　设$X_1,X_2,\cdots,X_n$为来自总体X的样本，$F(x)$为总体X的分布函数，$F_n(x)$为总体X的经验分布函数，则有

$$F_n(x)\overset{\text{a.s.}}{\sim} N\left(F(x),\frac{F(x)[1-F(x)]}{n}\right), \quad n\to\infty$$

该定理的推导思路是首先证明$F_n(x)$服从二项分布，其次求出该经验分布函数的期望与方差，然后证明该经验分布依概率收敛于总体X的分布函数$F(x)$，最后验证近似服从正态分布。

下面直接给出一个更加深刻的结论。

定理 2.8 (格列汶科定理)　设总体X的分布函数为$F(X)$，经验分布函数为$F_n(X)$，则有

$$P\left\{\lim_{n\to\infty}\sup_{-\infty<x<+\infty}\left|F_n(x)-F(x)\right|=0\right\}=1, \quad n\to\infty$$

该定理说明，当n很大时，可用经验分布$F_n(x)$去估计总体分布$F(x)$，这正是数理统计中用样本进行估计和推断总体相关性质的理论依据。样本的顺序统计

量常在连续总体上使用。下面对来自连续总体的容量为 n 的样本给出其顺序统计量的相关分布。

定理 2.9　设 $X_1,X_2,\cdots,X_n$ 为 n 个样品的寿命数据，其中 r 个最小的寿命时间为 $X_{(1)},X_{(2)},\cdots,X_{(r)}$，若 $X_1,X_2,\cdots,X_n$ 独立同分布，且密度函数为 $f(x)$，分布函数为 $F(x)$，则第 k 个秩序统计量 $X_{(k)}$ 的概率密度函数为

$$f_{X_{(k)}}(x)=kC_n^k[F(x)]^{k-1}[1-F(x)]^{n-k}f(x),\quad k=1,2,\cdots,n$$

特别地，最小秩序统计量 $X_{(1)}$ 和最大秩序统计量 $X_{(n)}$ 的密度函数分别为

$$f_{X_{(1)}}(x)=n[1-F(x)]^{n-1}f(x)$$

$$f_{X_{(n)}}(x)=n[F(x)]^{n-1}f(x)$$

例题 2.7　均匀分布 $U(0,1)$ 的密度函数与分布函数分别为

$$f(x)=\begin{cases}1, & 0<x<1\\ 0, & \text{其他}\end{cases}$$

$$F(x)=\begin{cases}0, & x\leqslant 0\\ x, & 0<x<1\\ 1, & x\geqslant 1\end{cases}$$

现从该均匀总体中随机抽取一个容量为 n 的样本，试求第 k 个次序统计量 $X_{(k)}$ 的期望值与 $X_{(1)}$ 和 $X_{(n)}$ 的分布的中位数。

解：由定理 2.9 中知，$X_{(k)}$ 的密度函数为

$$f_{X_{(k)}}(x)=\frac{n!}{(k-1)!(n-k)!}[F(x)]^{k-1}[1-F(x)]^{n-k}f(x)$$

$$=\frac{n!}{(k-1)!(n-k)!}x^{k-1}(1-x)^{n-k}\text{，}\quad 0<x<1$$

这是贝塔分布 $\mathrm{Be}(k,n-k+1)$ 的密度函数，其期望为

$$E[X_{(k)}]=\frac{k}{n-k+k+1}=\frac{k}{n+1},\quad k=1,2,3,\cdots,n$$

另外，由 $X_{(1)}$ 与 $X_{(n)}$ 的密度函数容易写出它们各自的分布函数：

$$F_1(x)=\begin{cases}0, & x\leqslant 0\\ 1-(1-x)^n, & 0<x<1\\ 1, & x\geqslant 1\end{cases}$$

$$F_n(x)=\begin{cases}0, & x\leqslant 0\\ x^n, & 0<x<1\\ 1, & x\geqslant 1\end{cases}$$

再由方程 $F_1(x)=0.5$ 和 $F_n(x)=0.5$ ，求出它们的中位数：

$$x_{(1),0.5}=1-0.5^{1/n}$$

$$x_{(n),0.5}=0.5^{1/n}$$

譬如，当 $n=5$ 时，有

$$x_{(1),0.5}=0.1294$$

$$x_{(n),0.5}=0.8706$$

事实上，工程上许多数据都服从某种分布，如产品寿命大多数假定服从指数分布或威布尔分布等，或者不确定服从何种分布。若要估计该产品的相关可靠性指标，这就存在着寿命参数估计的问题。

2.5　分布参数的估计

首先介绍参数这一概念。这里的参数是指总体分布 $F(x;\theta)$ 中所含的未知参数 θ (可以是向量)及其函数 $g(\theta)$ ，也可以是总体均值、方差、分位数等，还可以是各种事件的概率等。未知参数 θ 的一切可能取值构成参数空间 $\Theta=\{\theta\}$ ，事实上，参数估计有两种形式：点估计与区间估计，它们互为补充。

2.5.1　点估计

参数 θ 的点估计就是要构造一个统计量 $\hat{\theta}=\hat{\theta}(X_1,X_2,\cdots,X_n)$ 去估计 θ ，称 $\hat{\theta}$ 为 θ 的(点)估计量，简称为估计 θ 的点估计方法有多种，常用的是矩法与极大似然法。

1. 矩法

事实上，矩法的基本思想是“替代”，具体如下。

(1) 用样本矩去替代总体矩，即用样本矩去估计总体矩。

(2) 用样本矩的函数去估计相应总体矩的函数，如均匀分布 $U(0,\theta)$ 的期望 $E(X)=\theta/2$ ，故 θ 的矩法估计为 $\hat{\theta}=2\overline{X}$ 。

(3) 用频率去估计概率。

(4) 用样本 p 分位数去估计总体 p 分位数。

矩法估计的优点是不要求知道总体分布形式，且随着样本量 n 的增大，矩法估计量与参数 θ 的大偏差发生的可能性越来越小。它的缺点是不唯一，如泊松分布的均值与方差相同，都为 λ 。在这种场合，尽量用低阶矩给出估计，在泊松分布场合，可选用 $\hat{\lambda}=\overline{X}$ 。

2. 极大似然法

它是寻求点估计最重要的方法，应用很广，但要知道其总体分布。其要点叙述如下。

(1) 似然函数。若样本 $X_1,X_2,\cdots,X_n$ 来自总体密度函数 $f(x;\theta)$ 或分布列 $\left\{f\left(x;\theta\right)\right\}$ ，则样本的联合密度或联合分布列为

$$L(\theta)=\prod_{i=1}^{n}f(x_i;\theta)$$

在样本给定下是参数 θ 的函数，这个函数称为似然函数。它表述在给定的样本 $X_1,X_2,\cdots,X_n$ 下 θ 出现的可能性的大小。

(2) 极大似然估计。在写出似然函数 $L(\theta)$ 后，若存在一个统计量 $\hat{\theta}$ ，使得

$$L(\hat{\theta})=\max_{\theta\in\Theta}\left\{L(\theta)\right\}$$

则称 $\hat{\theta}$ 是 θ 的极大似然估计(maximum likehood estimate，MLE)。它可以由定义导出，也可对似然函数 $L(\theta)$ 或对数似然函数 $l(\theta)=\ln\theta$ 用微分法导出。

(3) 极大似然估计不变原则。若 $\hat{\theta}$ 是 θ 的极大似然估计， $g(\theta)$ 是 θ 的连续函数，则 $g(\hat{\theta})$ 亦是 $g(\theta)$ 的极大似然估计。此不变原则扩大了极大似然估计的应用范围。

(4) 极大似然估计的渐近正态性。在某些一般条件下，θ 的极大似然估计 $\hat{\theta}$ 有如下渐近正态分布：

$$\hat{\theta}\sim AN\left(\theta,\left[nE\left(\frac{\partial\ln p}{\partial\theta}\right)^2\right]\right)$$

下面给出一个关于极大似然估计的例子。

例题 2.8　截尾二项分布的分布列为

$$P(X=x;p)=\frac{\dbinom{m}{x}p^x(1-p)^{m-x}}{1-(1-p)^m},\quad x=1,2,\cdots,m$$

若已知 $m=2$ ，从中获得样本 $X_1,X_2,\cdots,X_n$ ，求 p 的极大似然估计。

解：由题意知，样本的似然函数为

$$L(p)=[1-(1-p)^2]^{-n}\left(\prod_{i=1}^{n}C_{x_i}^2\right)p^{n\bar{X}}(1-p)^{n(2-\bar{X})}$$

其对数似然函数为

$$\ln L(p)=-n\ln[1-(1-p)^2]+n\bar{X}\ln p+n(2-\bar{X})\ln(1-p)+\sum_{i=1}^{n}\ln C_{x_i}^2$$

对参数 p 求导，得到如下似然方程：

$$\frac{-2n(1-p)}{1-(1-p)^2}+\frac{n\bar{X}}{p}-\frac{n(2-\bar{X})}{1-p}=0$$

其解 $\hat{p}=\dfrac{2(\bar{X}-1)}{\bar{X}}$ 就是参数 p 的 MLE，因为 $\ln L(p)$ 的二阶导数在 $p=\hat{p}$ 处小于零。

对于一个点估计，并不是认为任何估计都是合理的，即使合理，也不一定认为是优良的，因而要给出点估计的优良性判别准则。下面首先介绍优良性的统计思想：现设 $\hat{\theta}(X_1,X_2,\cdots,X_n)$ 为参数 θ 的一个估计量，而 $\hat{\theta}$ 是样本的函数，样本是随机抽样的，它可以看成随机变量，从而 $\hat{\theta}$ 也是一个随机变量，在统计上对该随机变量有：①估计量 $\hat{\theta}$ 与被估参数 θ 越接近越好，认为 $E\hat{\theta}=\theta$，即 $\hat{\theta}$ 为 θ 的无偏估计；②有时认为方差越小，有效性越强，从而产生有效性一系列结论；③不仅满足上述条件，估计量 $\hat{\theta}$ 与被估参数 θ 越接近越好，而且波动越小越好，这就是最小方差无偏估计(uniformly minimum-variance unbiased estimator, UMVUE)的思想；④若估计量的样本容量越多，能够体现总体信息量越多，这就是相合估计的统计思想。

常用的点估计优良性的评价标准有以下几个。

(1) 无偏性。设 $\hat{\theta}$ 是参数 θ 的一个估计，如果对一切 $\theta\in\Theta$，有

$$E(\hat{\theta})=\theta$$

则称 $\hat{\theta}$ 是 θ 的无偏估计，否则称 $\hat{\theta}$ 是 θ 的有偏估计。

(2) 有效性。设 $\hat{\theta}_1$ 与 $\hat{\theta}_2$ 都是 θ 的无偏估计，若对一切 $\theta\in\Theta$，有

$$\mathrm{Var}(\hat{\theta}_1)\leqslant\mathrm{Var}(\hat{\theta}_2)$$

且至少存在一个 $\theta_0\in\Theta$，有严格不等式成立，则称 $\hat{\theta}_1$ 比 $\hat{\theta}_2$ 有效。

有效性是一个相对概念，方差越小，有效性越强。因为方差小，$\hat{\theta}$ 的波动就小，从而风险也小。希望使用方差较小的估计量，这就是设立有效性的初衷。既然估计量的方差越小越好，无偏估计量的方差能够小到何种程度？有没有下界？如果有，又如何去求这个下界呢？为了解决该问题，下面引入一致最小方差无偏估计相关概念。

(3) 一致最小方差无偏估计。

定义 2.5　设$\hat{\theta}(X_1,X_2,\cdots,X_n)$是$\theta$的一个估计量，若有：

(1) 对任意的$\theta\in\Theta$，$\hat{\theta}$是θ的无偏估计。

(2) 对θ的任一无偏估计$\hat{\theta}$，若$\mathrm{Var}(\hat{\theta})\leqslant\mathrm{Var}(\hat{\theta}')$对一切$\theta\in\Theta$都成立。

则称$\hat{\theta}$是θ的一致最小方差无偏估计。

一致最小方差无偏估计是一种最优估计，这类估计的结果是在应用中人们希望寻求的一种估计量，下面介绍利用 R-C 不等式求 UMVUE 的方法。

定义 2.6　设$T=T(X_1,X_2,\cdots,X_n)$是$g(\theta)$的一个无偏估计，若对$\forall\theta\in\Theta$均有

$$D(T)=\frac{[g'(\theta)]^2}{nI(\theta)}$$

则称 T 是$g(\theta)$的有效估计量。

定义 2.7　设$T=T(X_1,X_2,\cdots,X_n)$是$g(\theta)$的任一无偏估计量，记

$$e_n(T)=\frac{[g'(\theta)]^2}{nI(\theta)}\bigg/D(T)$$

则称$e_n(T)$为T的有效率。

定义 2.8　若$g(\theta)$的无偏估计$T=T(X_1,X_2,\cdots,X_n)$的有效率满足：

$$\lim_{n\to\infty}e_n(T)=1$$

则称$T=T(X_1,X_2,\cdots,X_n)$为$g(\theta)$的渐进有效估计量。

2.5.2　区间估计

在上述内容中，点估计的精度可用它的方差来表示，然而表示精度的另一种方法便是置信区间。在参数真值为θ时，自然希望随机区间$\left[\hat{\theta}_{\mathrm{L}}(X),\hat{\theta}_{\mathrm{U}}(X)\right]$包含$\theta$的概率$P\left\{\hat{\theta}_{\mathrm{L}}(X)\leqslant\theta\leqslant\hat{\theta}_{\mathrm{U}}(X)\right\}$要大。一般来说，这个概率与$\theta$有关，所以一个好的区间估计应该对所有的$\theta\in\Theta$，概率$P\left\{\hat{\theta}_{\mathrm{L}}(X)\leqslant\theta\leqslant\hat{\theta}_{\mathrm{U}}(X)\right\}$都相当大，然而受到区间长度的影响，区间长度越大，真值包含的概率也越大，但是区间太大也没有什么实际意义，因而提出在一定置信水平下寻找精度尽可能高的区间估计，也就是寻找区间平均长度尽可能短，或者区间包含非真值的概率尽可能小的区间估计。下面给出置信区间相关定义。

定义 2.9　设总体参数θ的参数空间为Θ，从总体中获得的容量为 n 的样本是$X_1,X_2,\cdots,X_n$，对给定的$\alpha\,(0<\alpha<1)$，确定两个统计量$\theta_{\mathrm{L}}=\theta_{\mathrm{L}}(X_1,X_2,\cdots,X_n)$与$\theta_{\mathrm{U}}=\theta_{\mathrm{U}}(X_1,X_2,\cdots,X_n)$，若对任意$\theta\in\Theta$有$P\{\theta_{\mathrm{L}}\leqslant\theta\leqslant\theta_{\mathrm{U}}\}\geqslant1-\alpha$，则称随机区间$\left[\hat{\theta}_{\mathrm{L}}(X),\hat{\theta}_{\mathrm{U}}(X)\right]$是$\theta$的置信水平为$1-\alpha$的置信区间，或简称$\theta$的$1-\alpha$置信区间。

若有

$$P_\theta\left\{\theta<\hat{\theta}_{\mathrm{L}}(X)\right\}=P_\theta\left\{\theta>\hat{\theta}_{\mathrm{U}}(X)\right\}=\alpha/2\ ,\quad \forall\theta\in\Theta$$

则称$\left[\hat{\theta}_{\mathrm{L}}(X),\hat{\theta}_{\mathrm{U}}(X)\right]$为参数 θ 的$1-\alpha$ 的等尾置信区间。

定义中的α是事先选定的，通常取 0.1, 0.05, 0.01 等作为α的值，也就是说有 0.9, 0.95, 0.99 等的把握认为参数真值落在该置信区间内。在实际问题中，人们有时仅对未知参数的置信下限或置信上限感兴趣。例如，电视机的寿命要求越大越好，因此人们关心的是某种型号的电视机的平均寿命的置信下限，因为它的大小标志着电视机质量的好坏。又如，药物的副作用要求越小越好，因此人们关心的仅是某种药物的副作用的置信上限，因为它的大小标志着该药物的质量好坏，因此关于这些问题，寻求两端都为有界的置信区间就没有必要的了，于是产生置信上下限相关理论。

定义 2.10　设有统计量$\hat{\theta}_{\mathrm{L}}(X)$，如果对选定的一个较小的数$\alpha$ $(0<\alpha<1)$，有

$$P_\theta\left\{\theta\geqslant\hat{\theta}_{\mathrm{L}}(X)\right\}\geqslant 1-\alpha\ ,\quad \forall\theta\in\Theta$$

则$\hat{\theta}_{\mathrm{L}}(X)$称为$\theta$的置信水平为$1-\alpha$ 的单侧置信下限，若有

$$P_\theta\left\{\theta\leqslant\hat{\theta}_{\mathrm{U}}(X)\right\}\geqslant 1-\alpha\ ,\quad \forall\theta\in\Theta$$

则$\hat{\theta}_{\mathrm{U}}(X)$称为$\theta$的置信水平为$1-\alpha$ 的单侧置信上限。

这里置信水平$1-\alpha$ 的含义是从同一总体获得的容量为n的 100 个样本可算得 100 个置信区间中，约有$100(1-\alpha)$个区间含有未知参数θ，对单侧置信限也可以做类似解释。在连续总体场合，构造$1-\alpha$ 置信区间时常能用足置信水平$1-\alpha$。但在离散场合，由于分布的离散性常会使实际置信水平超过$1-\alpha$，期望超过的部分越小越好，在构造单侧置信限时也会遇到同样的问题。

事实上，寻求置信区间的方法很多，技术性也很强，下面介绍一种常用的枢轴量法，其具体操作如下。

(1) 寻找θ的某个点估计$\hat{\theta}$，常选θ的极大似然估计。

(2) 构造θ与$\hat{\theta}$的一个函数$g(\theta,\hat{\theta})$，使得 G 的分布(在大样本场合，可以是其渐近分布)是已知的，且此分布与θ无关，这样的 G 称为枢轴量。

(3) 对给定的$\alpha(0<\alpha<1)$，选取两个常数 c 与 d，使得

$$P\left\{c\leqslant g(\theta,\hat{\theta})\leqslant d\right\}\geqslant 1-\alpha$$

(4) 不等式$c\leqslant g(\theta,\hat{\theta})\leqslant d$ 进行等价变形，得到

$$P\{\theta_{\mathrm{L}}\leqslant\theta\leqslant\theta_{\mathrm{U}}\}\geqslant 1-\alpha$$

式中，$[\theta_{\mathrm{L}},\theta_{\mathrm{U}}]$ 就是 θ 的 $1-\alpha$ 置信区间。

例题 2.9 对于一次性使用产品，通常得到的数据是成败型，成功记为 1，失败记为 0。对于任一该产品，考察其可靠性，通常假设总体 $X \sim B(1,p)$，$p\in(0,1)$，p 为可靠性未知参数，设 $X_1,X_2,\cdots,X_n$ 为来自总体 X 的样本，求可靠性参数 p 的 $1-\alpha$ 置信区间。

解：因为 $X_i \sim B(1,p)$，$p\in(0,1)$，故由中心极限定理有

$$\frac{\bar{X}-p}{\sqrt{D(X)/n}}=\frac{\bar{X}-p}{\sqrt{p(1-p)/n}}\xrightarrow{L}\xi\sim N(0,1),\quad n\to\infty$$

又因为 $\bar{X}$ 是可靠性参数 p 的有效估计量，所以 $\dfrac{\bar{X}-p}{\sqrt{p(1-p)/n}}$ 通常很小，即存在实数 k，使得

$$\left|\frac{\bar{X}-p}{\sqrt{p(1-p)/n}}\right|<k$$

由此解出 p，从而知 p 的 $1-\alpha$ 的置信区间应该为

$$\left(\frac{-(2n\bar{X}+k^2)}{2(n+k^2)}-C,\frac{-(2n\bar{X}+k^2)}{2(n+k^2)}+C\right)$$

式中，$C=\dfrac{-k\sqrt{k^2+4n\bar{X}(1-\bar{X})}}{2(n+k^2)}$，$k$ 由 $1-\alpha$ 确定。当 n 充分大且 $1-\alpha$ 给定后，由于

$$1-\alpha=P\left(\frac{-(2n\bar{X}+k^2)}{2(n+k^2)}-C<p<\frac{-(2n\bar{X}+k^2)}{2(n+k^2)}+C\right)=P\left\{\left|\frac{\bar{X}-p}{\sqrt{p(1-p)/n}}\right|<k\right\}$$

查标准正态分布表得 $u_{1-\alpha/2}$，使得

$$1-\alpha=P\left\{\left|\frac{\bar{X}-p}{\sqrt{p(1-p)/n}}\right|<u_{1-\alpha/2}\right\}$$

所以 $k=u_{1-\alpha/2}$。

事实上，以上内容主要是介绍对寿命参数的点估计及区间估计，若并非知道这些数据的分布，还可以通过回归分析来预测未来数据点及其分布走向，为此，下面给出回归分析的最小二乘法(least-square method)及多元回归分析法。

2.6 线性回归分析

回归分析是研究一个或几个自变量与一个随机变量之间的相关关系时所建立

的数学模型及所做的统计分析，只有一个自变量的回归分析叫作一元回归分析；多于一个自变量的回归分析叫作多元回归分析，如果所建立的模型是线性的，叫作线性回归分析，否则称为非线性回归分析。

2.6.1　一元线性回归模型

最小二乘法是一种常用的估计方法，最常见于线性模型。对于一元回归，通常 x 是自变量，y 由波动可知是随机的，故为随机变量，若设已知数据的散点图具有线性趋势，那么一部分可以理解为由 x 的变化引起 y 线性变化，记为线性部分 $\beta_0+\beta_1 x$；另一部分则由其他许多影响较小的随机因素引起，是不可观察的随机变量，记为 ε，一般认为 $\varepsilon\sim N(0,\sigma^2)$。于是模型为

$$\begin{cases} y=\beta_0+\beta_1 x+\varepsilon \\ \varepsilon\sim N(0,\sigma^2) \end{cases},\quad \beta_0、\beta_1、\sigma^2\text{是与 }x\text{ 无关的未知参数}$$

实际上，要确定 y 与 x 之间的内在关系 $\tilde{y}=\beta_0+\beta_1 x$，只要确定 β_0、β_1 即可。为此，对 x 的一组不完全相同的值 $x_1,x_2,\cdots,x_n$ 做独立试验，得随机变量 y 的相应观测值 $y_1,y_2,\cdots,y_n$，从而一元线性回归模型又可以写为

$$\begin{cases} y_i=\beta_0+\beta_1 x_i+\varepsilon_i \\ \varepsilon_i\sim N(0,\sigma^2) \end{cases},\ \text{且 }\varepsilon_i\text{ 相互独立}$$

从而对一元回归分析，会产生下列问题：①如何由样本 (x_i,y_i) $(i=1,2,\cdots,n)$ 求出未知参数 β_0、β_1、σ^2 的估计值 $\hat{\beta}_0$、$\hat{\beta}_1$、$\hat{\sigma}^2$？②如何对所建立的回归方程进行可信度检验？③若回归方程可信，如何利用回归方程进行预测和控制？

1. 未知参数的估计及其统计性质

描述 y 与 x 之间的线性关系，可以有无数条直线，需要在其中选出一条最能反映 y 与 x 之间关系规律的直线。由于在一元线性回归模型 $y_i=\beta_0+\beta_1 x_i+\varepsilon_i$ 中 β_0,β_1 均未知，需要根据样本数据对它们进行估计。设 β_0 与 β_1 的估计值为 $\hat{\beta}_0$ 和 $\hat{\beta}_1$，则可建立一元线性回归模型 $y=\hat{\beta}_0+\hat{\beta}_1 x$。一般而言，所求的 β_0 与 β_1 的估计值 $\hat{\beta}_0$ 和 $\hat{\beta}_1$ 应能使每个样本观测点 (x_i,y_i) 与回归直线之间的偏差尽可能小，即使观察值与拟合值的偏差平方和达到最小，这种估计方法称为最小二乘法。

令

$$Q(\beta_0,\beta_1)=\sum_{i=1}^{n}[y_i-(\beta_0+\beta_1 x_i)]^2$$

使 Q 达到最小值的 β_0、β_1 称为最小二乘估计量(least-square estimation，LSE)。显

然，Q是关于参数β_0、β_1的二元函数，且其偏导数分别为

$$\begin{cases}\dfrac{\partial Q(\beta_0,\beta_1)}{\partial \beta_0}=-2\sum\limits_{i=1}^{n}[y_i-(\beta_0+\beta_1 x_i)]\\ \dfrac{\partial Q(\beta_0,\beta_1)}{\partial \beta_1}=\sum\limits_{i=1}^{n}[y_i-(\beta_0+\beta_1 x_i)]x_i\end{cases}$$

根据极值的必要条件，令这两个偏导数等于零，整理后得到正规方程组：

$$\begin{cases}n\beta_0+\beta_1\sum\limits_{i=1}^{n}x_i=\sum\limits_{i=1}^{n}y_i\\ \beta_0\sum\limits_{i=1}^{n}x_i+\beta_1\sum\limits_{i=1}^{n}x_i^{\,2}=\sum\limits_{i=1}^{n}x_i y_i\end{cases}$$

解此方程组，得到参数$\hat{\beta}_0$、$\hat{\beta}_1$的最小二乘估计值：

$$\hat{\beta}_1=\frac{\sum\limits_{i=1}^{n}(x_i-\overline{x})(y_i-\overline{y})}{\sum\limits_{i=1}^{n}(x_i-\overline{x})^2}=\frac{\sum\limits_{i=1}^{n}x_i y_i-n\overline{x}\overline{y}}{\sum\limits_{i=1}^{n}x_i^{\,2}-n\overline{x}^2}$$

$$\hat{\beta}_0=\overline{y}-\hat{\beta}_1\overline{x}$$

在一元线性回归模型$y=\beta_0+\beta_1 x+\varepsilon$中，记

$$l_{xx}=\sum(x_i-\overline{x})^2=\sum x_i^{\,2}-n\overline{x}^2=\sum(x_i-\overline{x})x_i$$

$$l_{yy}=\sum(y_i-\overline{y})^2=\sum y_i^{\,2}-n\overline{y}^2=\sum(y_i-\overline{y})y_i$$

$$l_{xy}=\sum(x_i-\overline{x})(y_i-\overline{y})=\sum x_i y_i-n\overline{x}\overline{y}=\sum(x_i-\overline{x})y_i$$

分别称l_{xx}、l_{yy}为x、y的离差平方和，称l_{xy}为x与y的离差乘积和。

下面介绍参数β_0、β_1的最小二乘估计量的一些相关性质。

定理 2.10　在一元线性回归模型$y=\beta_0+\beta_1 x+\varepsilon\sim N(0,\sigma^2)$的条件下有

$$\hat{\beta}_1\sim N\left(\beta_1,\frac{\sigma^2}{l_{xx}}\right)$$

$$\hat{\beta}_0\sim N\left(\beta_0,\left(\frac{1}{n}+\frac{\overline{x}^2}{l_{xx}}\right)^2\right)$$

$$\mathrm{Cov}(\overline{y},\hat{\beta}_1)=0$$

$$\mathrm{Cov}(\hat{\beta}_0,\hat{\beta}_1)=-\frac{\overline{x}}{l_{xx}}\sigma^2$$

2. σ^2 的无偏估计

很显然，误差 $\varepsilon_i\ (i=1,2,\cdots,n)$ 的方差 σ^2 刻画了实际图点与线性回归直线之间的离散程度，如果 ε_i 具有可观测性，自然会想到用 $\sum_{i=1}^{n}\varepsilon_i^2$ 来估计 σ^2，然而 ε_i 是观测不到的，能观测到的是 y_i，由 $E(y_i)=\hat{\beta}_0+\hat{\beta}_1 x_i=\hat{y}_i$ 知，可以用残差 $y_i-\hat{y}_i$ 来估计 ε_i，以及用

$$\frac{1}{n}\sum_{i=1}^{n}(y_i-\hat{y}_i)^2=\frac{1}{n}\sum_{i=1}^{n}\left[y_i-(\beta_0+\beta_1\hat{x}_i)\right]^2=\frac{1}{n}S_{\mathrm{e}}$$

来估计 σ^2。希望得到无偏估计，为此需要求残差平方和 S_{e} 的数学期望。下面给出关于残差的一个重要定理。

定理 2.11　在一元线性回归模型 $y=\beta_0+\beta_1 x+\varepsilon,\varepsilon\sim N(0,\sigma^2)$ 的条件下，已知样本观察值 y_i 处经验回归值为 $\hat{y}_i$，记残差平方和 $S_{\mathrm{e}}=\sum_{i=1}^{n}(y_i-\hat{y}_i)^2$，则

(1) 残差期望值 $E(S_{\mathrm{e}})=(n-2)\sigma^2$。

(2) $\dfrac{S_{\mathrm{e}}}{\sigma^2}\sim\chi^2(n-2)$，且 S_{e} 与 $\overline{y}$、$\hat{\beta}_1$ 相互独立。

本定理的严格证明略去，下节将给出一般多元回归情况下的证明。

3. 回归效果的显著性检验

建立回归方程的目的是揭示两个相关变量 x 与 y 之间的内在规律，对某些样本观察值 $(x_i,y_i),i=1,2,\cdots,n$ 做出的散点图，可直观得出变量 x 与 y 之间根本不存在线性相关关系，但也能够通过最小二乘估计结果计算出 $\hat{\beta}_0$、$\hat{\beta}_1$，这时候建立的回归方程 $\hat{y}=\beta_0+\beta_1\hat{x}$ 是毫无意义的，那么什么条件下才是一个有意义的回归方程？为此需要对 x 与 y 之间的线性关系做出回归效果的显著性检验，为构造合适的检验统计量，首先引入平方和分解公式与相关系数的概念。

1) 平方和分解公式

记 $\mathrm{SST}=\sum_{i=1}^{n}\left(y_i-\overline{y}\right)^2$，称 SST 为总偏差平方和，它反映数据 y_i 的总波动，易得 SST 有如下分解式：

$$\begin{aligned}\mathrm{SST}&=\sum_{i=1}^{n}(y_i-\overline{y})^2=\sum_{i=1}^{n}(y_i-\hat{y}_i+\hat{y}_i-\overline{y})^2\\&=\sum_{i=1}^{n}(\hat{y}_i-\overline{y})^2+\sum_{i=1}^{n}(y_i-\hat{y}_i)^2=\mathrm{SSR}+\mathrm{SSE}\end{aligned}$$

式中，$\text{SSR}=\sum_{i=1}^{n}(\hat{y}_i-\overline{y})^2$ ；$\text{SSE}=\sum_{i=1}^{n}(y_i-\hat{y}_i)^2$ 称为回归平方和。

由该平方和分解表达式知，SSR 越大，SSE 就越小，表明 x 与 y 之间的线性关系就越显著；反之，线性关系越不显著。于是很自然想到，检验回归方程是否有显著意义就是考察 SSR/SST 的大小，若其比值越大，则 SST 中 SSR 所占的比例就越大，回归效果就越显著，反之便无显著性意义。

2) 相关系数

由于 $\dfrac{\text{SSR}}{\text{SST}}=\dfrac{\hat{\beta}_1^2 l_{xx}}{l_{xy}}=\dfrac{l_{xy}^2}{l_{xx}l_{xy}}$，记 $r=\sqrt{\dfrac{\text{SSR}}{\text{SST}}}=\dfrac{l_{xy}}{\sqrt{l_{xx}l_{xy}}}$，称 r 为 x 与 y 的相关系数。

3) 线性回归效果的显著性检验

对回归效果的显著性检验有三种不同的检验方法：F 检验法、r 检验法、t 检验法，其本质上是相同的，这里仅介绍线性回归效果的 F 检验法。下面先直接引入一个柯赫伦分解定理。

定理 2.12 (柯赫伦分解定理) 设 $X_1,X_2,\cdots,X_n$ 为独立同分布的随机变量，且 $X_i\sim N(0,1)$，$i=1,2,\cdots,n$，又若 $Q_1+Q_2+\cdots+Q_m=\sum_{i=1}^{n}X_i^2$，其中 Q_k 是秩为 f_k 的 $X_1,X_2,\cdots,X_n$ 的非负二次型，则 Q_k、$k=1,2,\cdots,m$ 相互独立，且 $Q_k\sim\chi^2(f_k)$ 的充要条件为 $\sum_{k=1}^{m}f_k=n$。

在构造 F 检验统计量前，下面给出一个关于显著性检验的重要定理。

定理 2.13 在一元线性回归模型中，当原假设 $H_0:\beta_1=0$ 成立时，$\dfrac{\text{SSR}}{\sigma^2}\sim\chi^2(1)$，且 SSE 与 SSR 相互独立。

4) F 检验法

当 H_0 真时，由定理 2.12 及 F 分布的定义有

$$F=\frac{\text{SSR}/\sigma^2}{\text{SSE}/(n-2)\sigma^2}=\frac{\text{SSR}}{\text{SSE}}(n-2)=\frac{r^2}{1-r^2}(n-2)\sim F(1,n-2)$$

当 H_0 不真时，$\dfrac{\text{SSR}}{\text{SSE}}(n-2)$ 有变大的趋势，因而 F 也有变大的趋势，故应取右侧拒绝域。当 H_0 真时，对给定的显著性水平 α，再由分位数的定义得

$$P\left\{\frac{\text{SSR}}{\text{SSE}}(n-2)\geqslant F_{1-\alpha}(1,n-2)\right\}=\alpha$$

由样本观察值计算出 F 的值，若

$$F \geqslant F_{1-\alpha}(1, n-2)$$

则拒绝 H_0，就认为 x 与 y 有显著的线性关系，此时称线性回归效果显著；否则，接受 H_0，此时称线性回归效果不显著。

4. 点与区间预测

事实上，当获得回归直线后，如何对将来某个点或者所在区间进行预测？首先介绍点估计预测问题。对于给定的 $x = x_0$，要预测 y_0 的取值，自然会将 x_0 代入经验回归方程得

$$\hat{y}_0 = \hat{\beta}_0 + \hat{\beta}_1 x_0$$

并用 $\hat{y}_0$ 作为 y_0 的预测值，即估计值。这种做法是合理的，因为

$$y_0 = \beta_0 + \beta_1 x + \varepsilon_0$$

又因为

$$E(\hat{y}_0) = E(\hat{\beta}_0 + \hat{\beta}_1 x_0) = \beta_0 + \beta_1 x_0 = E(y_0)$$

这就是说，$\hat{y}_0$ 是 $E(y_0)$ 的无偏估计，故 $\hat{y}_0$ 可以作为 $E(y_0)$ 的点估计值。

所谓预测区间，就是对给定的 x_0，求 y_0 的 $1-\alpha$ 置信区间，为解答这个问题，首先介绍下面定理。

定理 2.14　在一元线性回归模型中，设 $y_0, y_1, y_2, \cdots, y_n$ 相互独立，则

$$t = \frac{y_0 - \hat{y}_0}{S\sqrt{1 + \dfrac{1}{n} + \dfrac{(x_0 - \overline{x})^2}{l_{xx}}}} \sim t(n-2)\text{，}\quad S = \sqrt{\frac{\mathrm{SSE}}{n-2}}$$

根据定理 2.14 知，对于给定的置信水平 $1-\alpha$，查自由度为 $n-2$ 的 t 分布表，可得 y_0 的置信度为 $1-\alpha$ 的置信区间为

$$P\left\{|t| < t_{1-\frac{\alpha}{2}}(n-2)\right\} = 1-\alpha\text{，}\quad P\{\hat{y}_0 - \delta(x_0) < y_0 < \hat{y}_0 + \delta(x_0)\} = 1-\alpha$$

式中，

$$\delta(x_0) = t_{1-\frac{\alpha}{2}}(n-2) \cdot S\sqrt{1 + \frac{1}{n} + \frac{(x_0 - \overline{x})^2}{l_{xx}}}$$

例题 2.10　下面给出某航天电子系统储存 10 年的周期检测数据表。在储存开始放入 100 个该产品，经检测，其中仅有一个产品失效。根据工程实际经验，该产品的初始可靠性 R_0 不高于 0.98，假定在每一次检测期间，产品的失效时间服从指数分布，而且在每一次检测时，若发现产品完全失效，该产品便被退出储存。

直到 t_i 时刻总失效数记为 $N(t_i)$，相应的 ML 与 Bayes 估计数据如表 2-4 所示。

表 2-4　100 个产品周期检测数据

t_i	N_i	f_i	$N(t_i)$	(S_i,N_i,t_i)	可靠度的 ML 估计	可靠度的 Bayes 估计
0	100	1	1	(99,100,0)	0.9900	0.9804
1	99	4	5	(95,99,1)	0.9596	0.9505
2	95	5	10	(90,95,2)	0.9474	0.9479
3	90	3	13	(87,90,3)	0.9667	0.9565
4	87	7	20	(80,87,4)	0.9195	0.9101
5	80	5	25	(75,80,5)	0.9375	0.9268
6	75	8	33	(67,75,6)	0.8933	0.8831
7	67	7	40	(60,67,7)	0.8955	0.8841
8	60	4	44	(56,60,8)	0.9333	0.9194
9	56	6	50	(50,56,9)	0.8929	0.8793
10	50	11	61	(39,50,10)	0.7800	0.7692
10	39	61	61	(39,100,10)	—	—

解：首先建立数据的拟合模型。根据周期检测的条件，参数为 λ_0、β，考虑修旧如新且失效率增大，初始可靠度 $R_0 = 0.98$ 时，产品在储存期间时刻 t 的可靠性为

$$R(t) = R_0 \exp[-\lambda_0 \mathrm{e}^{k\beta}(t - r\tau)]\ ,\quad r = [t/\tau]\ ;\quad k = 1,2,\cdots,n$$

由于检测数据是在维修之前记录的，根据周期检测数据知，对 τ 取单位时间只需对下式中参数进行估计，故记 $R(t)$ 为 $R^-(t)$，则有

$$R^-(t) = R_0 \exp(-\lambda_0 \mathrm{e}^{k\beta})\ ,\quad k = 1,2,\cdots,n$$

将上式线性化，则有

$$\ln\ln[R_0/R^-(t)] = \ln\lambda_0 + k\beta$$

令 $y = \ln\ln[R_0/R^-(t)]$，$a_1 = \ln\lambda_0$，$b_1 = \beta$，$x = k$，$k = 1,2,3,\cdots,n$，则有一元回归方程

$$y = a_1 + b_1 x$$

从而根据最小二乘法有

$$\hat{b}_1 = \frac{\sum_{k=1}^{n} 6(2k-n-1)Y(k)}{n(n^2-1)}\ ,\quad \hat{a}_1 = \overline{y} - \hat{b}_1\overline{x} = \frac{1}{n}\sum_{k=1}^{n} Y(k) - \frac{n+1}{2}\hat{b}_1$$

式中，

$$Y_1(k)=\ln\ln\frac{1}{\hat{R}^{-}(k\tau)}$$

于是 $\hat{\lambda}_0=\exp(\hat{a}_1)$，$\hat{\beta}=\hat{b}_1$，从而产品在储存时间 t 后的可靠性为

$$\hat{R}(t)=R_0\exp[-\hat{\lambda}_0 e^{k\hat{\beta}}(t-r\tau)]$$

式中，$r=[t/\tau]$，$k=1,2,3,\cdots,n$。

应用表中数据，可靠度的极大似然点估计及 Bayes 点估计后，应用最小二乘法拟合的参数估计分别为

$$\lambda_0=2.206528\times10^{-3},\quad \beta=0.2224 \quad 与 \quad \lambda_0=8.9235\times10^{-3},\quad \beta=0.2021$$

运用回归模型，可以对将来某个检测周期的可靠性进行预测与评估。

一般情况下，多个变量的回归情形较为常见，下面简单介绍多元回归相关理论。

2.6.2　非线性问题的线性回归

前面讨论的是线性回归问题，然而在实际数据分析问题时，经常碰到非线性回归情形，随机变量 y 与自变量 $x_1,x_2,\cdots,x_m$ 之间并不都具有线性相关关系。这时如果假定它服从线性模型，则关于线性模型的假设检验，将会被做出否定的判断。因此通常的做法是先做出散点图，根据它所呈现的形状，粗略地看看是否像一条直线，如果很不像一条直线，就应该用非线性回归，这时通常与常见的已知函数图形进行比较，配置一条较为适合的曲线，这样要比粗糙地配置一条直线更为科学与精确。

下面讨论可以转化为线性回归的非线性回归的情形，仅通过对某些常见的可化为线性回归问题的讨论来阐明解决这类问题的基本思想和方法。下面给出一些常见的非线性回归模型(设参数 $a,b>0$)。

(1) 双曲线模型：$\frac{1}{y}=\beta_0+\beta_1\frac{1}{x}+\varepsilon$，$\varepsilon\sim N(0,\ \sigma^2)$。

记 $y'=\frac{1}{y},x'=\frac{1}{x}$，则回归函数化为 $y'=\beta_0+\beta_1x'+\varepsilon$，$\varepsilon\sim N(0,\ \sigma^2)$。

(2) 幂函数回归模型：$y=ax^b+\varepsilon$ 或 $y=ax^{-b}+\varepsilon$，$\varepsilon\sim N(0,\ \sigma^2)$。

两边取对数有 $\ln y=\ln a+b\ln x$ (或 $\ln y=\ln a-bx$)，记 $y'=\ln y$，$x'=\ln x$，$a'=\ln a$ 即可。

(3) 指数函数模型：$y=a\exp(bx)+\varepsilon$ 或 $y=a\exp(-bx)+\varepsilon$，$\varepsilon\sim N(0,\ \sigma^2)$。

两边取对数，则 $\ln y=\ln a+b\ln x$ (或 $\ln y=\ln a-bx$)，记 $y'=\ln y$，$a'=\ln a$ 即可。

(4) 对数曲线模型：$y=a+b\ln x+\varepsilon$，$\varepsilon\sim N(0,\ \sigma^2)$。

作变换 $x'=\ln x$ 即可。

(5) 倒指数函数模型：$y = a\exp(bx) + \varepsilon$ 或 $y = a\exp\left(-\dfrac{b}{x}\right) + \varepsilon$，$\varepsilon \sim N(0,\ \sigma^2)$。

两边取对数，则 $\ln y = \ln a + \dfrac{b}{x}$ (或 $\ln y = \ln a - bx$)，记 $y' = \ln y$，$a' = \ln a$，$x' = \dfrac{1}{x}$。

(6) S 曲线模型：$y = \dfrac{1}{a + b\exp(-x)} + \varepsilon$，$\varepsilon \sim N(0,\ \sigma^2)$。

令 $\xi = \dfrac{1}{\eta}$，$t = \exp(-x)$，上述模型就成为一元线性回归模型 $\xi = a + bt + \varepsilon$，$\varepsilon \sim N(0,\ \sigma^2)$。

(7) 生长曲线回归模型：$\eta = \dfrac{L}{1 + \exp(a + bt)} + \varepsilon$，$b < 0, t \geqslant 0$，$\lim\limits_{t \to \infty} y = L$，$\varepsilon \sim N(0,\ \sigma^2)$。

先做变换 $\dfrac{L}{\eta} - 1 = \exp(a + bt)$，然后两边取对数有 $\ln\left(\dfrac{L}{\eta} - 1\right) = a + bt$，令 $y = \ln\left(\dfrac{L}{\eta} - 1\right)$，上述模型就成为一元线性回归模型 $y = a + bt + \varepsilon$，$\varepsilon \sim N(0,\ \sigma^2)$。

(8) 多项式回归模型：$y = \beta_0 + \beta_1 x + \beta_2 x^2 + \cdots + \beta_m x^m + \varepsilon$，$\varepsilon \sim N(0,\ \sigma^2)$。

令 $x_i = x^i$，$i = 1, 2, \cdots, m$ 上述模型成为 m 元线性回归模型。

以上模型中的 a、b、σ^2 均为未知参数。非线性回归模型可以通过变换化为线性回归问题后，求参数的最小二乘估计，从而得到原来曲线方程中的参数估计。

事实上，在工程实际中，若是完全数据，当然可以用回归分析方法来进行预测，然而往往遇到的数据不总是完全数据，下面介绍截尾数据及其统计分析。

2.7 截尾数据分析

寿命数据常有一个被称为截尾的特性，这个特性使数据分析中产生了一些特殊的问题。基本上，数据被称为是“截尾的”，是当样本中有一部分样品的寿命只得到了其下界(或上界)。在收集数据时由于时间有限及其他方面的限制，截尾情形在寿命分布的研究中是很普遍的。例如，在一个寿命试验中，可能难以做到把试验持续到所有受试产品都失效为止，如果在并非所有产品都失效时就停止了试验，那些未失效的产品就只得到了其寿命的一个下限信息。广义上，截尾是指被观测的个体中只有一部分的确切寿命知道，而剩余的寿命只知道其值少于或超过某一个特定值。若仅仅知道其观测值小于或等于 L，通常记为 L^-，称为在 L 处左截尾，如在 8 月 30 日去观测所试验或使用的产品，却发现该产品已经失效或发生故障，于是便认为该产品的寿命是 8 月 30 日前的，寿命早于 8 月 30 日来计算。若精确值未知，但已知其大于等于 L，成为右截尾，简称为截尾，记作 L^+，如某个时间点去观测受试产品，此时停止试验，发现该产品仍然正常，并未失效，这时知道该产品的寿命大于这个观测时间点。

I 型截尾。若试验是在一定的时间范围内进行，样品的寿命只有在小于或等于事先给定的值时才能被观测到，此时获得的数据被称为是 I 型(或“定时”)截尾的。例如，在一个寿命试验中有 n 个受试产品，事先决定好在时间 L 后就停止试验，只有那些在 L 前失效的产品的寿命才能知道确切知道。一个更复杂的 I 型截尾试验，如事先决定在 9 月 1 日停止试验，这样某些产品的寿命被截尾，然而，每个产品都有各自特定的截尾时间 L_i，因为所有的产品并不是同时开始试验的。

II 型截尾。一个 II 型截尾样本是指 n 个被观测的产品中只有 r 个最小的观测值被观测到($1 \leqslant r \leqslant n$)。II 型截尾试验经常使用，如在寿命试验中，共有 n 个受试产品，试验在有 r 个失效时停止了，而不是等 n 个产品都失效了才停止。因为在某些情形直到 n 个产品都失效要花很长的时间，所以这样的截尾试验是省时、省钱的，而且对 II 型截尾数据的统计处理是直接的。

2.7.1　I 型截尾

更确切地说，一个 I 型截尾样本是这样产生的，当样品 $1,2,\cdots,n$ 分别规定在有限时间 $L_1,L_2,\cdots,L_n$ 内被观测，第 i 个样品的寿命 T_i 只有当 $T_i \leqslant L_i$ 时才能被观测到。当所有的 L_i 都相等时，通常称这类数据为简单 I 型截尾样本，以区别于一般的情形，进一步，I 型截尾样本中被观测到的寿命个数是随机的，不同于 II 型截尾情形，因为在 II 型截尾中观测到的寿命个数是事先就固定好了的。

考察 n 个样品，第 i 个样品的寿命为 T_i，其固定的截尾时间为 L_i，T_i 为独立同分布的，密度函数为 $f(t)$，可靠性函数为 $R(t)$，样品 i 的寿命 T_i 只有在 $T_i \leqslant L_i$ 时才能被观测到。

记

$$t_i = \min(T_i, L_i)\ ,\quad \delta_i = \begin{cases} 1, & T_i \leqslant L_i \\ 0, & T_i > L_i \end{cases}$$

因为 t_i 是一个含连续部分和离散部分的混合随机变量。对离散部分有

$$\Pr\{t_i = L_i\} = \Pr\{\delta_i = 0\} = \Pr\{T_i > L_i\} = R(L_i)$$

对连续部分，即 $t_i < L_i$ ，则连续密度函数为

$$\Pr\left\{t_i \middle| \delta_i = 1\right\} = \Pr(t_i | t_i < L_i) = \frac{\Pr(t_i = T_i | t_i < L_i)}{\Pr(t_i < L_i)}$$

$$= \frac{\Pr(t_i = T_i)}{\Pr(\delta_i = 1)} = \frac{\Pr(t_i = T_i)}{F(L_i)} = \frac{f(t_i)}{1 - R(L_i)}$$

故混合随机变量组可分为两部分来处理：

$$\begin{cases} \Pr\left\{t_i = L_i, \delta_i = 0\right\} = \Pr\left\{\delta_i = 0\right\} = R(L_i) \\ \Pr(t_i = T_i,\ \ \delta_i = 1) = \Pr(t_i = T_i | \delta_i = 1)\Pr(\delta_i = 1) = f(t_i) \end{cases}$$

故两式合成一个式子有， t_i, δ_i 的联合密度函数为

$$\Pr\left\{t_i, \delta_i\right\} = f(t_i)^{\delta_i} R(L_i)^{1-\delta_i}$$

又因为这些随机变量对 (t_i, δ_i) 为独立的，则似然函数为

$$L = \prod_{i=1}^{n} f(t_i)^{\delta_i} R(L_i)^{1-\delta_i}$$

例题 2.11　设某产品的寿命是独立且均服从指数分布，观测到失效或故障的个数为 r 个，求该截尾数据的似然函数。

解：因为寿命服从指数分布，故有

$$f(t) = \lambda \exp(-\lambda t)\ ,\quad S(t) = \exp(-\lambda t)\ ,\quad t > 0$$

由上式有

$$L = \prod_{i=1}^{n} \left[\lambda \exp(-\lambda t_i)^{\delta_i}\right] \exp\left[-\lambda L_i (1 - \delta_i)\right] = \lambda^r \exp\left(-\lambda \sum_{i=1}^{n} t_i\right)$$

这里 $r = \sum \delta_i$ 。

2.7.2　II 型截尾

II 型截尾是最常见的一种截尾方式，常用到的统计理论知识是顺序统计量相关理论。值得注意的是在一个 II 型截尾试验中，观测到的产品失效个数 r 在收集数据前就已经确定了。从形式上来说，II 型截尾数据是由 n 个来自待研究的寿命分布的寿命时间 $T_1, T_2, \cdots, T_n$ 中 r 个最小寿命时间 $T_{(1)} \leqslant T_{(2)} \leqslant \cdots \leqslant T_{(r)}$ 组成的，如果 $T_1, T_2, \cdots, T_n$ 独立同分布，其密度函数为 $f(t)$ ，生存函数为 $R(t)$ ，由通常的顺序统计量的结论可得到 $T_{(1)}, T_{(2)}, \cdots, T_{(r)}$ 的联合密度函数为

$$\frac{n!}{(n-r)!} f(t_{(1)}) \cdots f(t_{(r)}) [S(t_{(r)})]^{n-r}$$

事实上，对于任一给定的参数模型，统计推断都可以建立在上述似然函数之上，由此可以推断出一些抽样性质。

例题 2.12　将 n 个样本 $T_1,T_2,\cdots,T_n$ 进入试验，当有 r 个样本失效时停止试验。假设该样本寿命服从参数为 λ 的指数分布，试分析似然函数及参数 λ 的充分统计量及极大似然估计。

解：由于样本寿命服从指数分布，则有

$$f(t)=\lambda\exp(-\lambda t)\,,\quad S(t)=\exp(-\lambda t)\,,\quad t>0$$

设观测到的失效样本 $T_{(1)},T_{(2)},\cdots,T_{(r)}$ 的寿命分别为 $t_{(1)},t_{(2)},\cdots,t_{(r)}$，则似然函数为

$$\begin{aligned}L&=\frac{n!}{(n-r)!}\lambda^r\exp\left(-\lambda\sum_{i=1}^{r}t_{(i)}\right)\exp[-(n-r)\lambda t_{(r)}]\\&=\frac{n!}{(n-r)!}\lambda^r\exp\left[-\lambda\left(\sum_{i=1}^{r}t_{(i)}+(n-r)t_{(r)}\right)\right]\end{aligned}$$

此时做统计推断是很直接的。令

$$T=\sum_{i=1}^{r}t_{(i)}+(n-r)t_{(r)}$$

剔除常数项 $\dfrac{n!}{(n-r)!}$ 后，似然函数可取如下形式：

$$L(\lambda)=\lambda^r\exp(-\lambda T)$$

容易看出，T 是 $1/\lambda$ 的充分统计量，λ 的极大似然估计是 $\lambda=r/T$ 。

可以证明 T 的分布可以由 $2T/\theta\sim\chi^2(2r)$ 给出，于是参数 λ 的 $1-\alpha$ 等尾双侧置信区间为

$$\Pr\left\{\chi^2_{\alpha/2}(2r)\leqslant 2T\lambda\leqslant\chi^2_{1-\alpha/2}(2r)\right\}=1-\alpha$$

于是

$$\frac{\chi^2_{1-\alpha/2}(2r)}{2T}\leqslant\lambda\leqslant\frac{\chi^2_{\alpha/2}(2r)}{2T}$$

是 λ 的 $1-\alpha$ 置信区间。

2.7.3　一般性截尾过程

对于一般性截尾过程，这里仅介绍连续型寿命数据下的似然函数，通过似然函数可以获取相关参数的估计问题。假设在 $t=0$ 时有 n 个样品被观测，每个样品都持续到失效或者被截尾。当个体寿命分布不同时，样本的似然函数为

$$L=\prod_{i=1}^{n} f_i(t_i)^{\delta_i} R_i(L_i)^{1-\delta_i}$$

式中，$f_i(t_i)$和$R_i(L_i)$分别为第i个样品的密度函数和生存函数。

进一步，设D表示那些寿命被观测到的样品的集合，C表示那些只有截尾时间被观测到的样品的集合，则L可重写为

$$L=\prod_{i\in D} f_i(t_i)\prod_{i\in C} R_i(L_i)$$

具体地，若有一列不完整来自同一分布的数据，共n个。失效的数据为n_f个，记其集合为F，右截尾的数据为n_c个，记其集合为C，记参数向量为θ，则上述似然函数又为

$$L(\theta)=\prod_{i\in D} f(t_i;\theta)\prod_{i\in C} R_i(t_i;\theta)$$

如果似然函数是可微分的，则通过解下面的方程组能得到参数估计$\hat{\theta}$值：

$$\frac{\partial L(\theta)}{\partial \theta_i}=0, \quad \frac{\partial}{\partial \theta_i}\ln[L(\theta)]=0, \quad i=1,2,\cdots,k$$

如果似然函数不可微分，或者虽然可微分，但微分后的方程很复杂，也可以直接采用数值方法求出似然函数取最大值时的参数值。

例题 2.13　以两参数威布尔分布为例。这是一组完整的数据，共 50 个，以增序排列，如表 2-5 所示。这列数据是模拟一个两参数威布尔分布时随机产生的。

表 2-5　数组 I ($\eta=200,\beta=2.5$)

40	49	59	70+	85	93	96	99	105+	111	115	116+	116	118	123
128+	128	130+	131	132	135+	136	139	146+	154+	157+	162	169	170	188
191+	199	205	207	210+	215	222+	234+	253	264+	279	281+	287	316	319+
319	321+	326	344+	386	392+									

解：因为两参数威布尔分布函数为

$$F(t)=1-\exp\left[-\left(\frac{t}{\eta}\right)^{\beta}\right], \quad t>0$$

从而似然函数可以写为

$$L(\theta)=\prod_{i\in F}\frac{\beta t_i^{\beta-1}}{\eta^{\beta}}\exp\left[-\left(\frac{t_i}{\eta}\right)^{\beta}\right]\prod_{i\in C}\exp\left[-\left(\frac{t_i}{\eta}\right)^{\beta}\right]$$

其对数似然函数为

$$\ln[L(\theta)] = n_f \ln\beta - n_f \beta \ln\eta + (\beta-1)\ln\left(\sum_{i\in F} t_i\right) - \sum_{i\in F\cup C}\left(\frac{t_i}{\eta}\right)^{\beta}$$

求偏微分并令其为 0，得

$$\begin{cases} \eta = \left(\dfrac{\sum\limits_{i\in F\cup C} t_i^{\beta}}{n_f}\right)^{\frac{1}{\beta}} \\ \dfrac{n_f}{\beta} - n_f \ln\eta + \sum\limits_{i\in F}\ln t_i - \dfrac{1}{\eta^{\beta}}\sum\limits_{i\in F\cup C} t_i^{\beta}\ln\dfrac{t_i}{\eta} = 0 \end{cases}$$

应用表 2-5 中数据组 I，迭代求解上面的方程组，求得两参数威布尔分布的极大似然估计分别为

$$\hat{\beta}=2.1793\ ,\quad \hat{\eta}=209.4828$$

这个估计与随机模拟时参数设置比较接近。

事实上，极大似然方法是一种广泛使用的解析方法。它对完整数据和截尾数据都是适用的。在应用时，可以直接采用优化方法求得似然函数，或对数似然函数取得最大值时的模型参数值。

2.8　小子样数据分析

在工程实践中，由于一些试验产品的高昂费用与试验周期，很难获得大量的试验数据，于是对小样本数据的分析至关重要。为提高拟合和评估精度，通常结合历史信息与信息融合的方法，下面给出这些方法的实施过程。

2.8.1　Bayes 方法

Bayes 方法认为每次试验的结果是未知参数的“新的信息”，通过 Bayes 定理，新的信息可以和参数在试验之前已有的信息结合起来，从而实现对待估参数信度的“更新”。在 Bayes 统计推断中，未知参数的信息是通过一个概率密度函数来表征的，虽然引入了概率密度函数，但这并不表示未知参数是随机的，而是表明现有知识下未知参数是不确定的，而参数的不确定可以近似利用概率密度函数来表现，因此，可以认为模型中未知参数是随机变量，首先由先验信息确定参数分布，然后再利用 Bayes 定理，给出先验信息和试验数据下参数的后验分布，对统计模型中的各类未知参数进行评估和检验。在小样本情况下，通常充分运用历史信息提高参数估计精度。

记$B_i(i=1,2,\cdots,n)$为一互斥的完备事件群，存在事件A，于是在离散情况下，Bayes 定理表示为

$$P(B_i|A)=\frac{P(B_i)P(A|B_i)}{\sum_{i=1}^{n}P(A|B_i)P(B_i)}$$

在连续条件下，Bayes 定理表示为

$$\pi(\theta|X)=\frac{f(\theta|X)\pi(\theta)}{\int_{-\infty}^{+\infty}f(\theta|X)\pi(\theta)\mathrm{d}\theta}$$

式中，θ为随机变量；$\pi(\theta)$为验前分布的概率密度函数；$\pi(\theta|X)$为验后分布的概率密度函数；$f(\theta|X)$为观测统计量X的条件分布。

由此可见，观测统计量或抽样数据结合验前信息形成验后信息，即

$$验后概率=\frac{验前概率\times条件概率}{\sum(验前概率\times条件概率)}$$

与经典方法比较，Bayes 方法充分利用验前信息。先验信息和先验分布是应用 Bayes 方法的基础，下面给出评估程序。

1. 先验信息来源

对于昂贵小子样产品而言，该方法能够充分利用工程经验、专家意见和历史经验信息。而先验信息通常来源于产品设计以及定型前历次试验积累下来的历史资料，或者通过长期的现场工作实践积累下来的经验知识，表现为历史试验数据、仿真数据、专家知识。Bayes 方法之所以能够提高小样本条件下产品可靠性评估的置信度，在于其充分利用了各种先验信息，扩大了产品可靠性评估的信息量。因此，在可靠性工作中应注意对先验信息的不断积累、收集、挖掘和加工，使其数量化，形成先验分布，并应用到统计推断中，只有这样，才能保证在少量试验数据情况下可靠性增长评估和可靠性鉴定的准确性和可信性。

2. 先验分布的确定方法

视总体分布的未知参数为随机变量，这个随机变量的分布函数总结了试验前对未知参数的所有认识，称为先验分布。通常装备的研制试验是按照“设计-试验-改进-再试验”分阶段分批次进行，且装备可靠性不断增长，即

$$0\leqslant R_1\leqslant R_2\leqslant\cdots\leqslant R_{m-1}\leqslant R_m\leqslant 1$$

(1) 无信息先验分布。若在现场试验之前，没有做过类似的试验，无历史试

验数据可利用，则不能认为没有先验信息，因为研制过程中存在大量关于装备的知识，如相似系统的可靠性信息、分系统的信息或仿真信息等。如果以上信息的可信度不高，可以不予采纳，而采用无信息先验分布，如元件可靠性无任何已知信息，通常认为 R 等可能取值于区间 $(0,1)$ ，即 $R \sim U(0,1)$ 作为元件的可靠性先验分布，此时先验分布可表示为

$$\pi(R)=\begin{cases}1, & 0<R<1 \\ 0, & \text{其他}\end{cases}$$

(2) 矩方法确定先验分布。在假定先验分布形式已知的条件下，在确定先验分布中的超参数时，可先由历史数据估计边缘密度的各阶矩，如期望和方差，而后估计先验分布的超参数，该方法通常称为矩方法。

(3) 共轭先验分布。运用共轭先验分布时，未知参数的先验分布和后验分布具有相同的分布类型，计算十分方便。先验分布的先验超参数一般具有明确的物理意义，该类先验分布在工程中应用较普遍，如正态分布均值(σ 方差已知)的共轭分布是正态分布 $N(\mu_1,\tau^2)$ (μ_1,τ 为已知)，其后验均值 μ_2 为

$$\mu_2=\frac{\bar{x}\sigma^{-2}+\mu_1\tau^{-2}}{\sigma^{-2}+\tau^{-2}}=\gamma\bar{x}+(1-\gamma)\mu_1\text{，}\quad \gamma=\frac{\sigma^{-2}}{\sigma^{-2}+\tau^{-2}}$$

从而验后均值 μ_2 可理解为样本均值 $\bar{x}$ 与验前均值 μ_1 的加权平均。工程中常用的共轭先验分布如表 2-6 所示。

表 2-6　常用共轭先验分布

总体分布	参数	共轭先验分布
二项分布	成功概率	贝塔分布 $\mathrm{Be}(\alpha,\beta)$
泊松分布	均值	伽马分布 $\mathrm{Ga}(\alpha,\beta)$
指数分布	失效率	伽马分布 $\mathrm{Ga}(\alpha,\beta)$
正态分布(方差已知)	均值	正态分布 $N(\mu,\tau^2)$
正态分布(均值已知)	方差	逆伽马分布 $\mathrm{IGa}(\alpha,\beta)$
正态分布	方差、均值	正态-逆伽马分布

由于共轭先验分布仅给出了未知参数的分布类型，需要确定先验分布的超参数，常用确定方法如下。

(1) 由专家知识确定先验超参数。可靠度的先验信息通常以连续区间的形式给出。例如，根据类似产品信息或专家经验，可给出第 k 个试验阶段内产品的可靠度 $R_k \in (R_{k,L},R_{k,H})$ 。在确定先验超参数时，首先以均匀分布描述产品的先验信

息，然后以先验参数为变量，将均值作为约束，方差作为目标，利用最优化方法求出与该均匀分布最接近的贝塔分布，由此作为产品的先验分布。

(2) 由分位数确定先验超参数。对于指数型产品，其失效率λ的共轭分布为伽马分布：

$$\pi(\lambda|a,b)=\frac{b^a}{\Gamma(a)}\lambda^{a-1}\exp(-b\lambda)$$

式中，$\lambda>0,a>0,b>0$，a和b为先验分布超参数，需要通过先验信息来确定。对于不同的置信度γ_1和γ_2，可由下式确定：

$$\int_0^{\lambda_1}\pi(\lambda|a,b)\mathrm{d}\lambda=\gamma_1\ ,\quad \int_0^{\lambda_2}\pi(\lambda|a,b)\mathrm{d}\lambda=\gamma_2$$

3. 后验分布与期望的计算

先验分布$\pi(R)$确定后，需要确定后验分布$\pi(R|X)$，从而估计的可靠度可用后验分布的期望来确定，即有

$$\hat{R}=E(R|X)=\int_D\pi(R|X)R\mathrm{d}R$$

式中，X为试验信息；D为积分区域。

为演示小样本统计，应用 Bayes 方法计算可靠度，下面给出二项分布型试验下的可靠度估计方法。

例题 2.14　设某元件的可靠性为R，现对该产品进行N次试验，其中有S次成功，取可靠性R的共轭先验分布为贝塔分布，求可靠性R的 Bayes 估计。

解：方法一：经典统计学方法

N次独立试验成功S次，故试验数据的似然函数为

$$L(S|R)=C_N^S R^S(1-R)^{N-S}$$

从而对数似然函数为

$$\ln L=\ln C_N^S+S\ln R+(N-S)\ln(1-R)$$

从而该产品的可靠度可估计为$\hat{R}=S/N$。

方法二：Bayes 方法

根据二项分布，N次抽样中S次成功的似然函数为

$$L(S|R)=C_N^S R^S(1-R)^{N-S}\ ,\quad S=0,1,2,\cdots,N$$

已知贝塔分布为R的先验分布，故

$$\pi(R)=\frac{1}{B(a,b)}R^{a-1}(1-R)^{b-1}$$

$$B(a,b)=\int_0^1 x^{a-1}(1-x)^{b-1}\mathrm{d}x(0<R<1,a,b\text{为已知常数})$$

由 Bayes 定理可得 R 的后验分布为

$$\pi(R|S)=\frac{L(S|R)\cdot\pi(R)}{\int_0^1 L(S|R)\cdot\pi(R)\mathrm{d}R}=\frac{C_N^S R^S(1-R)^{N-S}\frac{1}{B(a,b)}R^{a-1}(1-R)^{b-1}}{\int_0^1 C_N^S R^S(1-R)^{N-S}\frac{1}{B(a,b)}R^{a-1}(1-R)^{b-1}\mathrm{d}R}$$

$$=\frac{R^{(S+a-1)}(1-R)^{N-S+b-1}}{\int_0^1 R^{(S+a-1)}(1-R)^{N-S+b-1}\mathrm{d}R}=\frac{R^{(S+a-1)}(1-R)^{N-S+b-1}}{B(S+a,N-S+b)}$$

故 R 的后验分布仍为贝塔分布，即贝塔分布为共轭先验分布，故 R 的 Bayes 估计为

$$\hat{R}=E(R|S)=\int_0^1\pi(R|S)\cdot R\mathrm{d}R$$

$$=\frac{B(S+a+1,N-S+b)}{B(S+a,N-S+b)}=\frac{\tau(S+a+1)\tau(N-S+b)}{\tau(N+a+b+1)}\cdot\frac{\tau(N+a+b)}{\tau(S+a)\tau(N-S+b)}$$

$$=\frac{S+a}{N+a+b}=(1-v)\frac{a}{a+b}+v\frac{S}{N}\left(v=\frac{N}{a+b+N}\right)$$

2.8.2　信息融合方法

对于民用飞机等复杂系统来说，直接可用的可靠性数据往往很稀缺，呈现出小子样特性。然而，在其全生命周期或相似产品中却又存在很多可用的可靠性数据，如系统或设备供应商提供的可靠性数据、运营商积累的可靠性数据等。从而可靠性数据具有多源性，可分为外场数据和试验数据。外场数据是系统运行产生的数据，试验数据则主要由系统、设备供应商提供。对于存在多个数据来源的系统、设备或部件，通过数据融合的方法综合利用多种可靠性数据，可以更精确地确定其可靠性水平，提高数据的可信性，降低模糊不确定性。

信息融合技术具有强大的信息提取和综合能力，已经被广泛用于多来源可靠性数据的综合分析领域，极大地提高了分析结果的可信性。目前，常用的有加权融合法、信息熵融合方法和 Bayes 融合方法等。

1. 加权融合法

设 $\theta_1,\theta_2,\cdots,\theta_n$ 为来自 n 个数据源的可靠性参数估计值，假设各数据源之间是独立的，则各数据源的可靠性参数之间能较好地满足线性关系，融合后的可靠性

参数估计值为

$$\theta=\sum_{i=1}^{n}\omega_i\theta_i$$

式中，ω_i 为第 i 个信息源可靠性参数的权值，$\omega_i\in[0,1]$，且 $\omega_1+\omega_2+\cdots+\omega_n=1$，$i=1,2,\cdots,n$。$\omega_i$ 的求取应根据数据源的特点来进行。例如，在数据源样本个数确定的情况下，可以将 ω_i 取为该数据源的样本 N_i 数在总样本数中所占的比例，即

$$N_i=\frac{N_i}{N_1+N_2+\cdots+N_n}$$

目前，常用的权重确定方法还有基于专家经验、信息源可信度、先验信息和现场子样相关性等。

2. 信息熵融合方法

熵的概念源于信息论，用来表示某种分布所包含的信息量的均值。信息熵融合方法的基本思想是将信息量的“可加性”与可靠性工程理论相结合，根据总信息量相等的原理，即可得到融合后的可靠性信息。连续函数 $f(x)$ 的熵可表示为

$$S=\int_R f(x)\ln f(x)\mathrm{d}x$$

由于相对熵表示不同概率分布之间距离的度量，常应用于可靠性信息的融合，通常选择与各个分布距离最小的分布为融合后的分布。下式给出了两个不同分布 $p(x)$ 与 $q(x)$ 之间的相对熵关系：

$$h(p,q)=\int p(x)\ln\frac{p(x)}{q(x)}\mathrm{d}x$$

不妨设 $p(x)$ 为 n 个不同来源的分布($i=1,2,3,\cdots,n$)，$q(x)$ 为融合后的分布，定义信息量：

$$I_1(q)=\sum_{i=1}^{n}h(q,p_i)\text{，}\quad I_2(q)=\sum_{i=1}^{n}h(p_i,q)$$

通过最优化求取信息量 $I_1(q),I_2(q)$ 或 $I_1(q)+I_2(q)$ 的最小值得到融合后的分布。

3. Bayes 融合方法

Bayes 融合方法是一种基于总体信息、样本信息和先验信息进行统计推断的数学方法，该方法与经典统计方法的主要差别就在于对先验信息的利用。

为有效利用先验信息，通过对先验分布的融合来实现对多源信息的融合，首先要确定先验分布，在先验信息为小样本时，可以通过 Bootstrap 方法对样本进行

扩充来求取先验分布。不妨设样本$(x_1,x_2,\cdots,x_n)$来自总体X，其中，$x_1,x_2,\cdots,x_n$已按照升序排列。

首先，获取 Bootstrap 样本。通过线性同余法产生$1\sim n$范围内的n个随机整数，以这些整数为下标，从原样本中抽出对应n个数据组成 Bootstrap 样本。重复N次，即可得到N组 Bootstrap 样本。

其次，估计分布特征参数。设$\theta=\theta(X)$是总体分布X的某个参数，X_n^*是 Bootstrap 样本的分布函数，$\hat{\theta}(X)$、$\hat{\theta}(X_n)$、$\hat{\theta}(X_n^*)$分别为参数θ在总体、原始样本和 Bootstrap 样本中的估计，计算统计量：

$$T=\hat{\theta}(X_n)-\hat{\theta}(X),\quad T^*=\hat{\theta}(X^*{}_n)-\hat{\theta}(X)$$

对N组 Bootstrap 再生样本使用上述处理方法，便可得到N个θ的估计值。

事实上，在获得多个先验信息源的先验分布之后，通过对多个先验分布的融合，可以实现多来源先验信息的融合。在先验分布的融合方法中，加权融合法应用较广泛，有线性加权融合和非线性加权融合两种。

$$\pi(\theta)=\omega_1\pi_1(\theta)+\omega_2\pi_2(\theta)+\cdots+\omega_n\pi_n(\theta)$$

式中，$\pi_i(\theta)$为由第i个数据源得到的先验分布；ω_i为其权重。

对满足稳健性要求的多个先验分布，按照上式进行加权融合，则有

$$\pi(\theta)=\omega_1\pi_1(\theta)+\omega_2\pi_2(\theta)+\cdots+\omega_n\pi_n(\theta)\geqslant\min[\pi_1(\theta),\pi_2(\theta),\cdots,\pi_n(\theta)]=\pi_{\min}(\theta)$$

式中，$\pi_{\min}(\theta)$为$\pi_1(\theta),\pi_2(\theta),\cdots,\pi_n(\theta)$中最小值，从而

$$m(x|\pi)=\int_\Theta f(x|\theta)\pi(\theta)\mathrm{d}\theta\geqslant\int_\Theta f(x|\theta)\pi_{\min}(\theta)\mathrm{d}\theta=m(x|\pi_{\min})$$

上式表明采用线性加权融合得到的融合先验分布具有良好的稳健性，线性加权进行多个先验分布的融合具有一定的有效性。

经验 Bayes 理论认为，边缘密度的大小反映了在该先验分布之下样本发生可能性的平均大小，因而，可用样本在各个先验分布之下的边缘分布密度的大小为度量来确定线性加权融合中的权重ω_i，即

$$\omega_i=\frac{m(x|\pi_i)}{\sum_{j=1}^{n}m(x|\pi_j)},\quad i=1,2,\cdots,n$$

例题 2.15　某寿命服从正态分布的飞机高速组件定型试验样本量为 12，故障时间分别为

1.3802，1.5963，1.8667，1.5624，1.5335，1.5442

1.4813，1.1091，1.3025，1.1319，1.3900，1.7236

有一组历史数据

1.4195，1.4482，1.7837，1.6548，1.5374，1.3466，1.5730，1.3831，1.6512，1.4419

和相似产品的使用寿命数据

1.4654，1.4353，1.4954，1.5863，1.4346，1.3999，1.5080

1.5135，1.5685，1.4605，1.5050，1.4765，1.5121，1.6735

上述两组数据均已通过与定型试验数据的相容性检验(单位：万小时)，试应用 Bayes 融合方法对该组件的寿命做出推断。

解：首先经过布拟合和拟合优度检验，确定该组数据服从分布 $N(1.47,0.09)$，从而密度函数可表示为

$$f(x|\mu,\sigma)=\frac{1}{\sqrt{2\pi}\times 0.224}\exp[-10\cdot(x-1.47)^2]\text{，}\quad x\in R$$

选取其共轭分布为先验分布，则先验分布仍为正态分布。对历史数据及相似产品的使用寿命数据信息分别抽取 10000 个 Bootstrap 样本，计算其均值和方差，从而由历史数据得到的先验分布为

$$\pi_1(\theta)=\frac{1}{\sqrt{2\pi}\times 0.134}\exp\left[-\frac{(x-1.524)^2}{0.0036}\right]\text{，}\quad -\infty<x<+\infty$$

由相似产品数据得到的先验分布为

$$\pi_1(\theta)=\frac{1}{\sqrt{2\pi}\times 0.056}\exp\left[-\frac{(x-1.5025)^2}{0.00067}\right]\text{，}\quad -\infty<x<+\infty$$

下面对这两种先验分布进行融合。

将 $\pi_1(\theta)$、$\pi_2(\theta)$ 分别代入加权系数式，得到 $\omega_1=0.6042$，$\omega_2=0.3958$，从而

$$\pi(\theta)=0.6042\times\pi_1(\theta)+0.3958\times\pi_2(\theta)=\frac{1}{\sqrt{2\pi}\times 0.027}\exp\left[-\frac{(x-1.5155)^2}{0.0014}\right]\text{，}\quad x\in R$$

将 $f(x|\mu,\sigma)$ 与 $\pi(\theta)$ 代入 Bayes 公式，得到后验分布为

$$\pi(\theta|x)=\frac{1}{\sqrt{2\pi}\times 0.065}\exp\left[-\frac{(\theta-1.488)^2}{0.0084}\right]\text{，}\quad \theta\in R$$

从而期望寿命为

$$\mathrm{ET}=\int_R\theta\pi(\theta|x)\mathrm{d}\theta=\int_R\theta\cdot\frac{1}{\sqrt{2\pi}\times 0.065}\exp\left[-\frac{(\theta-1.488)^2}{0.0084}\right]\mathrm{d}\theta\approx 1.488\text{万小时}$$

事实上，这个寿命在样本均值寿命和先验均值之间，可以认为样本信息是对先验信息的一种修正。采用 Bootstrap 方法或随机抽样法确定先验分布，克服了先

验分布确定的主观性。然而采用 Bootstrap 方法产生的样本观测值局限于原样本的范围内，因而受原样本的影响较大，在样本容量较小时需慎用，而以样本的边缘密度函数值为尺度来确定线性加权融合中的权重，提高了权重的可信性。

2.9　无故障数据分析

在工程上，经常出现一些异常现象，如不确定原因下的数据缺失以及一些高可靠性产品试验时出现的无失效情况等。

2.9.1　数据缺失填补

数据缺失常常分为随机缺失与非随机缺失两大类，对于一类缺失情况的发生是随机情形，表明缺失与调查行为具有独立性，而非随机缺失是与缺失数据本身的内容就存在联系，如调查问题本身的敏感性。

一般情况下，不同的缺失机制采用不同的数据插补方法，但需要遵从一定的填补准则，即填补得到的记录应该和审核失效的记录非常相似；填补需要为评估留下审查的线索，满足所有的审核规则，并保证填补的记录具有内部一致性；填补值应标明，填补方法和填补使用的资料也应清楚地标明；填补方法应减少无回答偏倚，尽可能地保持不同变量之间的关系。

关于缺失数据的填补，下面给出几种常规工程填补方法。

(1) 均值填补法。分别计算各个变量的均值，将各个均值作为各变量内所有缺失项的填补值，这也是最简单易行的填补方法。

(2) 回归填补法。根据已有的完整数据集合建立回归方程，针对含缺失值对象，将已知变量值代入回归方程来估计缺失的变量值，以此估计值进行填补。

(3) 相似填补法。在已观测到的数据中，取与缺失值最相似的一个样本对应项目，用这个相似项目值进行填充。

(4) Bootstrap 随机填补。该方法是通过对原始样本进行再抽样，通过计算机模拟经验分布函数中统计量的概率特性来实现样本的扩充，具体做法如下。

① 生成近似累积分布函数。设有来自总体 F 的样本 $X=(x_1,x_2,\cdots,x_n)$，$x_1,x_2,\cdots,x_n$ 升序排列，构造如下原始样本的经验分布函数：

$$F_n(x)=\begin{cases}0, & x<x_1\\ \dfrac{i}{n}, & x_i\leqslant x<x_{i+1},\quad i=1,2,\cdots,n-1\\ 1, & x\geqslant x_n\end{cases}$$

② 获取 Bootstrap 样本。这里仅给出权重型随机填补法。取 Bootstrap 样本

$$x^*_{ij} = \frac{m_1}{m}x_1 + \frac{m_2}{m}x_2 + \cdots + \frac{m_n}{m}x_n, \quad i=1,2,\cdots,n;\ j=1,2,\cdots,m, \quad m \gg n$$

式中，$m_1, m_2, \cdots, m_n$ 是 $1 \sim m$ 的随机数，且有 $m_1 + m_2 + \cdots + m_n = m$，用 x^*_{ij} 填补第 i 组 Bootstrap 样本的第 j 个观测值。

2.9.2　零失效数据处理

因产品的可靠性不断提高，在现场使用或使用中经常出现无故障情况，特别是在高可靠性、小样本问题中更为常见，下面具体讲述最优置信限法、配分布曲线法和 Bayes 分析方法。

不妨设元件寿命 T 的分布函数为 $F(t,\theta)$，$\theta \in \Theta$ 为未知参数，Θ 为参数空间，截尾时间分别为 $t_1, t_2, \cdots, t_m (t_1 < t_2 < \cdots < t_m)$。在 t_i 处共试验 n_i 个样品，若结果所有样品无一故障(即这 n_i 个样品的寿命均大于 t_i)，则称这类数据为零失效数据(zero-failure data)，记为 (t_1, n_1)，(t_2, n_2)，$\cdots$，(t_m, n_m)。

1. 最优置信限法

从产品中随机抽取 n 个进行寿命试验，截尾时间分别为 $t_1, t_2, \cdots, t_n$，若没有观察到任何失效，如何找出可靠度 $R(t,\theta)$，平均寿命 $E_\theta(X)$ 的置信水平为 $1-\alpha$ 的置信下限？更一般地，如何找出函数 $g(\theta)$ 的置信水平为 $1-\alpha$ 的置信下限？[$g(\theta)$ 是 θ 的已知函数]。

若 n 个产品的寿命分别是 $x_1, x_2, \cdots, x_n$，则观测向量 $Z = (z_1, \delta_1, z_2, \delta_2, \cdots, z_n, \delta_n)$，其中

$$z_i = \min(x_i, t_i), \quad \delta_i = I(x_i \leqslant t_i) = \begin{cases} 1, & x_i \leqslant t_i \\ 0, & x_i > t_i \end{cases}, \quad i=1,2,\cdots,n$$

记 $z^0 = (t_1, 0, t_2, 0, \cdots, t_n, 0)$ (无失效数据)，则

$$gL(z^0) = \inf\left\{ g(\theta): \prod_{i=1}^{n} [1 - F(t_i, \theta)] > \alpha \right\}$$

是无失效数据情形下 $g(\theta)$ 的置信水平为 $1-\alpha$ 的最优置信下限的普遍公式，其中 $F(t,\theta)$ 是产品寿命的分布函数。

不妨设部件寿命服从指数分布，即

$$F(t,\theta) = 1 - \exp(-t_i/\theta), \quad \lambda > 0$$

则 m 次试验下无故障发生时的似然函数为

$$L(\theta) = \prod_{i=1}^{m} R(n_i t_i, \theta) = \prod_{i=1}^{m} \exp(-n_i t_i/\theta)$$

从而置信水平为$(1-\alpha)$时的参数θ的最优置信下限为

$$\theta_{\mathrm{L}}=\inf\left\{\theta:\prod_{i=1}^{m}R(n_i t_i,\theta)>\alpha\right\}$$

即

$$\prod_{i=1}^{m}R(n_i t_i,\theta)=\alpha,\quad \prod_{i=1}^{m}R(-n_i t_i/\theta)=\alpha$$

则参数θ的最优置信下限为

$$\theta_{\mathrm{L}}=\frac{\sum_{i=1}^{m}n_i t_i}{-\ln\alpha}$$

2. 配分布曲线法

首先估计失效概率，然后用最小二乘法给出寿命分布参数的估计，最后给出可靠度的估计。其具体步骤如下。

首先，在截尾时间t_i处获得失效概率$p_i=P\{T<t_i\}$的估计$\hat{p}_i$，$i=1,2,\cdots,m$。其中T为产品的寿命。

其次，利用点$(t_1,\hat{p}_1),(t_2,\hat{p}_2),\cdots,(t_m,\hat{p}_m)$配一条分布曲线，这相当于在分布曲线族中选一条曲线最靠近诸点$(t_1,\hat{p}_1),(t_2,\hat{p}_2),\cdots,(t_m,\hat{p}_m)$，这里靠近的标准选用最小二乘法则。

最后，由确定下来的分布曲线求得可靠度的估计，其中关键是如何估计失效概率$p_i,i=1,2,\cdots,m$。失效概率的经典估计为$\hat{p}_i=0.5/(S_i+1)$。

对寿命分布服从指数分布的某民机部件进行m次定时截尾试验(或在外场使用中定时终止使用)，结果无部件故障，获得m组数据$(t_i,n_i),i=1,2,\cdots,m$。

对于任意t_i值，则

$$F(t_i)=1-\exp(-\lambda t_i)$$

设$p_i=F(t_i),i=1,2,\cdots,m$，则有

$$1-p_i=\exp(-\lambda t_i)\text{，}\ln(1-p_i)=-\lambda t_i$$

令$y_i=\ln(1-p_i),i=1,2,\cdots,m$，则$y_i=-\lambda t_i$，用$p_i$的估计值$\hat{p}_i$代替$p_i$，这样会产生一些误差，所以在上式中加入误差因子$\varepsilon_i$，则有

$$y_i=-\lambda t_i+\varepsilon_i,i=1,2,\cdots,m$$

为使误差最小，则

$$Q(\lambda) \triangleq \sum_{i=1}^{m} \varepsilon_i^2 = \sum_{i=1}^{m} (\hat{y} + \lambda t_i)^2$$

应取最小，令

$$\frac{\mathrm{d}Q(\lambda)}{\mathrm{d}\lambda} = 0, \quad \frac{\mathrm{d}}{\mathrm{d}\lambda}\sum_{i=1}^{m} (\hat{y}_i + \lambda t_i)^2 = 0$$

则参数 λ 的最小二乘估计为

$$\hat{\lambda} = -\frac{\sum_{i=1}^{m} t_i \hat{y}_i}{\sum_{i=1}^{m} t_i^2} = -\frac{\sum_{i=1}^{m} t_i \ln(1-\hat{p}_i)}{\sum_{i=1}^{m} t_i^2}$$

从而平均故障间隔时间为

$$\overline{\theta} = \frac{1}{\hat{\lambda}} = -\frac{\sum_{i=1}^{m} t_i^2}{\sum_{i=1}^{m} t_i \ln(1-\hat{p}_i)}$$

3. Bayes 分析方法

不妨设在可靠性数据收集的过程中，可以获得专家的经验数据，若根据经验知故障率的上限值为 λ_{U}，则可设 $\lambda \sim U(0, \lambda_{\mathrm{U}})$ 为故障率的先验分布，即先验密度

$$\pi(\lambda) = \frac{1}{\lambda_{\mathrm{U}}}, \quad 0 < \lambda < \lambda_{\mathrm{U}}$$

从而联合概率密度函数为

$$L(0|\lambda) = \prod_{i=1}^{m} \exp(\lambda n_i t_i) = \exp\left(-\sum_{i=1}^{m} \lambda n_i t_i\right)$$

则 λ 的后验密度为

$$\begin{aligned} h(\lambda|\lambda_{\mathrm{U}}) &= \frac{\pi(\lambda) L(0|\lambda)}{\int_0^{\lambda_{\mathrm{U}}} \pi(\lambda) L(0|\lambda) \mathrm{d}\lambda} \\ &= \frac{\frac{1}{\lambda_{\mathrm{U}}} \exp\left(-\sum_{i=1}^{m} \lambda n_i t_i\right)}{\int_0^{\lambda_{\mathrm{U}}} \frac{1}{\lambda_{\mathrm{U}}} \exp\left(-\sum_{i=1}^{m} \lambda n_i t_i\right) \mathrm{d}\lambda} = \frac{\left(\sum_{i=1}^{m} n_i t_i\right) \exp\left(-\sum_{i=1}^{m} \lambda n_i t_i\right)}{1 - \exp\left(-\lambda_{\mathrm{U}} \sum_{i=1}^{m} n_i t_i\right)} \end{aligned}$$

则平方损失下 λ 的估计为

$$\hat{\lambda}=\int_0^{\lambda_U}\lambda h(\lambda|\lambda_U)\mathrm{d}\lambda=\frac{\sum_{i=1}^{m}n_it_i}{1-\exp\left(-\lambda_U\sum_{i=1}^{m}n_it_i\right)}\int_0^{\lambda_U}\lambda\exp\left(-\sum_{i=1}^{m}\lambda n_it_i\right)\mathrm{d}\lambda$$

解得

$$\hat{\lambda}=\frac{1}{\sum_{i=1}^{m}n_it_i}\cdot\frac{1-\left(\lambda_0\sum_{i=1}^{m}n_it_i+1\right)\exp\left(-\lambda_0\sum_{i=1}^{m}n_it_i\right)}{1-\exp\left(-\lambda_0\sum_{i=1}^{m}n_it_i\right)}$$

例题 2.16　考虑不放回抽样试验，试验共进行 17 次，均无失效发生，不妨设数据类型为 $(t_i,S_i,n_i),i=1,2,\cdots,17$ ，表示时刻 t_i 在 S_i 个试验产品中抽取 n_i 个产品，其寿命服从指数分布，时间单位为百小时，具体数据如下：

(30, 43, 11)，(60, 32, 2)，(64, 30, 1)，(90, 29, 11)，(98, 18, 1)，(100, 17, 1)

(130, 16, 4)，(160, 12, 2)，(175, 10, 1)，(180, 9, 1)，(230, 8, 1)，(247, 7, 1)

(290, 6, 1)，(318, 5, 1)，(320, 4, 2)，(350, 2, 1)，(405, 1, 1)

试分析该产品在试验条件下的平均寿命(置信水平 α=0.7)。

解：总试验时间

$$T=\sum_{i=1}^{17}n_it_i=5.317\times10^5$$

从而得该产品的平均寿命的最优置信下限值为

$$\theta_L=\frac{T}{-\ln 0.7}=\frac{5.317\times10^5}{1.204}=4.416\times10^5$$

该产品的故障率在置信水平 0.3 时的最优置信限为

$$\lambda_U=\frac{1}{\theta_L}=2.264\times10^{-6}$$

若用失效概率的经典估计 $\hat{p}_i=0.5/(S_i+1)$ ，则得到的失效概率估计值分别为

0.0114，0.0152，0.0161，0.0167，0.0263，0.0278，0.0294，0.0385，0.0455

0.0500，0.0556，0.0625，0.0714，0.0833，0.1000，0.1667，0.2500

而 Bayes 方法估计的失效概率分别为

0.0114，0.0167，0.0172，0.0206，0.0215，0.0217，0.0249，0.0278，0.0290

0.0295，0.0335，0.0347，0.0377，0.0395，0.0397，0.0415，0.0448

通过配分布法得到的失效率为 $\lambda = 0.7723\times10^{-6}\,\mathrm{h}^{-1}$，而 Bayes 方法得到的失效率为 $\lambda = 0.6503\times10^{-6}\,\mathrm{h}^{-1}$。

2.10 分布类型检验

分布类型检验是通过产品可靠性寿命试验获得的统计数据来推断产品的寿命分布，推断的依据是拟合优度检验，拟合优度是观测值的分布与先验的或拟合观测值的理论分布之间符合程度的度量[14]。

对于来自总体中的一个样本，通过其经验分布可初步判断为某一分布，但该分布与总体分布之间是有一定差异的，可能来自于假设的分布不正确或者子样的随机性引起的偏差，从而可以确定一个偏差的界限，若由子样计算出的偏差大于此界限，不能认为经验分布与总体分布符合，否则可认为二者符合，基于该思想：设偏差为 D，因 D 为随机变量，则应有 D 的分布，而由子样得到的偏差为 d，再由 D 的分布计算选择一个界限 d_α，判别式为

$$P\{D \geqslant d_\alpha\} = \alpha$$

这里 α 是个小概率，可取 0.05、0.1 等，称为显著性水平。若 $D \geqslant d_\alpha$，则偏差落入大于临界值的范围，发生了小概率事件，应怀疑原来的假设，判断所选择的分布与总体分布之间差异较大，这种选择应予以拒绝。根据以上思想，拟合优度检验的方法如下。

(1) 提出所要检验的假设 H_0 内容。

(2) 根据 H_0 内容选取合适的统计量。

(3) 确定统计量的精确分布或渐进分布。

(4) 根据观测的样本值计算出统计量的计算值。

(5) 确定适当的显著性水平 α。

(6) 假设的拒绝与接受。根据统计量的分布，由所给的显著性水平 α，确定出拒绝假设的区域或临界点，表达式为 $P\{$统计量计算值 $> K_\alpha\} = \alpha$，其中，K_α 为临界点的数值。

在实际工作中，对于分布的拟合优度检验，往往用到一种最简单的直观方法，即作图法，将统计得到的经验分布函数在假设分布的概率纸上描点，若点的连线呈直线趋势，可认为样本服从假设的分布，该判断因人而异，故并不精确，因此解析检验方法仍是常用的方法。下面给出 χ^2 检验、K-S(Kolmogorov-Smirnow)检验、正态分布检验、指数分布检验等方法。

2.10.1　估计模型的检验方法

常用的拟合优度检验方法有两种：一种为 χ^2 检验，又称 Pearson 方法；另一种方法为 K-S 检验法。前者适合于离散分布的检验，后者适合于连续分布的检验。其基本思想都是计算样本数据的观测值与拟合模型的计算值之间的差异。当这种差异充分小时，即接受所拟合的模型是恰当的。

1. χ^2 检验法

首先将数据划分在 k 个互不重叠的连续区间内，设 Q_i 是第 i 个区间观察到的失效数据的个数，E_i 是用拟合模型计算到的第 i 个区间的期望的失效个数，则 χ^2 检验统计量为

$$\chi^2=\sum_{i=1}^{k}\frac{(O_i-E_i)^2}{E_i}$$

对于给定的显著性水平 α，这个值如果小于某一个临界值 χ_c^2，则认为观察值与期望值间的差异是小的，而接受拟合模型认为是恰当的。要查得一个临界值，必须确定两个参数：一个是显著性水平 α，一般为 5%或 1%，另一个是自由度 f，按下式计算：

$$f=k-1-m$$

式中，k 为区间数；m 为拟合模型中被估计的模型参数的个数，在应用该方法时，最好应使每个区间中所包含的数据个数不少于 5。否则应将其与相邻区间合并，因为这种方法对于小样本情况很难适应。

以表 2-7 中数组 I 为例来演示检验过程。这里采用表 2-7 中参数估计的结果作为拟合模型。

表 2-7　χ^2 值的计算

区间	O_i	E_i	$(O_i-E_i)^2/E$
0～80	4	5.681230	0.497522
81～160	21	15.56239	1.899936
161～240	12	15.77200	0.902103
241～320	8	9.028829	0.117248
321～∞	5	3.955485	0.275822
Σ	50	50	3.692631

根据上述表中计算结果，得到 $\chi^2=3.6926$，然后确定临界值 χ_c^2，取显著性水平 $\alpha=0.05$，自由度为 $f=5-1-2=2$，由 χ^2 分布表得到 $\chi_c^2=5.991>\chi^2=3.6926$，所以在显著性水平 0.05 的条件下接受所拟合的模型是恰当的。

2. K-S 检验法

将数据划分为在 k 个连续的区间内，在第 i 个区间的右端点处，观察的分布函数为 F_i，用拟合模型计算的期望分布函数为 $\hat{F}_i$，并令 $D_i = |F_i - \hat{F}_i|$，则 K-S 的检验统计量为

$$D=\max\{D_1, D_2, \cdots, D_k\}$$

给定置信水平 α，如果 D 值小于某一个临界值 D_c (可以查表得到)，则接受拟合模型为恰当的模型。对于含有 n 个失效数据的样本而言，不同的 n 对应于不同的临界值。当 n 对应于不同的临界值，当 n 大于 40 时，D_c 可用下面的公式计算：

$$D_c = \begin{cases} 1.36/\sqrt{n}, & \alpha = 0.05 \\ 1.63/\sqrt{n}, & \alpha = 0.01 \end{cases}$$

这里仍采用例题 2.12 中数组 I 中估计的结果，K-S 检验的统计量的计算过程如表 2-8 所示。

表 2-8　D 值的计算

区间	F_i	$\hat{F}_i$	D_i
0～80	0.08	0.113625	0.033625
81～160	0.50	0.424872	0.075128
161～240	0.74	0.740312	0.000312
241～320	0.90	0.920890	0.020890
321～∞	1.00	1.000000	0.000000

从表中数据看出，$D = 0.075128$，取显著性水平 $\alpha = 0.05$，则经查表得临界值

$$D_c = \frac{1.36}{\sqrt{50}} = 0.192333 > D = 0.075128$$

从而经过 K-S 检验，接受所估计参数值下两参数威布尔模型是一个拟合恰当的模型。

2.10.2　分布的检验方法

常用的分布主要有正态分布检验和指数分布检验等，这里仅介绍这两种分布拟合的检验方法以及分布的选择思路。

1. 正态分布检验

通常使用 Shapiro-Wilk 拟合优度检验法检验所假设的分布是否符合正态分

布，该方法适用于$3 \leqslant n \leqslant 50$的完全样本，其检验方法如下。

(1) 将样本从小到大排成次序统计量$x_{(1)} \leqslant x_{(2)} \leqslant \cdots \leqslant x_{(n)}$。

(2) 根据查表$\alpha_{k,n}$的值，$k=1,2,\cdots$。

(3) 计算统计量：

$$W=\frac{\left\{\sum_{k=1}^{l}\alpha_{k,n}\left[x_{(n+k+1)}-x_{(k)}\right]\right\}^2}{\sum_{k=1}^{n}\left[x_{(k)}-\overline{x}\right]}, \quad l=\begin{cases}n/2, & n=2k\\(n-1)/2, & n=2k-1\end{cases}, \quad k=1,2,\cdots$$

(4) 根据显著性水平α和n查找正态分布分位数表，得到临界值Z_α。

(5) 作出判断：若$W \leqslant Z_\alpha$，拒绝H_0，否则接受H_0。

例题 2.17　某加工零件的直径为R，现有该零件的一个样本量为 10 的样本数据(单位：mm)：25.00，21.32，25.09，23.79，20.92，25.53，24.50，23.58，23.62，26.38。问能否接受假设H_0：零件直径R服从正态分布？

解：首先数据排序为

20.92，21.32，23.58，23.62，23.79，24.50，25.00，25.09，25.53，26.38

其次根据$n=10$，查表得

$$\alpha_{1,10}=0.5739, \quad \alpha_{2,10}=0.3291, \quad \alpha_{3,10}=0.2141, \quad \alpha_{4,10}=0.1224, \quad \alpha_{5,10}=0.0399$$

因n为偶数，$l=5$，则

$$\sum_{k=1}^{5}\alpha_{k,n}\left(x_{n+k+1}-x_k\right)=5.0395, \quad \sum_{k=1}^{10}\alpha_{k,10}\left(x_k-\overline{x}\right)^2=27.4698, \quad \overline{x}=23.973$$

从而

$$W=\frac{\left\{\sum_{k=1}^{5}\alpha_{k,n}\left[x_{n+k+1}-x_{(k)}\right]\right\}^2}{\sum_{k=1}^{10}\left(x_k-\overline{x}\right)^2}\approx\frac{5.0395^2}{27.4698}\approx 0.9245$$

考虑置信水平$\alpha=0.05$，查分位数表得到

$$Z_\alpha=0.842, \quad W=0.9245>Z_\alpha=0.842$$

故接受该假设，认为该加工零件的直径服从正态分布。

2. 指数分布检验

对于定数和定时试验子样，常用检验的统计量为

$$\chi^2 = 2\sum_{k=1}^{d}\ln\frac{T^*}{T_k} \sim \chi^2(2d)$$

式中，T^* 为总试验时间；T_k 为出现第 k 次故障时的总试验时间，具体分别为

$$T^* = \begin{cases} (n-r)t_0 + \sum_{i=1}^{r} t_i, & \text{定时} \\ (n-r)t_r + \sum_{i=1}^{r} t_i, & \text{定数} \end{cases}$$

$$T_k = \sum_{i=1}^{k} t_i + (n-k)t_k$$

$$d = \begin{cases} r-1, & \text{若定数截尾或定时截尾} t_i = t_r \\ r, & \text{定时截尾} t_r < t_0 \end{cases}$$

这里统计量 χ^2 服从自由度为 $2d$ 的 χ^2 分布，若该统计量的计算值太大，说明总试验时间不正常地比第 k 次故障累积时间大，产品的故障率可能是递减的，而不是常数，若偏小，说明总试验时间不正常地比累积时间少，产品的故障率可能是递增的，也不是常数。因而对给定的显著性水平 α，检验规则是

$$\text{拒绝 } H_0\text{：}\ \chi^2 < \chi^2_{2d,1-\frac{\alpha}{2}} \text{ 或 } \chi^2 > \chi^2_{2d,\frac{\alpha}{2}}$$

$$\text{接受 } H_0\text{：}\ \chi^2_{2d,1-\frac{\alpha}{2}} \leqslant \chi^2 \leqslant \chi^2_{2d,\frac{\alpha}{2}}$$

例题 2.18 设 10 个样本中有 5 个子样故障，其故障时间分别为

7.602，14.341，15.180，27.526，32.586

问这批数据是否来自指数分布的总体 $(\alpha = 0.1)$。

解：定数截尾试验：$r = 5,\quad d = r-1 = 4$

$$r = 5,\quad d = r-1 = 4$$

$$\ln T^* = \ln(7.602 + 14.341 + 15.180 + 27.526 + 6\times 32.586) = 5.5613$$

$$\ln T_1 = \ln(7.602\times 10) = 4.331$$

$$\ln T_2 = \ln(7.602 + 14.341\times 9) = 4.918$$

$$\ln T_3 = \ln(7.602 + 14.341 + 15.18\times 8) = 4.966$$

$$\ln T_4 = \ln(7.602 + 14.341 + 15.18 + 27.526\times 7) = 5.437$$

从而统计量

$$\chi^2 = 2\sum_{k=1}^{4}\ln\frac{T^*}{T_k} = 2\times\left(4\ln T^* - \sum_{k=1}^{4}\ln T^*\right) = 5.188$$

显著性水平 $\alpha = 0.1$，查卡方分布表得

$$\chi^2_{8,0.95} = 2.733 < \chi^2 = 5.188 < \chi^2_{8,0.55} = 15.507$$

从而接受原假设，认为该数据来自指数分布。

对于指数分布，该检验方法的功效很高，适用于定数与定时截尾情形下参数未知时的不完全样本。

3. 威布尔分布检验

对于 n 个产品进行寿命试验，在时间 t_0 时截止试验，将故障时间从小到大排列，得 r 个故障时间为 $0 \leqslant t_1 \leqslant t_2 \leqslant \cdots \leqslant t_r \leqslant t_0$。设 $X_i = \ln t_i$，给出

原始假设：

$$H_0 : F_n(t) = 1 - \exp\left[-\left(\frac{t}{\eta} \right)^m \right]$$

式中，m,η 为未知参数；$[\cdot]$ 为取整。

设检验统计量为

$$W = \sum_{i=r_1+1}^{r=1} \frac{l_i}{r - r_1 - 1} \Bigg/ \sum_{i=1}^{r_1} \frac{l_i}{r_1}$$

式中，$r_1 = [r/2]$。

$$l_i = \frac{[x_{i+1} - x_i]}{\ln\left\{ \ln\left[\dfrac{4(n-i-1)+3}{(4n+1)} \right] \Bigg/ \ln\left[\dfrac{4(n-i)+3}{(4n+1)} \right] \right\}} = \frac{a_i}{b_i}$$

统计量 W 渐进服从自由度为 $[2(r-r_1-1), 2r_1]$ 的 F 分布。在置信度为 $1-\alpha$ 时，其检验规则为

$$W \geqslant F_\alpha[2(r-r_1-1), 2r_1]$$

拒绝原假设，该批数据不是来自威布尔分布的总体，反之接受。

该方法适用于定时或定数截尾试验数据。其优点是计算时不用查找专用表，只需使用常见的 F 分布表，列表计算也较为方便，在失效数超过 10 时，效果较好。

例题 2.19 要检验某产品在加速应力下的寿命是否服从威布尔分布，现记录了 20 个样品中 13 个故障发生时间，分别为 543 小时、843 小时、1634 小时、1734 小时、1834 小时、1934 小时、2164.5 小时、2292 小时、2419.5 小时、3176.7 小时、3338.3 小时、3666.7 小时、3833.4 小时。试问该批数据是否服从威布尔分布？

解：原始假设 $H_0 : F_n(t) = 1 - \exp\left[-\left(\frac{t}{\eta} \right)^m \right]$，其中，$m,\eta$ 是未知参数。

$$r_1=[13/2]=6\ ,\quad W=\sum_{i=7}^{12}\frac{l_i}{6}\Bigg/\sum_{i=6}^{12}\frac{l_i}{6}=0.6531/0.4628=1.3723$$

设 $\alpha=0.1, F_{0.1}(12,12)=2.158$，因为

$$W=1.3723<F_{0.1}(12,12)=2.158$$

所以接受原假设。

4. 寿命分布的选择

产品寿命分布形式大致给出了产品故障性质及失效机理的线索。在获得产品的寿命试验的数据后，首先对数据进行宏观分析，然后用拟合优度检验对数据是否来自所选择的总体分布进行判别。在数理统计方法中进行分析和检验后，需要对应用先前的历史信息和产品以往的故障模式与失效机理进行分析，判断选择的分布所提供的故障形式及失效机理的线索是否相符，这是最重要的，图 2-15 给出了寿命分布选择流程图。

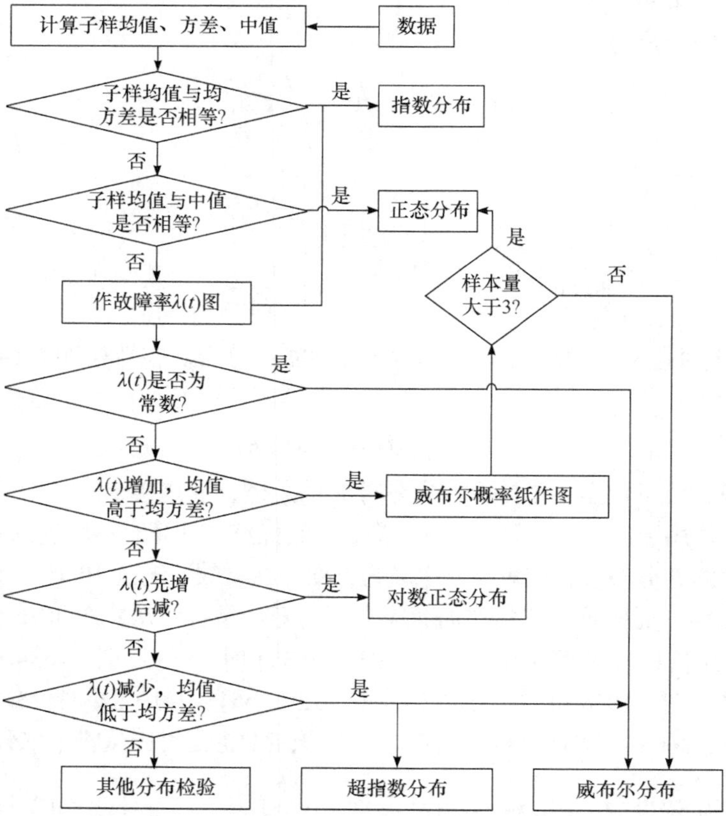

图 2-15　寿命分布选择流程图

无论什么样的试验数据，在确定产品的寿命分布时，从失效机理方面进行分析仍是最重要的分析方法。

习　题　2

1. 某型号电子元件的寿命 X(单位：h)具有以下密度函数：

$$p(x)=\begin{cases}\dfrac{1000}{x^2}, & x>1000\\ 0, & \text{其他}\end{cases}$$

现从中任取一只。

(1) 求其寿命大于 1500h 的概率？

(2) 若一只元件已工作到 1500h 尚未失效，问它还能再工作 500h 的概率？

2. 设 $X_1,X_2,\cdots,X_n$ 是来自正态总体 $N(\mu,\sigma^2)$ 的一个样本，试选择适当的 C，使得 $S^2=C\sum\limits_{i=1}^{n-1}(X_{i-1}-X_i)^2$ 为 σ^2 的无偏估计。

3. 设 $X_1,X_2,\cdots,X_n$ 是来自下列双参数指数分布的一个样本：

$$p(x)=\frac{1}{\theta}\mathrm{e}^{-\frac{x-\mu}{\theta}},\quad x\geqslant\mu$$

求 μ 与 θ 的极大似然估计。

4. 设总体 $X\sim U\left(\theta-\dfrac{1}{2},\theta+\dfrac{1}{2}\right)$，$X_1,X_2,\cdots,X_n$ 为 X 的样本，$X_{(1)},X_{(2)},\cdots,X_{(n)}$ 为样本的顺序统计量。试求 $X_{(1)}$，$X_{(n)}$ 及 $[X_{(1)},X_{(2)}]$ 的分布？

5. 设 $X_1,X_2,\cdots,X_n$ 为总体 X 的样本，X 具有分布率：$P(X=a)=1-p$，$P(X=b)=p$，$0<p<1$，a,b 均为已知常数，求未知参数 p 的极大似然估计量？

6. 设总体 $X\sim N(\mu,\sigma^2)$，μ 为已知，$X_1,X_2,\cdots,X_n$ 为 X 的样本，问下列 4 个统计量：

$$S_1^2=\frac{1}{n-1}\sum_{i=1}^{n}(X_i-\bar{X})^2,\quad S_2^2=\frac{1}{n}\sum_{i=1}^{n}(X_i-\bar{X})^2$$

$$S_3^2=\frac{1}{n+1}\sum_{i=1}^{n}(X_i-\bar{X})^2,\quad S_4^2=\frac{1}{n}\sum_{i=1}^{n}(X_i-\mu)^2$$

中哪个是 σ^2 的无偏估计量，哪个对 σ^2 的均方误差 $E(S_i^2-\sigma^2)^2$ 最小，哪个方差最小，哪个比较有效？

7. 若某寿命总体 $X \sim N(\mu,\sigma^2)$，试讨论未知参数 μ,σ^2 的有效估计量及一致最小方差无偏估计。

8. 设 $t_1 \leqslant t_2 \leqslant \cdots \leqslant t_r$ 是来自参数为 λ 的指数分布的定数截尾样本，试证明该样本的联合概率密度函数 $f(t_1,t_2,\cdots,t_r)$ 中的总试验时间 $T_r = \sum_{i=1}^{r} t_i + (n-r)t_r$ 服从参数为 r,λ 的伽马分布。

9. 来自参数为 λ 的指数分布的 20 个产品进行为时 150h 的定时截尾寿命试验，期间共有 10 个产品失效，失效时间(单位：h)为

23，27，38，45，58，84，90，99，109，138

给出平均寿命 θ 的 MLE 及其 0.95 置信区间和 0.95 置信下限。

10. 设产品寿命服从指数分布，抽取 20 个产品进行为时 500h 的有替换定时截尾试验，在试验期间无一失效发生，如何对平均寿命 θ 做出评估?

11. 某厂生产的二极管，在高温下做储存寿命试验，投入 18 个样品，在规定失效标准后，进行定期周期测试，测试时间和观察到的失效数据见表 2-9。

表 2-9　定期测试下失效数据

测试时间/h	100	500	1000	2000	3500	5000	5500
失效数 r_i	1	1	2	2	3	1	1

问这批二极管在高温储存下的失效分布是否服从威布尔分布?

12. 设某系统可靠性与其子系统的性能状态满足线性关系 $y_i = \beta_0 + \beta_1 x_i + \beta_2(3x_i^2 - 2) + \varepsilon_i$, $i=1,2,3$, $x_1=-1$, $x_2=0$, $x_3=1$, $\varepsilon_1,\varepsilon_2,\varepsilon_3$ 相互独立，且均服从正态分布 $N(0,\sigma^2)$。

(1) 写出设计矩阵 $\boldsymbol{X}$。

(2) 求 β_0,β_1,β_2 的最小二乘估计。

(3) 证明：当 $\beta_2=0$ 时，β_0 与 β_1 的最小二乘估计量不变。

13. 已知某系统故障出现情况符合强度为 λ 的泊松过程，在系统工作到时刻 t，试计算在此之前每一个故障发生时间后系统工作时间总和的期望值，即求

$$\mathrm{EV} = E\left[\sum_{i=1}^{N(t)} (t - T_i)\right]$$

其中，T_i 为第 i 个乘客来到的时刻。

14. 可修系统故障的发生形成强度为 λ 的泊松过程 $\{N(t), t \geqslant 0\}$，如果每个故障发生时以概率 p 检测到并记录下来。设 $M(t)$ 表示到 t 时刻被记录下来的事件总

数，则

(1) $\{M(t), t \geqslant 0\}$ 是一个强度为 λp 的泊松过程。

(2) 若每个故障发生时被记录到的概率随时间发生变化，记故障在 s 时刻发生且被检测到的概率为 $p(s)$，那么它还是泊松过程吗？若是，给出 $M(t)$ 的分布。

15. 假设在时间[0, t]内某系统受到冲击的次数 $N(t)$，形成参数为 λ 的泊松过程。每次冲击造成的损害为 X_i，$i=1,2,\cdots,n$，且是独立同指数分布的，均值为 μ。由于系统的损害具有累积损伤，当累积损伤超过一定极限 A 时，系统将终止运行。记 T 为系统运行的时间，即系统寿命，求系统的平均寿命 ET(提示：对于非负随机变量，平均寿命 $\mathrm{ET}=\int_0^{\infty} P\{T>t\}\mathrm{d}t$)。

16. 假设某系统具有 n 个状态 $1,2,\cdots,n$。最初处于状态 1，工作时间为 X_1，从状态 1 到达状态 2 工作时间为 X_2，再到达状态 3，…，最后工作到状态 n，通过完美维修又到达状态 1，周而复始，并且整个工作过程对每一个状态下工作时间的长度是相互独立的，且 $E(X_1+\cdots+X_n)<\infty$，求极限值 $\lim\limits_{t\to\infty}$ {时刻 t 系统处于状态 i}。

17. 设某元件的可靠性为 R，现进行 N 次独立试验，其中成功 S 次，若专家对该产品的无先验信息，估计该元件的可靠性。

第 3 章　系统可靠性模型

系统是由相互作用和相互依赖的若干单元结合而成的具有某种特定功能的有机整体，这里的“系统”“单元”是一种相对概念，按照产品层次划分为零部件、组件、设备、分系统、系统中任意相对的两层。“系统”包含“单元”或“零部件”，其层次高于“单元”。而系统的各种特性可以采用多种模型来加以描述，从而需要对应于不同功能结构构件不同的系统可靠性模型，本章针对串、并、混、表决、关联等复杂系统，给出相关模型分析方法。

3.1　概　　述

系统是由若干个彼此有联系的且能相互协调工作的单元所组成的综合体。把一台设备作为系统时，组成设备的部件(或零件)都可以当成单元；当部件作为系统研究时，组成部件的零件或运动等就作为单元。因此，单元可以是系统、机器、部件或者零件等。

为了定量分配与评估产品的可靠性，需要建立产品的可靠性模型，而可靠性模型建立应解决以下两个方面的问题：明确产品失效条件；建立产品可靠性框图(reliability block diagram，RBD)，确定计算产品可靠性的概率表达式，即求解系统可靠性的数学模型。在分析系统可靠性时，常常要将系统的工程结构图转换成系统的可靠性框图，再根据可靠性框图及组成系统各单元的可靠性特征量，计算出该系统的可靠性特征量。

要建系统可靠性框图，就必须对系统的主要任务和系统内部结构十分了解。因而首先要进行系统任务分析和结构功能分析。任务分析和功能包括以下六个步骤。

(1) 要确定系统的全部任务。一个复杂系统往往具有多种功能，即有不同的用途，可以完成若干不同的任务，如一个柔性制造系统可以完成不同种类的零件加工任务；一架军用飞机可以完成侦察、轰炸、扫射或者截击任务。

(2) 任务阶段的划分。对每一个任务，按照时间顺序，将任务分成若干阶段。例如，柔性制造系统加工某一工件也可划分为系统准备阶段、装夹工件、运送工件到机床、加工清洗、测量、卸工件、入库等阶段。

(3) 结构分解。按照实际的子系统将系统分解，这样便于子系统的进一步分解。这是系统可靠性分解的第一步，可将系统包括的子系统列一个表。

(4) 环境分析。环境分析要将每一个任务阶段里的每一个硬件在环境(如温度、震动、冲击、加速、辐射等)应力中与其所处时间列成表，对环境要求做准确的描述。

(5) 任务周期分析。任务周期分析要反映每个任务阶段系统中每个组成单元的状态(工作的、不工作的、间歇工作的)。它包括以下两项：①每个任务阶段的持续时间、距离、周期数等；②各单元在每一任务阶段里必须完成的功能，并包括成功标准和故障标准的说明书。

(6) 确定工作模式。系统工作模式一般有功能工作模式和替换工作模式两种。①功能工作模式：有些多用途产品需要用不同设备或机组完成多种功能，如在雷达系统中探索和跟踪是两种功能工作模式；②替换工作模式：当产品有不止一种方法完成某一种特定功能时，它就具有替换工作模式。例如，通常用甚高频发射机发射的信息，也可以用超高频发射机发射，作为一种替换工作模式。

系统的工程结构图表示组成系统单元之间的物理关系和工作关系，而可靠性框图则表示系统的功能与组成系统的单元之间的可靠性功能关系，因此可靠性框图与工程结构图并不完全等价。建立可靠性框图时，要了解系统中每个单元的功能、各单元之间的可靠性功能上的联系，以及这些单元功能、失效模式对系统的影响。不能从工程结构上判定系统类型，而应从功能上研究系统类型，即分析系统的功能及其失效模式，保证功能关系的正确性。

可靠性框图中的每一方框代表被分析系统可靠性值的单元或功能，所有连接方框的线被认为是可靠的(可靠度为 1)。在建立可靠性框图时，要充分掌握系统结构性能特征与可靠性框图的关系。

例如，一个电容 C 和一个电感线圈 L 在电路上并联成一个振荡电路，从可靠性关系来看，两个单元 L 和 C 中只要有一个失效，这个振荡电路就失效，因而振荡回路的可靠性框图是 L 和 C 组成的串联系统。LC 振荡器的功能系统图(原理框图)和其可靠性框图分别如图 3-1 和图 3-2 所示。

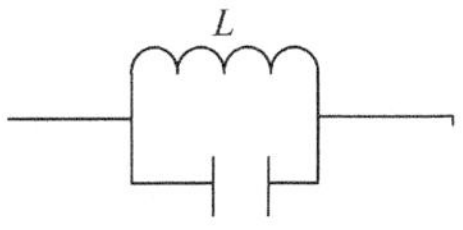

图 3-1　LC 振荡回路功能系统图

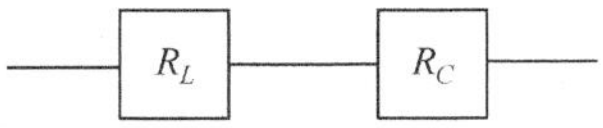

图 3-2　LC 振荡回路可靠性框图

图 3-3 为两个阀门串联的系统工程结构图，从结构上看是由管道及其上装有两个阀门串联组成，为确定系统类型，下面来分析系统的功能及其失效模式。

当阀 1 与阀 2 处于开启状态时，系统有效时液体流通，系统失效时液体不能流通，其中包括阀门关闭，若阀 1 与阀 2 这两个单元功能是相互独立的，只有这两个单元都正常开启，系统才能实现液体流通的功能，因此该系统为串联系统，其可靠性框图如图 3-4 所示。

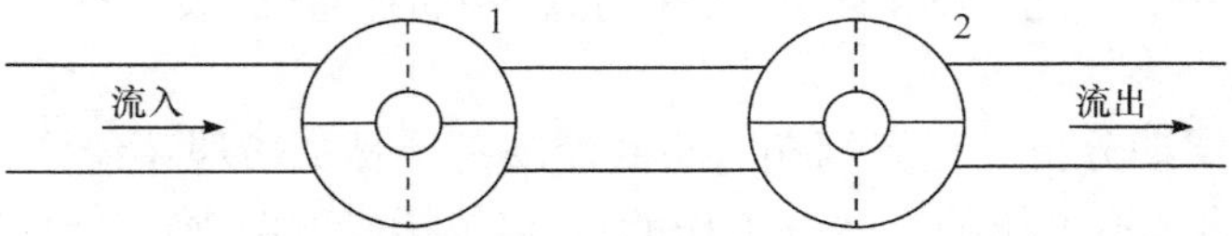

图 3-3　两个阀门串联的系统工程结构图

当阀 1 与阀 2 处于闭合状态时，(图 3-3 中虚线所示)两个阀的功能是截流，不能截流为系统失效，其中包括阀门泄露。若阀 1 与阀 2 这两个单元功能是相互独立的，这两个单元至少有一个正常闭合，系统就能实现其截流功能，因此该系统的可靠性框图如 3-5 所示，为并联系统。

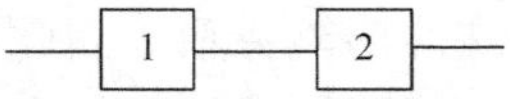

图 3-4　两个阀门串联可靠性框图

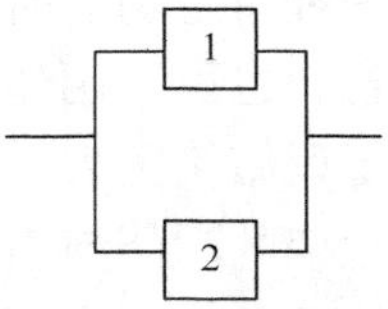

图 3-5　两个阀门并联可靠性框图

液压功能系统如图 3-6 所示。其中数字代表标识为：1. 电动机；2. 泵；3. 滤油器；4. 溢流阀；5、6. 单向阀(防止泵不工作时产生倒流)；7. 蓄能器；8. 三维四通电磁换向阀；9. 工作油缸。

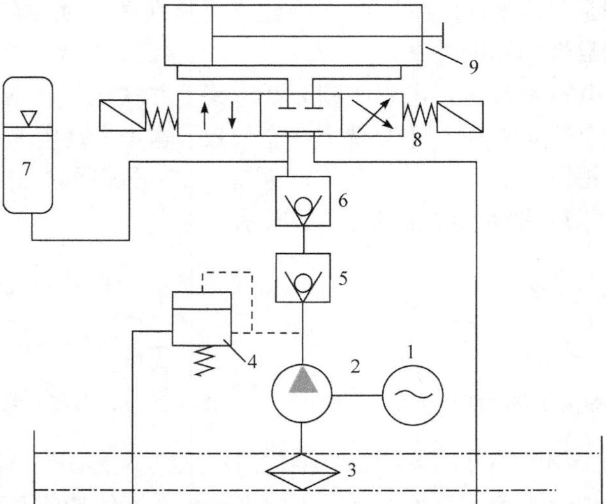

图 3-6　液压功能系统图

分析保证该液压系统正常工作时各单元的工作状态，可以画出液压功能系统的可靠性框图，如图 3-7 所示。

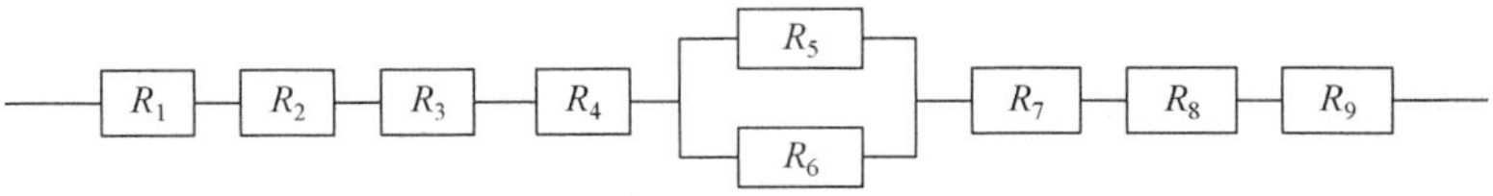

图 3-7　液压功能系统的可靠性框图

从上述例子的分析可见，系统功能框图和可靠性框图是不同的，可靠性框图不是表示系统结构原理，而是表示系统成功状态。同一系统功能要求不同，可靠性框图也不一样。

3.2　不可修系统可靠性模型

系统按修复与否分为不可修复和修复系统两类。所谓不可修复系统，是指系统或其组成单元一旦发生失效，不再修复，系统处于报废状态，这样的系统称为不可修系统。通过维修而恢复其功能的系统，称为可修系统。不可修复系统常是因为技术上不可能修复，经济上不值得修复，或者一次性使用，不必要进行修复所致。虽然绝大多数的机械设备是可修复系统，但不可修复系统的分析方法是研究可修复系统的基础。而且，对机械系统进行可靠性预测和分配时，也可简化为不可修复系统来处理。

3.2.1　串联系统

系统由 n 个部件串联而成，即任一部件失效就引起系统失效。图 3-8 表示 n 个部件串联系统的可靠性框图。令第 i 个部件的寿命为 X_i，可靠度为 $R_i(t)=P\{X_i>t\}$，$i=1,2,\cdots,n$，假定 $X_1,X_2,\cdots,X_n$ 相互独立。若初始时刻 $t=0$，所有部件都是新的，且同时开始工作。

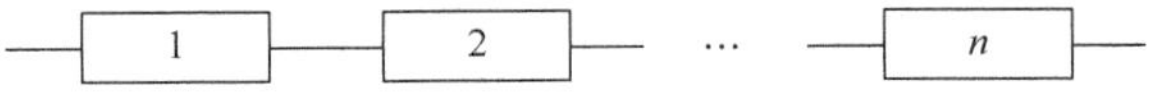

图 3-8　串联系统

显然，以上串联系统的寿命是 $X=\min\{X_1,X_2,\cdots,X_n\}$，故系统的可靠度为

$$
\begin{aligned}
R(t)&=P\left\{\min\{X_1,X_2,\cdots,X_n\}>t\right\}=P\{X_1>t,X_2>t,\cdots,X_n>t\}\\
&=\prod_{i=1}^{n}P\{X_i>t\}=\prod_{i=1}^{n}R_i(t)
\end{aligned}
$$

当第 i 个部件的失效率为 $\lambda_i(t)$ 时，则系统的可靠度为

$$R(t)=\prod_{i=1}^{n}\exp\left[-\int_0^t \lambda_i(t)\mathrm{d}t\right]=\exp\left[-\int_0^t \lambda_i(t)\mathrm{d}t\right]$$

系统的失效率为

$$\lambda(t)=\frac{-R'(t)}{R(t)}=\sum_{i=1}^{n}\lambda_i(t)$$

因此，一个由独立部件组成的串联系统的失效率是所有部件的失效率之和。

系统的平均寿命

$$\mathrm{MTTF}=\int_0^t R(t)\mathrm{d}t=\int_0^\infty \exp\left[-\int_0^t \lambda(t)\mathrm{d}t\right]\mathrm{d}t$$

当 $R_i(t)=\exp\{-\lambda_i t\}, i=1,2,\cdots,n$，即当第 i 个部件的寿命遵从参数 λ_i 的指数分布时，系统的可靠度和平均寿命为

$$\begin{cases} R(t)=\exp\left(-\sum_{i=1}^{n}\lambda_i t\right) \\ \mathrm{MTTF}=\dfrac{1}{\sum_{i=1}^{n}\lambda_i} \end{cases}$$

特别地，当 $R_i(t)=\exp(-n\lambda t), i=1,2,\cdots,n$ 时有

$$\begin{cases} R(t)=\mathrm{e}^{-n\lambda t} \\ \mathrm{MFFT}=\dfrac{1}{n\lambda} \end{cases}$$

例题 3.1　计算由两个单元组成的串联系统可靠度、失效率和平均寿命。已知两个单元的失效率分别为 $\lambda_1=0.00005\mathrm{h}^{-1}$，$\lambda_2=0.00001\mathrm{h}^{-1}$，工作时间 $t=1000\mathrm{h}$。

解：对于串联系统，相关结论如下：

$$\lambda_{\mathrm{s}}=\sum_{i=1}^{n}\lambda_i \tag{3-1}$$

$$R(t)=\prod_{i=1}^{n}\mathrm{e}^{-\lambda_i t}=\exp\left(-\sum_{i=1}^{n}\lambda_i t\right)=\mathrm{e}^{-\lambda_{\mathrm{s}} t} \tag{3-2}$$

$$\theta_{\mathrm{s}}=\frac{1}{\lambda_{\mathrm{s}}} \tag{3-3}$$

由式(3-1)得

$$\lambda_{\mathrm{s}}=\lambda_1+\lambda_2=0.00005+0.00001=0.00006\mathrm{h}^{-1}$$

由式(3-2)得

$$R_s(t)=e^{-\lambda_s t}=e^{-0.00006\times1000}=0.94176$$

由式(3-3)得

$$\theta_s=\frac{1}{\lambda_s}=\frac{1}{0.00006}=16667\text{h}$$

3.2.2　并联系统

系统由 n 个部件并联而成，即只当这 n 个部件都失效时系统才生效。图 3-9 表示 n 个部件并联系统的可靠性框图，令第 i 个部件的寿命为 X_i，可靠度为 $R_i(t),i=1,2,\cdots,n$。假定 $X_1,X_2,X_3,\cdots,X_n$ 相互独立。

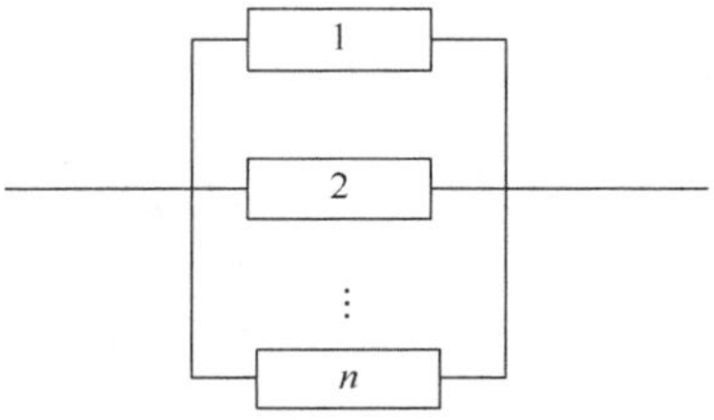

图 3-9　并联系统

若初始时刻 $t=0$，所有部件都是新的，且同时开始工作，则易知并联系统的寿命为

$$X=\max(X_1,X_2,\cdots,X_n)$$

于是系统的可靠度为

$$\begin{aligned}R(t)&=P\{\max(X_1,X_2,\cdots,X_n)>t\}\\&=1-\prod_{i=1}^{n}[1-R_i(t)]\end{aligned}$$

当 $R_i(t)=e^{-\lambda_i t},i=1,2,\cdots,n$ 则

$$R(t)=1-\prod_{i=1}^{n}[1-R_i(t)]$$

上式可改写为

$$\begin{aligned}R(t)=&\sum_{i=1}^{n}e^{-\lambda_i t}-\sum_{1\leqslant i<j\leqslant n}e^{-(\lambda_i+\lambda_j)t}+\cdots+(-1)^{i-1}\sum_{1\leqslant j_1<\cdots<j_n\leqslant n}e^{-(\lambda_{j_1}+\lambda_{j_2}+\cdots+\lambda_{j_i})t}+\cdots\\&+(-1)^{n-1}e^{-(\lambda_1+\cdots+\lambda_n)t}\end{aligned}$$

因而系统的平均寿命为

$$\mathrm{MTTF}=\int_0^{\infty}R(t)\mathrm{d}t=\sum_{i=1}^{n}\frac{1}{\lambda_i}-\sum_{1\leqslant i<j\leqslant n}\frac{1}{\lambda_i+\lambda_j}+\cdots+(-1)^{n-1}\frac{1}{\lambda_1+\cdots+\lambda_n}$$

特别当$n=2$时，有

$$R(t)=\mathrm{e}^{-\lambda_1 t}+\mathrm{e}^{-\lambda_2 t}+\mathrm{e}^{-(\lambda_1+\lambda_2)t}$$

$$\mathrm{MTTF}=\frac{1}{\lambda_1}+\frac{1}{\lambda_2}-\frac{1}{\lambda_1+\lambda_2}$$

$$\lambda(t)=\frac{\lambda_1\mathrm{e}^{-\lambda_1 t}+\lambda_2\mathrm{e}^{-\lambda_2 t}-(\lambda_1+\lambda_2)\mathrm{e}^{-(\lambda_1+\lambda_2)t}}{\mathrm{e}^{-\lambda_1 t}+\mathrm{e}^{-\lambda_2 t}+\mathrm{e}^{-(\lambda_1+\lambda_2)t}}$$

当$R_i(t)=\mathrm{e}^{-\lambda t},i=1,2,\cdots,n$则

$$\begin{cases}R(t)=1-(1-\mathrm{e}^{-\lambda t})^n\\ \mathrm{MTTF}=\int_0^{\infty}\left[1-(1-\mathrm{e}^{-\lambda t})^n\right]\mathrm{d}t=\sum_{i=1}^{n}\frac{1}{i\lambda}\end{cases}$$

只要作变量代换$y=1-\mathrm{e}^{-\lambda t}$，就可得上述最后一个等号关系。系统的失效率是

$$\lambda(t)=\frac{n\lambda\mathrm{e}^{-\lambda t}(1-\mathrm{e}^{-\lambda t})^{n-1}}{1-(1-\mathrm{e}^{-\lambda t})n}$$

需要特别注意的是，可靠性框图表示部件好坏与系统好坏之间的关系，即它表示部件和系统之间的可靠性关系。可靠性框图与工程结构图并不完全等价。举例来说，最简单的振荡电路由一个电感L和一个电容C组成，在工程结构图中，电感L和电容C是并联连接，但在可靠性框图中，它们却是串联关系。这是因为电感L和电容C中任何一个失效都引起振荡电路失效，这符合串联系统的定义，如图3-10所示，在以下讨论的所有可靠性基本模型中，都必须注意不要将可靠性框图与工程结构图相互混淆，以免在实际应用中出大错误。

图3-10　LC振荡电路

例题 3.2　已知两个单元的失效率分别为$\lambda_1=0.00005\mathrm{h}^{-1}$、$\lambda_2=0.00001\mathrm{h}^{-1}$，工作时间$t=1000\mathrm{h}$。计算由两个单元组成的并联系统可靠度、失效率和平均寿命。

解：并联系统相关结论如下：

$$R_{\mathrm{s}}(t)=\mathrm{e}^{-\lambda_1 t}+\mathrm{e}^{-\lambda_2 t}-\mathrm{e}^{-(\lambda_1+\lambda_2)t}=R_1(t)+R_2(t)-R_1(t)R_2(t) \tag{3-4}$$

$$\theta_{\mathrm{s}}=\frac{1}{\lambda_1}+\frac{1}{\lambda_2}-\frac{1}{\lambda_1+\lambda_2} \tag{3-5}$$

$$\lambda_s(t)=\frac{\lambda_1 e^{-\lambda_1 t}+\lambda_2 e^{-\lambda_2 t}-(\lambda_1+\lambda_2)e^{-(\lambda_1+\lambda_2)t}}{e^{-\lambda_1 t}+e^{-\lambda_2 t}-e^{-(\lambda_1+\lambda_2)t}} \tag{3-6}$$

由式(3-4)得

$$R_s(1000)=e^{-0.00005\times1000}+e^{-0.00001\times1000}-e^{-(0.00005+0.00001)\times1000}=0.99925$$

由式(3-5)得

$$\theta_s=\frac{1}{0.00005}+\frac{1}{0.00001}-\frac{1}{0.00005+0.00001}=10333.33\text{h}$$

由式(3-6)得

$$\lambda_s(t)=\frac{0.00005e^{-0.00005\times1000}+0.00001e^{-0.00001\times1000}-0.00006e^{-(0.00005+0.00001)\times1000}}{e^{-0.00005\times1000}+e^{-0.00001\times1000}-e^{-(0.00005+0.00001)\times1000}}$$
$$=0.57\times10^{-7}\text{h}^{-1}$$

3.2.3　混联系统

图 3-11 所表示的系统称为串-并联系统，若各部件的可靠度分别为 $R_{ij}(t), i=1, 2,\cdots,n, j=1,2,\cdots,m_i$ ，所有部件的寿命都相互独立。

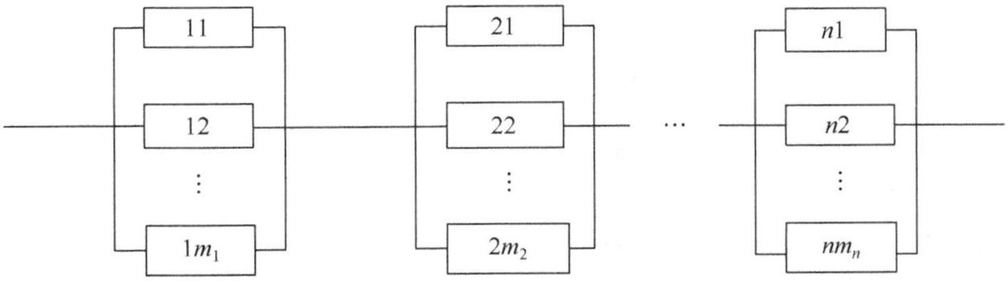

图 3-11　串-并联系统

则由串联系统和并联系统的可靠性公式，立即得

$$R(t)=\prod_{i=1}^{n}\left\{1-\prod_{j=1}^{m_i}\left[1-R_{ij}(t)\right]\right\}$$

当所有 $R_{ij}=R_0(t)$ ，所有 $m_i=m$ 时，有

$$R(t)=\left\{1-\left[1-R_0(t)^m\right]\right\}^n$$

特别当 $R_0(t)=e^{-\lambda t}$ 时，有

$$\begin{cases} R(t)=\left[1-\left(1-e^{-\lambda t}\right)^m\right]^n \\ \text{MTTF}=\dfrac{1}{\lambda}(-1)^j\dbinom{n}{j}\displaystyle\sum_{k=1}^{m_j}(-1)^k\dbinom{m_j}{k}\dfrac{1}{k} \end{cases}$$

图 3-12 表示的系统称为并-串联系统。若各部件的可靠度分别为 $R_{ij}(t), i=1,2,\cdots,n$ ， $j=1,2,3,\cdots,m_i$ 且所有部件相互独立。此时系统的可靠度是

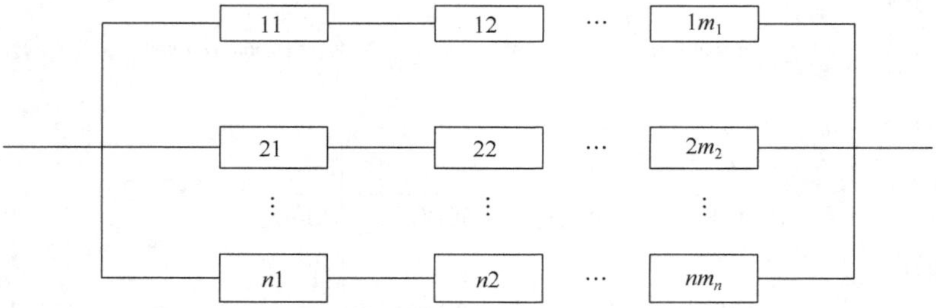

图 3-12 并-串联系统

$$R(t)=1-\prod_{i=1}^{n}\left[1-\prod_{j=1}^{m_j}R_{ij}(t)\right]$$

当所有 $R_{ij}(t)=R_0(t)$ ，所有 $m_i=m$ 时，有

$$R(t)=1-[1-R_0^m(t)]^n$$

特别当 $R_0(t)=\mathrm{e}^{-\lambda t}$ 时，有

$$\begin{cases}R(t)=1-[1-R_0^m(t)]^n\\ \mathrm{MTTF}=\dfrac{1}{m\lambda}\displaystyle\sum_{i=1}^{n}\dfrac{1}{i}\end{cases}$$

例题 3.3 若在 $m=n=5$ 的串-并联系统与并-串联系统中，单元可靠度均为 $R(t)=0.75$ ，试分别求出这两个系统的可靠度。

$$R_s(t)=\left\{1-\left[1-R(t)\right]^m\right\}^n \tag{3-7}$$

$$R_s(t)=1-\left[1-R^n(t)\right]^m \tag{3-8}$$

解：(1) 对于串-并联系统由式(3-7)得

$$R_{s1}(t)=\left\{1-\left[1-R(t)\right]^m\right\}^n=[1-(1-0.75)^5]^5=0.99513$$

(2) 对于并-串联系统由式(3-8)得

$$R_{s2}(t)=1-\left[1-R^n(t)\right]^m=1-(1-0.75^5)^5=0.74192$$

计算结果表明，在单元数目及单元可靠度相同的情况下，串-并联系统可靠度高于并-串联系统可靠度。

3.2.4 表决系统

n 中取 k 的表决系统由 n 个部件组成，当 n 个部件中有 k 个或 k 个以上部件正常工作时，系统才能正常工作 $(1 \leqslant k \leqslant n)$ 即当失效的部件数大于或等于 $n-k-1$ 时，系统失效。简记为 $k/n(G)$ 系统。图 3-13 表示该系统的可靠性框图。假设 $X_1, X_2, \cdots, X_n$ 的寿命相互独立，且每个部件的可靠度均为 $R_0(t)$。

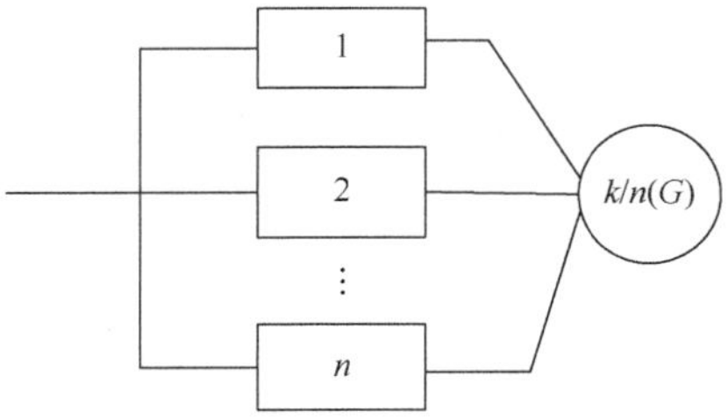

图 3-13 系统的可靠性框图

$$R(t) = \sum_{j=k}^{n} \binom{n}{j} P\left\{X_{j+1}, \cdots, X_n \leqslant t < X_1, \cdots, X_j\right\}$$
$$= \frac{n!}{(n-k)!(k-1)!} \int_0^{R_0(t)} x^{k-1}(1-x)^{n-k} \mathrm{d}x$$

若部件寿命存在密度函数 $f_0(t)$，则系统的失效率是

$$\lambda(t) = \frac{f_0(t) R_0^{k-1}(t)\left[1-R_0(t)\right]^{n-k}}{f_0(t) x^{k-1}(1-x)^{n-k} \mathrm{d}x}$$

当 $R_0(t) = \mathrm{e}^{-\lambda t}$ 则有

$$R(t) = \sum_{i=k}^{n} \binom{n}{i} \mathrm{e}^{-i\lambda t}(1-\mathrm{e}^{-\lambda t})^{n-i}$$

$$\mathrm{MTTF} = \int_0^{\infty} \sum_{i=k}^{n} \binom{n}{i} \mathrm{e}^{-i\lambda t}(1-\mathrm{e}^{-\lambda t})^{n-i} \mathrm{d}t = \frac{1}{\lambda} \sum_{i=k}^{n} \frac{1}{i}$$

当部件的可靠度不相同时，可类似求得表决系统的各种可靠性指标，如一个 2/3(G)系统，部件的可靠度为 $R_i(t), i=1,2,3,$ 则

$$R(t) = R_1(t)R_2(t)R_3(t) + R_1(t)R_2(t)\bar{R}_3(t) + R_1(t)\bar{R}_2(t)R_3(t) + \bar{R}_1(t)R_2(t)R_3(t)$$
$$= R_1(t)R_2(t) + R_1(t)R_3(t) + R_2(t)R_3(t) - R_1(t)R_2(t)R_3(t)$$

表决系统的另一种形式是 $k/n(F)$ 系统，它表示 n 个部件组成的系统中，有 k 个或 k 个以上部件失效时，系统就失效。易见 $k/n(F)$ 系统等价于 $n-k+1/n(G)$ 系统。

表决系统有以下的特殊情形：

(1) $n/n(G)$ 系统或 $1/n(F)$ 系统等价于 n 个部件的串联系统。

(2) $1/n(G)$ 系统或 $n/n(F)$ 系统等价于 n 个部件的并联系统。

(3) $(n+1)/(2n+1)(G)$ 系统或 $(n+1)/(2n+1)(F)$ 系统是多数表决系统。

例题 3.4 某 3/6 表决系统，各单元寿命均服从指数分布，失效率均为 $\lambda=4\times 10^{-5}\mathrm{h}^{-1}$，若工作时间 t=7200h，求系统的可靠度及平均寿命。

$$R_{\mathrm{s}}(t)=\sum_{i=r}^{n}\left\{\binom{n}{i}R^{i}(t)[1-R(t)]^{n-i}\right\}=R^{n}(t)+nR^{n-1}(t)[1-R^{n}(t)] \\ +\frac{n(n-1)}{2!}R^{n-2}(t)[1-R(t)]^{2}+\cdots+\frac{n!}{r!(n-r)!}R^{r}(t)[1-R(t)]^{n-r},\quad r<n \tag{3-9}$$

$$\theta_{\mathrm{s}}=\int_{0}^{+\infty}R_{\mathrm{s}}(t)\mathrm{d}t=\sum_{i=r}^{n}\binom{n}{i}\int_{0}^{+\infty}\mathrm{e}^{-\mathrm{i}\lambda t}(1-\mathrm{e}^{-\lambda t})^{n-i}\mathrm{d}t=\sum_{i=r}^{n}\frac{1}{i\lambda} \tag{3-10}$$

解：(1) 单元的可靠度为

$$R(t)=R(7000)=\mathrm{e}^{-\lambda t}=\mathrm{e}^{-0.00004\times 7200}=0.75$$

由式(3-9)得

$$R_{\mathrm{s}}(t)=R^{n}(t)+nR^{n-1}(t)[1-R^{n}(t)]+\frac{n(n-1)}{2!}R^{n-2}(t)[1-R(t)]^{2} \\ +\frac{n(n-1)(n-2)}{3!}R^{n-3}(t)[1-R(t)]^{3} \\ =0.17798+0.355957+0.29663+0.13184=0.9660$$

本例题可以这样理解，如一驱动系统，若用一个大原动机驱动，可靠度 R=0.75，若用 6 个小原动机同时驱动，只要 3 个正常工作就能保证系统正常工作，其他 3 个原动机属于工作储备，这样可以讲系统的可靠度由 0.75 提高到 0.9624。

(2) 系统平均寿命由式(3-10)得

$$\theta_{\mathrm{s}}=\sum_{i=3}^{n}\frac{1}{i\lambda}=\frac{1}{\lambda}\sum_{i=3}^{6}\frac{1}{i}=\frac{1}{\lambda}\left(\frac{1}{3}+\frac{1}{4}+\frac{1}{5}+\frac{1}{6}\right)=\frac{1}{4\times 10^{-5}}\left(\frac{57}{60}\right)=23750\mathrm{h}$$

3.2.5 旁联系统

设某系统由 n 个部件组成，在初始时刻，一个部件开始工作，其余 n–1 个部件作冷储备。当工作部件失效时，储备部件逐个地去替换，直到所有部件都失效，系统就失效。假设这 n 个部件的寿命分别为 $X_1,X_2,\cdots,X_n$，且它们相互独立。下面就转换开关完全可靠情形、转换开关不完全可靠的情形(开关寿命 0-1 型)、二种情况进行介绍。

1. 转换开关完全可靠的情形

易见，该储备系统的寿命是

$$X = X_1 + X_2 + \cdots + X_n$$

因此，系统的寿命分布是

$$F(t) = P\{X_1 + X_2 + \cdots + X_n \leqslant t\} = F_1(t) * F_2(t) * \cdots * F_n(t)$$

式中，$F_i(t)$ 为第 i 个部件的寿命分布。因而，系统的可靠度是

$$R(t) = 1 - F_1(t) * F_2(t) * \cdots * F_n(t)$$

系统的平均寿命是

$$\text{MTTF} = E\{X_1 + X_2 + \cdots + X_n\} = \sum_{i=1}^{n} X_i = \sum_{i=1}^{n} T_i$$

式中，T_i 为第 i 个部件的平均寿命。

当 $F_i(t) = 1 - \mathrm{e}^{-\lambda t}$，$i = 1,2,\cdots,n$ 时，系统的寿命是 n 个独立同指数分布的随机变量之和。则系统的可靠度和平均寿命是

$$\begin{cases} R(t) = \mathrm{e}^{-\lambda t} \displaystyle\sum_{k=0}^{n-1} \frac{(\lambda t)^k}{k!} \\ \text{MTTF} = \dfrac{n}{\lambda} \end{cases}$$

当 $F_i(t) = 1 - \mathrm{e}^{-\lambda_i t}, i = 1,2,\cdots,n,$ 且 $\lambda_1, \lambda_2, \cdots, \lambda_n$ 都两两不相等时，若记系统的寿命分布 $F(t)$ 的 LS 变化为

$$\hat{F}(s) = \int_0^{\infty} \mathrm{e}^{-st} \mathrm{d}F(t), \quad s \geqslant 0$$

则有

$$\begin{aligned} \hat{F}(s) &= E\left(\mathrm{e}^{-sX}\right) = E\left[\mathrm{e}^{-s(X_1 + L + X_n)}\right] \\ &= \prod_{i=1}^{n} \frac{\lambda_i}{s + \lambda_i} = \sum_{i=1}^{n} c_i \frac{\lambda_i}{s + \lambda_i}, \quad s \geqslant 0 \end{aligned}$$

式中，

$$c_i = \prod_{\substack{k=1 \\ k \neq i}}^{n} \frac{\lambda_k}{\lambda_k - \lambda_i}, \quad i = 1,2,\cdots,n$$

在 $\hat{F}(s)$ 式子最后等号两端同乘 $s + \lambda_j$，得到

$$\lambda_j \prod_{\substack{i=1 \\ i\neq j}}^{n} \frac{\lambda_i}{s+\lambda_i} = (s+\lambda_j)\sum_{i=1}^{n} \frac{c_i\lambda_i}{s+\lambda_i}$$

将 $s=-\lambda_j$ 代入上式两端，可得

$$\lambda_j \prod_{\substack{i=1 \\ i\neq j}}^{n} \frac{\lambda_i}{\lambda_i-\lambda_j} = c_i\lambda_i$$

上式对所有 $j=1,2,\cdots,n$ 都成立，经过 LS 变化的反演，得

$$F(t)=\sum_{i=1}^{n} c_i(1-\mathrm{e}^{-\lambda_i t})=\sum_{i=1}^{n} c_i-\sum_{i=1}^{n} c_i\mathrm{e}^{-\lambda_i t}$$

由于当 $t\to\infty$，有 $F(t)\to 1$，因此 $\sum_{i=1}^{n} c_i=1$。故最后的系统可靠度和平均寿命是

$$\begin{cases} R(t)=\displaystyle\sum_{i=1}^{n}\left(\prod_{\substack{k=1 \\ k\neq i}}^{n} \frac{\lambda_k}{\lambda_k-\lambda_i}\right)\mathrm{e}^{-\lambda_i t} \\ \mathrm{MTTF}=\displaystyle\sum_{i=1}^{n}\frac{1}{\lambda_i} \end{cases}$$

特别当系统由两个部件组成时，有

$$\begin{cases} R(t)=\dfrac{\lambda_2}{\lambda_2-\lambda_1}\mathrm{e}^{-\lambda_1 t}+\dfrac{\lambda_2}{\lambda_1-\lambda_2}\mathrm{e}^{-\lambda_2 t} \\ \mathrm{MTTF}=\dfrac{1}{\lambda_1}+\dfrac{1}{\lambda_2} \end{cases}$$

2. 转换开关不完全可靠的情形(开关寿命 0-1 型)

在实际问题中，冷储备系统的转化开关也可能失效，因而转换开关的好坏是影响系统可靠度的一个重要因素。在实践中，转换开关的好坏，及其对系统的影响可能有各种不同的类型。

假设系统由 n 个部件和一个转换开关组成。在初始时刻，一个部件开始工作，其余部件做冷储备。当工作部件失效时，转换开关立即从刚失效的部件转向下一个储备部件。这里的转换开关不完全可靠，其寿命是 0-1 型的，即每次使用开关时，开关正常的概率为 p，开关失效的概率为 $q=1-p$。以下两种情形存在一种系统就失效。

(1) 当正在工作的部件失效，使用转换开关时开关失效，此时系统失效。

(2) 所有 $n-1$ 次使用开关时，开关都正常，在这种情形，n 个部件都失效时系统失效。

假设 n 个部件的寿命 $X_1, X_2, \cdots, X_n$ 独立同指数分布 $1-\mathrm{e}^{-\lambda t}$，且与开关的好坏也是独立的。为求得系统的可靠度，引进一个随机变量 v，当 $v=j$ 时，表示开关首次失效，当 $v=n$ 时，表示若 $n-1$ 次使用开关，开关都正常。由 v 的定义得

$$P\{v=j\}=p^{j-1}q, \quad j=1,2,\cdots,n-1$$

$$P\{v=n\}=p^{n-1}$$

由于

$$\sum_{j=1}^{n} P\{v=j\}=1$$

可知 v 是一个通常的随机变量，并有

$$\begin{aligned} E\{v\} &= \sum_{j=1}^{n} jP\{v=j\}=\sum_{j=1}^{n-1} jp^{j-1}q+np^{n-1} \\ &= \frac{1}{q}(1-p^n) \end{aligned}$$

用随机变量 X 来表示研究的系统寿命，就有

$$X=X_1+X_2+\cdots+X_v$$

由于 $X_1, X_2, \cdots, X_n$ 与开关好坏相互独立，它们与 v 相互独立。故系统的可靠度是

$$\begin{aligned} R(t) &= P\{X_1+X_2+\cdots+X_v>t\} \\ &= \sum_{j=1}^{n} P\{X_1+X_2+\cdots+X_v>t \mid v=j\}P\{v=j\} \\ &= \sum_{j=1}^{n} P\{X_1+X_2+\cdots+X_v>t\}p^{j-1}q+P\{X_1+X_2+\cdots+X_v>t\}p^{n-1} \end{aligned}$$

整理上式得

$$P\{X_1+X_2+\cdots+X_j>t\}=\sum_{i=0}^{j-1}\frac{(\lambda t)^i}{i!}\mathrm{e}^{-\lambda t}, \quad j=1,2,\cdots,n$$

代入上式得

$$\begin{aligned} R(t) &= \sum_{j=1}^{n-1} p^{j-1}q\sum_{i=0}^{j-1}\frac{(\lambda t)^i}{i!}\mathrm{e}^{-\lambda t}+p^{n-1}\sum_{i=0}^{n-1}\frac{(\lambda t)^i}{i!}\mathrm{e}^{-\lambda t} \\ &= \sum_{i=0}^{n-1}\frac{(\lambda pt)^i}{i!}\mathrm{e}^{-\lambda t} \end{aligned}$$

利用 $X_1, X_2, \cdots, X_n$ 与 v 的独立性，可以推出系统的平均寿命是

$$\text{MTTF} = E\{X_1 + X_2 + \cdots + X_v\} = \frac{1}{\lambda p}(1 - p^n)$$

当每个部件的失效率都两两不相同时，可类似地求得 $R(t)$ 和 MTTF，但是表达是比较复杂，仅对两个部件的情形列出结果如下：

$$P\{v = j\} = \begin{cases} q, & j = 1 \\ p, & j = 2 \end{cases}$$

从而可靠性函数为

$$R(t) = P\left\{\sum_{j=1}^{v} X_j > t\right\} = \mathrm{e}^{-\lambda_1 t} + \frac{p\lambda_1}{\lambda_1 - \lambda_2}(\mathrm{e}^{-\lambda_2 t} + \mathrm{e}^{-\lambda_1 t})$$

$$\text{MTTF} = \frac{1}{\lambda_1} + p\frac{1}{\lambda_2}$$

当 $p = 1$，即当转换开关完全可靠时，这里所有的结果与转换开关完全可靠时的情况完全一致。

3.2.6 网络系统

网络系统由节点和节点间的连线(弧或单元)连接而成，通常假定弧(或单元)和系统只有正常和失效两种状态，弧(或单元)之间是相互独立，且节点不失效。下面介绍网络系统的基本求解方法。

1. 全概率分解法

应用全概率公式，选择分解元，对复杂网络进行分解，化简为一般的串并联系统，从而计算其成功概率，这叫全概率分解法，设 G 为系统正常事件，x 分被选分解单元正常事件，$\bar{x}$ 表示被选分解单元失效事件，由全概率公式知

$$R(G) = P(\bar{x})P(G|x) + P(\bar{x})P(G|\bar{x})$$

式中，$P(G|x)$ 为在单元 x 正常的条件下系统正常工作的概率；$P(G|\bar{x})$ 为在单元 x 失效条件下系统正常工作的概率。

这种方法首先要选分解元，分解元的选取方法如下。

如图 3-14 所示系统，任一单元都可作为分解元。

若选 B 为分解元，则得 G_1，G_2 均为简单网络，B 正常时 G 中的 A、C 成为无用单元被去掉。

$$\begin{aligned} R(G) &= P(B)P(G|B) + P(\bar{B})P(G|\bar{B}) \\ &= P(B)\left[1 - P(\bar{D})P(\bar{E})\right] + P(\bar{B})\left[1 - P(\overline{AD})P(\overline{CE})\right] \end{aligned}$$

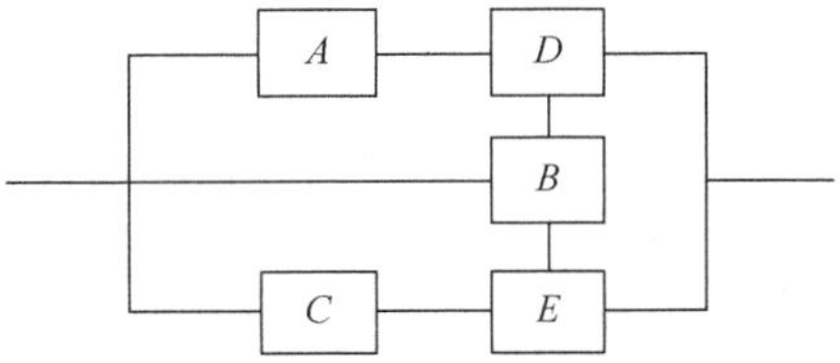

图 3-14　网络框图

任一有向单元，若其两端点中有一端只有流出(或流入)单元，则此单元可作为分解单元。如图 3-15 中的 x 可作为分解单元，而 y 则不行。分解单元若选得好，会加快分解速度，迅速得到简化的结果；若选得不好，则可能要多分解几次才能得到简化的最终结果。

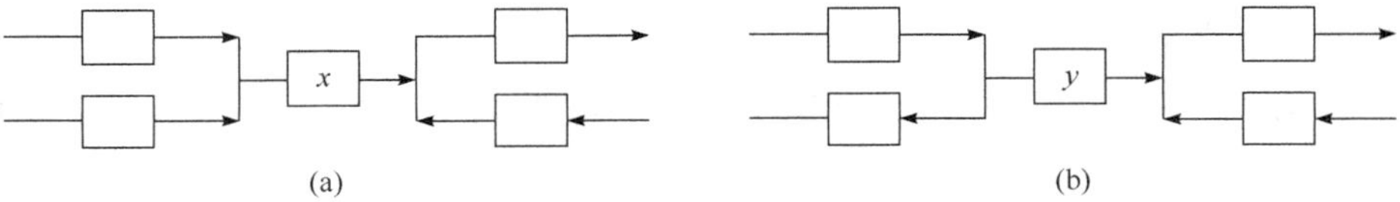

图 3-15　有向分解单元的选取

例如，对图 3-16 所示的有向可靠性框图，单元 e 不能作为分解元，若选 e 作为分解元，则当 e 正常时得到图 $G_1(G|e)$ 中将多了一条成功的路径 cb，这与原网络不符。

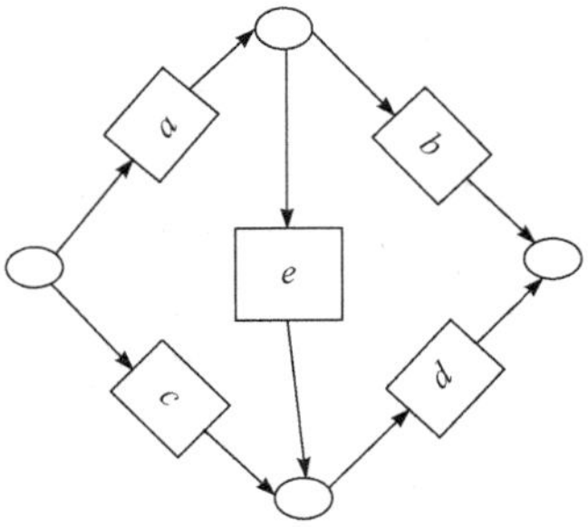

图 3-16　有向可靠性框图

选 a 作为分解单元得图 3-17，从而系统 G 的可靠性为

$$\begin{aligned}R(G)&=P(a)P(G_1)+P(\overline{a})P(G_2)\\&=P(a)\left[1-P(\overline{b})P\overline{(e+c)d}\right]+P(\overline{a})P(cd)\end{aligned}$$

2. 布尔真值表法(穷举法)

布尔真值表法也称为状态穷举法，是一种最直观的计算系统的可靠度方法。假定系统由 n 个单元组成，因为每个单元仅有两种可能状态，用 1 表示单元正常

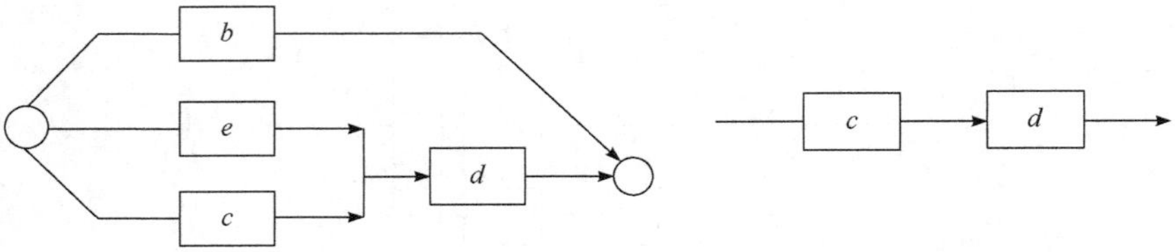

G_1: a正常
(a)

G_2: a不正常
(b)

图 3-17　图 3-16 的等效有向框图

工作，0 表示单元失效。显然 n 个单元所构成的系统共有 2^n 个可能状态及相应系统的状态。在这些状态中，如果系统能正常工作，记作 $S(i)$ 。其中，i 表示在这个状态下引起系统失效的失效单元个数。系统的可靠度即为各种状态使系统正常工作的概率之和。

例题 3.5　考虑桥式系统的可靠性逻辑框图如图 3-18 所示，其中 5 个单元的可靠度分别为 $R_1 = 0.8, R_2 = 0.7, R_3 = 0.8, R_4 = 0.7, R_5 = 0.9$ ，试用穷举法求该系统的可靠度(表 3-1)。

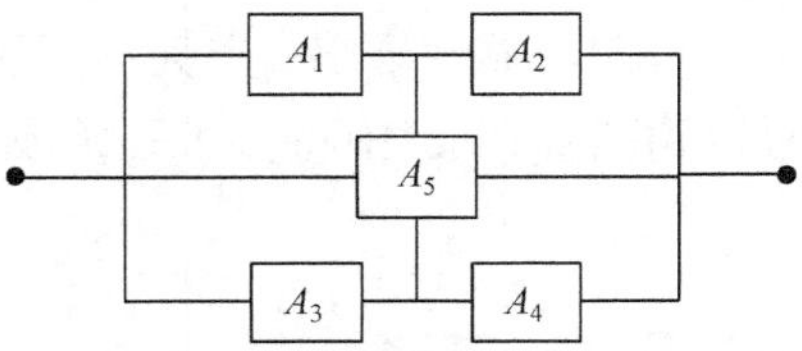

图 3-18　桥式网络图

表 3-1　桥式系统可靠性数据

系统状态编号	单元工作状态					系统状态	概率
	A_1	A_2	A_3	A_4	A_5		
1	0	0	0	0	0	$F(5)$	
2	0	0	0	0	1	$F(4)$	
3	0	0	0	1	0	$F(4)$	
4	0	0	0	1	1	$F(3)$	
5	0	0	1	0	0	$F(4)$	
6	0	0	1	0	1	$F(3)$	
7	0	0	1	1	0	$S(2)$	0.00336
8	0	0	1	1	1	$S(3)$	0.03024
9	0	1	0	0	0	$F(4)$	
10	0	1	0	0	1	$F(3)$	
11	0	1	0	1	0	$F(3)$	
12	0	1	0	1	1	$F(2)$	

续表

系统状态编号	单元工作状态					系统状态	概率
	A_1	A_2	A_3	A_4	A_5		
13	0	1	1	0	0	$F(3)$	
14	0	1	1	0	1	$S(3)$	0.03024
15	0	1	1	1	0	$S(3)$	0.00784
16	0	1	1	1	1	$S(4)$	0.07056
17	1	0	0	0	0	$F(4)$	
18	1	0	0	0	1	$F(3)$	
19	1	0	0	1	0	$F(3)$	
20	1	0	0	1	1	$S(3)$	0.03024
21	1	0	1	0	0	$F(3)$	
22	1	0	1	0	1	$F(2)$	
23	1	0	1	1	0	$S(3)$	0.01344
24	1	0	1	1	1	$S(4)$	0.12096
25	1	1	0	0	0	$S(2)$	0.00336
26	1	1	0	0	1	$S(3)$	0.03024
27	1	1	0	1	0	$S(3)$	0.00784
28	1	1	0	1	1	$S(4)$	0.07056
29	1	1	1	0	0	$S(3)$	0.01344
30	1	1	1	0	1	$S(4)$	0.12096
31	1	1	1	1	0	$S(4)$	0.03136
32	1	1	1	1	1	$S(5)$	0.28224

解：如图 3-18 所示，该系统共有 5 个单元，因而系统共有 $2^5=32$ 种状态。如果其中 16 种状态系统能正常工作，另 16 种状态系统失败，分别标以 $S(i)$ 和 $F(i)$。计算 16 种状态 $S(i)$ 系统正常工作的概率，如状态编号为 7 时系统正常工作的概率为

$$P(A_1'A_2'A_3A_4A_5')=R_1'R_2'R_3R_4R_5'=(1-R_1)(1-R_2)R_3R_4(1-R_5)=0.00336$$

系统的可靠度即为 16 项概率相加，得

$$R_s=0.00336+0.03024+\cdots+0.28224=0.86688$$

如果系统处于失效状态 $F(i)$ 比处于工作状态 $R(i)$ 少，则可先计算系统的不可靠度 F_s，然后由 $R_s=1-F_s$ 计算出系统的可靠度。

状态枚举法原理简单，步骤清晰、直观，容易掌握，但当系统中单元个数 n(大于 6)较多时，计算量也比较大，此时要借助于电子计算机进行计算。

3. 最小路集法

由系统的最小路集出发，由最小通路的可靠度去求系统的可靠度，这就是最小路集法。设网络 S 所有的最小通路为 $A_1,A_2,\cdots,A_m$，且用 $A_i,i=1,2,\cdots,m$，表示“第 i 条路中所有弧正常”事件，则网络 S 正常事件为

$$S=\bigcup_{i=1}^{m}A_i$$

从而，求网络系统可靠度 R 的问题就可归为两步。

第一步：求出网络 S 的最小通路 $A_1,A_2,\cdots,A_m$。

第二步：计算概率

$$R=P(S)=P\left(\bigcup_{i=1}^{m}A_i\right)$$

当 $m=2$ 时，则

$$R=P(A_1\cup A_2)=P(A_1)+P(A_2)-P(A_1A_2)$$

当 $m=3$ 时，则

$$\begin{aligned}R=P(A_1\cup A_2\cup A_3)&=P(A_1)+P(A_2)+P(A_3)\\&\quad-P(A_1A_2)-P(A_1A_3)-P(A_2A_3)+P(A_1A_2A_3)\end{aligned}$$

可以归纳出一般公式为

$$P\left(\bigcup_{i=1}^{m}A_i\right)=\sum_{i=1}^{m}(-1)^{i-1}\sum_{1\leqslant j_1<\cdots<j_i\leqslant m}P(A_{j_1},A_{j_2},\cdots,A_{j_i})$$

例题 3.6　图 3-19 为网络系统 S 的结构框图，各弧的可靠度分别为 $P_1=0.7$，$P_2=0.9$，$P_3=0.8$，$P_4=0.95$，$P_5=0.6$。试求此网络系统 S 的可靠度 R。

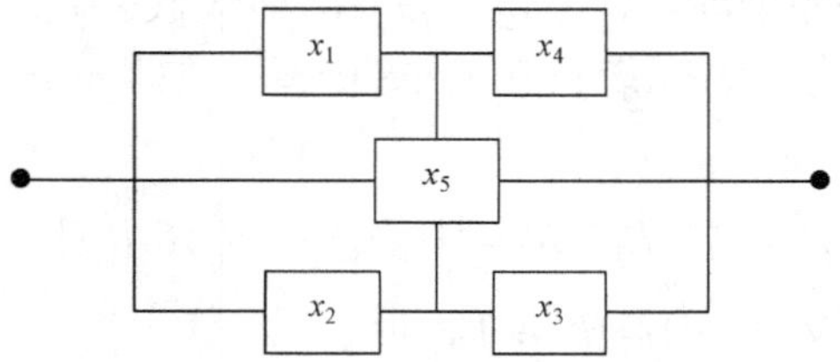

图 3-19　网络系统 S 的结构框图

解：此系统共有四个最小通路 $T_1|x_1,x_2|$、$T_2|x_1,x_5,x_3|$、$T_3|x_4,x_5,x_2|$、$T_4|x_3,x_4|$，则各最小通路的可靠度分别为

$$P(A_1)=P_1P_2=0.63,\quad P(A_2)=P_1P_3P_5=0.336$$
$$P(A_3)=P_2P_4P_5=0.513,\quad P(A_4)=P_3P_4=0.76$$

且

$$P(A_1A_2)=P_1P_2P_3P_5=0.3024,\quad P(A_1A_3)=P_1P_2P_4P_5=0.3591$$

$$P(A_1A_4)=P_1P_2P_3P_4=0.4788,\quad P(A_2A_3)=P_1P_2P_3P_4P_5=0.28728$$

$$P(A_2A_4)=P_1P_3P_4P_5=0.3192,\quad P(A_3A_4)=P_2P_3P_4P_5=0.4104$$

$$\begin{aligned}P(A_1A_2A_3)&=P(A_1A_2A_4)=P(A_1A_3A_4)=P(A_2A_3A_4)=P(A_1A_2A_3A_4)\\&=P_1P_2P_3P_4P_5=0.28728\end{aligned}$$

从而得

$$\begin{aligned}R=P\left\{\bigcup_{i=1}^{m}A_i\right\}&=P(A_1)+P(A_2)+P(A_3)+P(A_4)-P(A_1A_2)-P(A_1A_3)-P(A_1A_4)\\&-P(A_2A_3)-P(A_2A_4)-P(A_3A_4)+P(A_1A_2A_3)+P(A_1A_2A_4)\\&+P(A_1A_3A_4)+P(A_2A_3A_4)-P(A_1A_2A_3A_4)\\&=0.94366\end{aligned}$$

当网络的结构不太复杂或最小通路的数目 m 比较小时，采用最小路集法求网络可靠度 R 是比较容易的，但是，当网络的结构比较复杂或路数 m 比较大时，找出网络系统全部的最小通路就比较困难了，更难于求出系统可靠度 R。

4. 最小割集法

若在网络上去掉某一部分弧后，发点和收点之间便无路可通，则称这部分弧构成一个割集。发点与收点之间和每条最小路都至少包含割集中的一个弧。若在割集中任意去掉一个弧就不再成为割集，则称此割集为最小割集。如上述割集 A 就是最小割集，而割集 B 与 C 却不是最小割集。

最小割集法的基本思想是：若最小割集失效，即割集中所有弧全部失效，则网络失效。因此，可由各个最小割集的不可靠度，求得网络的不可靠度，从而求得网络的可靠度。设网络 S，其中 l 个最小割集为 $B_i, i=1,2,\cdots,l$，当任一割集 B_i 的所有弧发生失效的事件也记为 B_i。其概率记为 $Q(B_i), i=1,2,\cdots,l$，记系统 S 失效事件为 B，其概率为 $Q(B)$。则

$$B=\bigcup_{i=1}^{l}B_i$$

从而求网络系统可靠性 R 的问题就可归纳为以下两步。

(1) 求出网络 S 的所有最小割集 $B_1,B_2,\cdots,B_l$。

(2) 计算概率 $Q(B)=P\left(\bigcup_{i=1}^{l}B_i\right)$。

当 $m=2$ 时，则

$$Q(B)=P(B_1)+P(B_2)-P(B_1B_2)$$

当$m=3$时，则

$$Q(B)=P(B_1)+P(B_2)+P(B_3)-P(B_1B_2)-P(B_1B_3)-P(B_2B_3)+P(B_1B_2B_3)$$

一般公式为

$$Q(B)=\sum_{i=1}^{l}(-1)^{i-1}\sum_{1\leqslant j<\cdots<j_k\leqslant n}P(A_{j_1},A_{j_2},\cdots,A_{j_k})$$

网络系统可靠度为

$$R=1-Q(B)$$

例题 3.7　如图 3-19 所示的桥形网络系统 S,各弧的不可靠度分别为 $q_1=0.3$，$q_2=0.1$，$q_3=0.2$，$q_4=0.05$，$q_5=0.4$。求网络系统 S 的可靠度。

解：此网络系统共有四个最小割集，即 $B_1(x_1,x_4),B_2(x_1,x_3,x_5),B_3(x_2,x_4,x_5)$，$B_4(x_2,x_3)$，最小割集的不可靠度分别为

$$Q(B_1)=q_1q_4=0.3\times0.05=0.015,\quad Q(B_2)=q_1q_5q_3=0.3\times0.4\times0.2=0.024$$

$$Q(B_3)=q_4q_5q_2=0.05\times0.4\times0.1=0.002,\quad Q(B_4)=q_2q_3=0.1\times0.2=0.02$$

并且

$$Q(B_1B_2)=0.0012,\quad Q(B_1B_3)=0.0006,\quad Q(B_1B_4)=0.0003,\quad Q(B_2B_3)=0.00012,$$
$$Q(B_2B_4)=0.0024,\quad Q(B_3B_4)=0.0004,$$

$$Q(B_2B_3B_4)=Q(B_1B_3B_4)=Q(B_1B_2B_4)=Q(B_1B_2B_3)=Q(B_1B_2B_3B_4)=0.00012$$

则系统不可靠度为

$$\begin{aligned}Q(B)=&(0.015+0.024+0.002+0.02)-(0.0012+0.0006+0.0003\\&+0.00012+0.0024+0.0004)+4\times0.00012-0.00012=0.05634\end{aligned}$$

系统可靠度为

$$R=1-Q(B)=0.94366$$

3.3　可修系统可靠性模型

可修系统是指系统的组成单元(或零部件)发生故障后，经过修理后系统可以恢复到正常工作状态。由于故障发生的原因、部位、程度不同，系统所处的环境不同，以及维修设备及修理人员水平不同，修复所用的时间是一个随机变量，修复时间的长短和修复质量的高低都将影响设备(产品)的可靠性水平。

3.3.1　Markov 分析过程

Markov 过程是 1907 年由 Markov 提出来的，研究的是系统“状态”与“状态”之间相互转移的关系。假如系统完全由定义为“状态”的变量的取值来描述时，则说系统处于一个“状态”。假如描述系统的变量从一个状态的特定值变化到另一个状态的特定值时，则说系统实现了状态的转移。例如，对于某一设备系统，相对于运行这一状况，就存在着正常状态 S 和故障状态 F。处于 S 状态的系统由于故障会转移到 F 状态。相反，处于 F 状态的系统经过修复又会从 F 状态转移到 S 状态(图 3-20)。

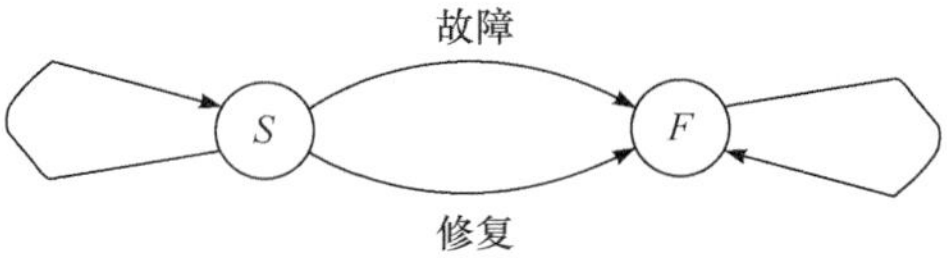

图 3-20　状态转移示意图

1. 基本概念

一般只要前一个状态 $X(t_{n-1})$ 一经决定，下一个状态 $X(t_n)$的概率即可决定，并与更前面的状态无关，这一过程就是一步 Markov 过程，即

$$P\left\{X(t_n)\middle|X(t_{n-1})\right\}=P\left\{X(t_n)\middle|X(t_1),X(t_1),\cdots,X(t_{n-1})\right\}$$

式中，$X(t_n)$ 为出于时间 t_n 的状态，说明 $X(t_1),X(t_2),\cdots,X(t_{n-1})$ 这 $n-1$ 个状态下的条件概率等于 $X(t_{n-1})$ 状态下的条件概率。可见，在此之前的各状态不影响现在状态的性质，就是所谓的马氏性，或称为无后效性。

举个例子，有一台机器，运行到某一时刻 t 时，可能的状态有 e_1(正常运行)及 e_2(发生故障)。现假设机器处于 e_1 状态的概率是 4/5，记为 $P_{11}= 4/5 = R(t)$，而 e_1 向 e_2 转移的概率 $P_{12}= F(t) = 1-R(t) =1/5$。反过来，如果机器处于 e_2 状态，经过一段时间的修复返回到 e_1 状态的概率是 $M(\tau)$，$M(\tau)$ 称为维修维度，$1-M(\tau)$ 为不可维修度。若 $P_{21}=M(\tau)=3/5$，那么它修不好仍然处于 e_2 的状态的概率是 $P_{22}=1-M(\tau)=2/5$，这一过程如图 3-21 所示。

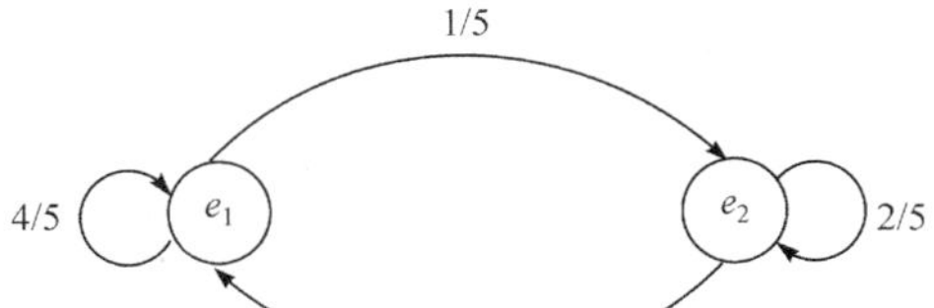

图 3-21　状态转移概率图

这样，可以将上述过程改写成矩阵形式为

$$P=\begin{bmatrix} P_{11} & P_{12} \\ P_{21} & P_{22} \end{bmatrix}=\begin{bmatrix} 4/5 & 1/5 \\ 3/5 & 2/5 \end{bmatrix}$$

这就是 Markov 矩阵，或称为概率矩阵，转移矩阵中各元素 P_{ij} 为转移概率。

一般形式是，假设可能发生的状态有 e_j，在事件 e_i 发生后，事件 $e_j(j \neq i,i,j=1,2,\cdots,n)$ 发生的条件概率为 P_{ij} (转移概率)。若由最初的分布中随机地选出 e_i 的概率为 a_i，那么当此事件组的条件概率为一定值，且有关系式：

$$P(e_1,e_2,\cdots,e_n)=a_i P_{ij}\cdots P_{in}$$

成立时，称此关系式为 Markov 链。当可能的状态为有限数量时，称为 Markov 链，其转移矩阵为

$$P=\begin{bmatrix} p_{11} & p_{12} & \cdots & p_{1n} \\ p_{21} & p_{22} & \cdots & p_{2n} \\ \vdots & \vdots & & \vdots \\ p_{n1} & p_{n2} & \cdots & p_{nn} \end{bmatrix}$$

转移矩阵具有如下性质。

(1) 矩阵中各元素为非负，且 $0 \leqslant P_{ij} \leqslant 1$。

(2) 矩阵中各行是一个概率向量，且各行元素之和为 1。

(3) 概率矩阵是一个 $n \times n$ 的 n 阶方阵。

例题 3.8　已知 e_1，e_2，e_3 三个状态，其状态转移图如图 3-22 所示，初始状态为 $E(0)$=(1,0,0)，求由 e_1 出发至第二部转移后各状态的概率。

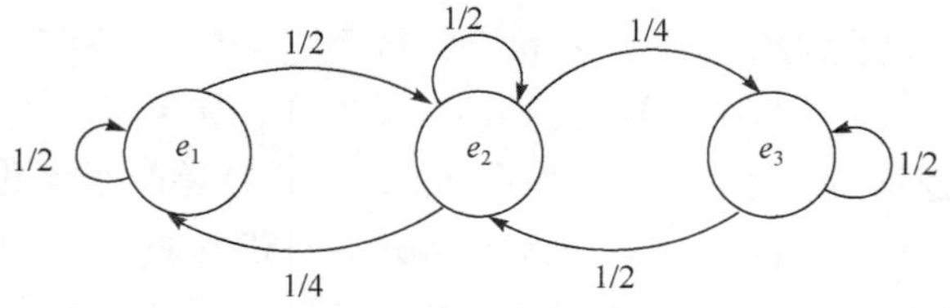

图 3-22　三个状态转移图

解：由图 3-22 可写出转移矩阵：

$$P=\begin{bmatrix} 1/2 & 1/2 & 0 \\ 1/4 & 1/2 & 1/4 \\ 0 & 1/2 & 1/2 \end{bmatrix}$$

$$P^{(2)}=P^2=\begin{bmatrix}1/2 & 1/2 & 0\\1/4 & 1/2 & 1/4\\0 & 1/2 & 1/2\end{bmatrix}\begin{bmatrix}1/2 & 1/2 & 0\\1/4 & 1/2 & 1/4\\0 & 1/2 & 1/2\end{bmatrix}=\begin{bmatrix}3/8 & 1/2 & 1/8\\1/4 & 1/2 & 1/4\\1/8 & 1/2 & 3/8\end{bmatrix}$$

可见，由 e_1 出发至第二部转移后，处于 e_1，e_2，e_3 状态的概率就是 $P^{(2)}=P^2$ 矩阵中第一行各元素 $P_{11}^{(2)},P_{12}^{(2)},P_{13}^{(2)}$，即为 3/8、1/2 及 1/8。

本题解也可利用公式 $P_{ij}^{(n)}=\sum P_{iv}P_{vj}^{(n)}$ 求出：

$$P_{ij}^{(n)}=\sum P_{iv}P_{vj}^{(n)}$$

由 $P_{ij}^{(n)}=\sum P_{iv}P_{vj}^{(n)}$，$v$=1,2,3, n=2，得

$$P_{11}^{(2)}=P_{11}P_{11}^{(1)}+P_{12}P_{21}^{(1)}+P_{13}P_{31}^{(1)}=1/2\times1/2+1/2\times1/4+0\times0=3/8$$

$$P_{12}^{(2)}=P_{11}P_{12}^{(1)}+P_{12}P_{22}^{(1)}+P_{13}P_{32}^{(1)}=1/2\times1/2+1/2\times1/4+0\times1/2=1/2$$

$$P_{13}^{(2)}=P_{11}P_{13}^{(1)}+P_{12}P_{23}^{(1)}+P_{13}P_{33}^{(1)}=1/2\times0+1/2\times1/4+0\times1/2=1/8$$

2. 极限概率与遍历性

一般地说，可以利用转移矩阵及系统的初始状态，求任意转移后设备的状态，即

$$E(n)=E(0)P^n$$

式中，$E(0)$为设备初始状态向量；P 为一次转移矩阵；P^n 为 n 次转移矩阵；$E(n)$为 n 次转移后设备所处状态向量；n 为转移次数。

例题 3.9　某设备状态转移图如图 3-23 所示，如果初始状态向量 $E(0)$=[1,0]，求各次转移后设备所处的状态。

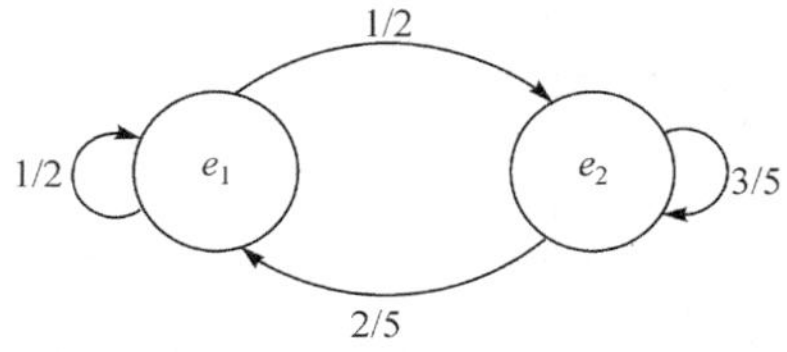

图 3-23　设备状态转移图

解：由图 3-23 可知转移矩阵

$$P=\begin{bmatrix}1/2 & 1/2\\2/5 & 3/5\end{bmatrix}$$

当 n=1 时，有

$$E(1)=E(0)P=\begin{bmatrix}1 & 0\end{bmatrix}\begin{bmatrix}1/2 & 1/2\\ 2/5 & 3/5\end{bmatrix}=\begin{bmatrix}1/2 & 1/2\end{bmatrix}$$

当 n=2 时，有

$$E(2)=E(0)P^2=E(1)P=\begin{bmatrix}1/2 & 1/2\end{bmatrix}\begin{bmatrix}1/2 & 1/2\\ 2/5 & 3/5\end{bmatrix}=\begin{bmatrix}9/20 & 11/20\end{bmatrix}$$

以此类推，可列出计算结果如表 3-2 所示。

表 3-2　n 次转移矩阵

转移次数 n	0	1	2	3	4	5	…
e_1(正常状态)	1	0.5	0.45	0.445	0.4445	0.44445	…
e_2(故障状态)	0	0.5	0.55	0.555	0.5555	0.55555	…

由表 3-2 可知：

(1) 随着转移次数 n 的增加，状态趋于稳定。稳定状态的概率称为极限概率。例如，在例题 4.2 中，当 n 足够大时，e_1 稳定状态极限概率为 4/9，e_2 稳定状态的极限概率 5/9。

(2) 既然稳定状态极限概率为定值，所以，当 n 无限增大而取极限值时，n 次转移矩阵 P^n 将收敛于一个定概率矩阵，即

$$P^n=\begin{bmatrix}4/9 & 5/9\\ 4/9 & 5/9\end{bmatrix}$$

这个稳定状态极限概率与初始状态无关，如上述例中初始状态 $E(0)=[1,0]$，则可计算出如表 3-3 所示的值。

表 3-3　n 次转移矩阵

转移次数 n	0	1	2	3	4	5	…
e_1(正常状态)	1	0.4	0.44	0.444	0.4444	0.44444	…
e_2(故障状态)	0	0.6	0.56	0.556	0.5556	0.55556	…

当 n 足够大时，e_1 稳定状态极限概率为 4/9，e_2 稳定状态极限概率为 5/9。

任何 Markov 转移矩阵，它的极限概率与初始状态无关，称之为各态遍历(或历经)过程，这样的状态转移矩阵称为遍历矩阵。

如果转移矩阵经过 n 次相乘后所得的矩阵的全部元素大于零，这样的 Markov 链被称为正规链。正规链都是遍历矩阵。

如果概率矩阵 P 为正规的遍历转移矩阵，则 P 具有以下性质。

(1) 随着转移次数 n 的增加，P^n 趋于某一稳定矩阵，即各态转移的概率趋于稳定(收敛)。

(2) 稳定矩阵中的各元素都大于零。

(3) 稳定矩阵各行是同一概率向量 $X=[x_1\ \ x_2\ \ \cdots\ \ x_n]$，称为行向量 X，各元素和为 1，即 $\sum_{i=1}^{n} x_i = 1$。

遍历矩阵经过 n 次转移后达到稳定状态，因此它是正规链。在这种情况下，其整体可用行向量 X 表示。在经过转移后，转移矩阵已经稳定(收敛)，因此，即使再转移下去，它的状态概率是不会变了，所以可以写出

$$XP = X$$

根据上式就可以求出行向量 X。X 称为对于 P 的固有向量，或称特征向量。

例题 3.10　求转移矩阵 $P=\begin{bmatrix} 0.5 & 0.25 & 0.25 \\ 0.5 & 0 & 0.5 \\ 0.25 & 0.25 & 0.5 \end{bmatrix}$ 的特征向量 X。

解：由转移矩阵性质有

$$\begin{cases} \begin{bmatrix} x_1 & x_2 & x_3 \end{bmatrix} \begin{bmatrix} 0.5 & 0.25 & 0.25 \\ 0.5 & 0 & 0.5 \\ 0.25 & 0.25 & 0.5 \end{bmatrix} = \begin{bmatrix} x_1 & x_2 & x_3 \end{bmatrix} \\ \sum_{i=1}^{3} x_i = 1 \end{cases}$$

即

$$\begin{cases} x_1 + x_2 + x_3 = 1 \\ 0.5x_1 + 0.5x_2 + 0.25x_3 = x_1 \\ 0.25x_1 + 0 + 0.25x_3 = x_2 \\ 0.25x_1 + 0.5x_2 + 0.5x_3 = x_3 \end{cases}$$

解方程可得

$$X = \begin{bmatrix} 0.4 & 0.2 & 0.4 \end{bmatrix}$$

3. 过渡状态的概率

若转移次数较少，可以简单进行计算，若转移次数增加，则计算较复杂，这时可以引入一个矩阵的列向量 X，然后找出矩阵 P 的属于特征值 k 的特征向量 X。

$$PX = kX$$

X 是列向量，$X = \begin{bmatrix} x_1 & x_2 & \cdots & x_n \end{bmatrix}^{\mathrm{T}}$，特征值 k 必须满足 P 的特征多项式，即

$$|P-kI|=0$$

式中，I 为单位矩阵，$I=\begin{bmatrix}1 & & 0\\ & \ddots & \\ 0 & & 1\end{bmatrix}$。由特征方程式求出特征值 k。在概率矩阵中，k 至少有一个解为特征值 1，其余解一般小于 1。

设 P 的 m 个解(特征值)为 k_1，…，k_m，把这些解放在矩阵 D 的对角线上形成对角矩阵 D，即

$$D=\begin{bmatrix}k_1 & 0 & \cdots & 0\\ 0 & k_2 & \cdots & 0\\ \vdots & \vdots & & \vdots\\ 0 & 0 & \cdots & k_m\end{bmatrix}$$

利用 D 可以写出

$$P=RDR^{-1}$$

式中，R 为矩阵，其第 i 列是对应特征值 k_i，求出的矩阵 P 的特征向量；R^{-1} 为 R 的逆矩阵，且有

$$P^n=RD^nR^{-1}$$

因此，只要求出矩阵 R 及其逆矩阵 R^{-1}，而对角矩阵 D 的 n 次方 D^n 易求，所以，欲求 P^n，只要求出 RD^nR^{-1} 即可。

例题 3.11　已知概率矩阵 $P=\begin{bmatrix}1-\lambda & \lambda\\ \mu & 1-\mu\end{bmatrix}$，求 P^n。

解：(1) 求特征值：由特征方程 $|P-kI|=0$，即

$$\begin{bmatrix}1-\lambda-k & \lambda\\ \mu & 1-\mu-k\end{bmatrix}=0$$

解得特征值为 $k_1=1$，$k_2=1-\lambda-\mu$。

(2) 求特征向量：计算

$$\begin{bmatrix}1-\lambda & \lambda\\ \mu & 1-\mu\end{bmatrix}\begin{bmatrix}x_1\\ x_2\end{bmatrix}=k\begin{bmatrix}x_1\\ x_2\end{bmatrix}$$

得

$$\begin{cases}(1-\lambda)x_1+\lambda x_2=kx_1\\ \mu x_1+(1-\mu)x_2=kx_2\end{cases}$$

解得原特征向量为 $x_1=[1\ 1]^{\mathrm{T}}$，$x_2=[\lambda-\mu]^{\mathrm{T}}$，则

$$D=\begin{bmatrix}1 & 0\\ 0 & 1-\lambda-\mu\end{bmatrix}$$

$$D^n=\begin{bmatrix}1^n & 0\\ 0 & (1-\lambda-\mu)^n\end{bmatrix}=\begin{bmatrix}1 & 0\\ 0 & 1-\lambda-\mu\end{bmatrix}$$

$$R=\begin{bmatrix}x_1 & x_2\end{bmatrix}=\begin{bmatrix}1 & \lambda\\ 1 & -\mu\end{bmatrix}$$

$$R^{-1}=\begin{bmatrix}\dfrac{\mu}{\lambda+\mu} & \dfrac{\lambda}{\lambda+\mu}\\ \dfrac{1}{\lambda+\mu} & \dfrac{-1}{\lambda+\mu}\end{bmatrix}=\begin{bmatrix}u & d\\ \dfrac{1}{\lambda+\mu} & \dfrac{-1}{\lambda+\mu}\end{bmatrix}$$

式中，$u=\dfrac{\mu}{\lambda+\mu}$为可工作时间比；$d=\dfrac{\lambda}{\lambda+\mu}$为不可工作时间比。

则

$$P^n=RD^nR^{-1}=\begin{bmatrix}1 & \lambda\\ 1 & -\mu\end{bmatrix}\begin{bmatrix}1 & 0\\ 0 & (1-\lambda-\mu)^n\end{bmatrix}\begin{bmatrix}u & d\\ \dfrac{1}{\lambda+\mu} & \dfrac{-1}{\lambda+\mu}\end{bmatrix}$$

$$=\begin{bmatrix}u+d(1-\lambda-\mu)^n & d-d(1-\lambda-\mu)^n\\ u-u(1-\lambda-\mu)^n & d+u(1-\lambda-\mu)^n\end{bmatrix}$$

当$n\to\infty$时的极限为

$$P(\infty)=\begin{bmatrix}u & d\\ u & d\end{bmatrix}$$

可见，P^n中的$d(1-\lambda-\mu)^n$及$u(1-\lambda-\mu)^n$均为过渡项，随着 n(或时间)增加而趋于 0。

4. 吸收状态的平均时间

当转移过程达到某一状态，再也不能向其他状态转移时，称此状态为吸收状态。为求在吸收状态时由e_i转移到e_j所需的平均转移次数(或平均时间)，须先求矩阵M，即

$$M=(I-Q)^{-1}$$

式中，I为单位矩阵；Q为由转移矩阵P中去掉吸收状态的行和列后的子矩阵。

这样求得的M矩阵的元素m_{ij}给出了在离散过程中由e_i转移到e_j所需的平均

次数，对于连续过程是平均时间。

$M=(I-Q)^{-1}$称为基本矩阵，一般地讲，M可写成

$$M=\begin{bmatrix} m_{11} & m_{12} & \cdots & m_{1k} \\ m_{21} & m_{22} & \cdots & m_{2k} \\ \vdots & \vdots & & \vdots \\ m_{l1} & m_{l2} & \cdots & m_{lk} \end{bmatrix}$$

式中，元素m_{ij}为离散过程从状态e_i出发到吸收状态时处于e_j状态的平均停留次数。也就是说，从e_i状态出发，平均在e_1状态停留m_{i1}次，在e_2状态停留m_{i2}次，…，在e_n状态停留m_{in}次。所以处于非吸收状态的平均转移次数(或平均时间)就可利用它们的和表示。为了利用矩阵来表示它，只要将基本矩阵M乘以全部元素为1的列向量C就行了，即

$$MC=\begin{bmatrix} m_{11} & m_{12} & \cdots & m_{1k} \\ m_{21} & m_{22} & \cdots & m_{2k} \\ \vdots & \vdots & & \vdots \\ m_{l1} & m_{l2} & \cdots & m_{lk} \end{bmatrix}\begin{bmatrix} 1 \\ 1 \\ \vdots \\ 1 \end{bmatrix}=\begin{bmatrix} \sum_{j=1}^{k} m_{1j} \\ \sum_{j=1}^{k} m_{2j} \\ \vdots \\ \sum_{j=1}^{k} m_{lj} \end{bmatrix}$$

例题 3.12 三个状态的状态转移矩阵如图 3-24 所示，其中e_1为正常状态，e_2为故障状态(可修复)，e_3为吸收状态，失效后不能再修理了。求达到吸收状态时平均转移次数及各状态的停留次数。

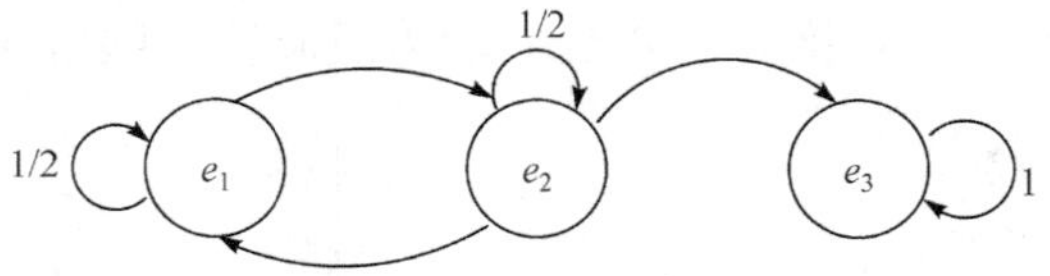

图 3-24 吸收状态图

解：(1) 写出转移矩阵P为

$$P=\begin{bmatrix} 1/2 & 1/2 & 0 \\ 1/4 & 1/2 & 1/4 \\ 0 & 0 & 1 \end{bmatrix}$$

式中，元素$P_{33}=1$表示吸收状态，所以矩阵Q为

$$Q=\begin{bmatrix}1/2 & 1/2\\ 1/4 & 1/2\end{bmatrix}$$

(2) 求基本矩阵：

$$M=(I-Q)^{-1}=\left[\begin{bmatrix}1 & 0\\ 0 & 1\end{bmatrix}-\begin{bmatrix}1/2 & 1/2\\ 1/4 & 1/2\end{bmatrix}\right]^{-1}=\begin{bmatrix}1/2 & -1/2\\ -1/4 & 1/2\end{bmatrix}^{-1}=\begin{bmatrix}4 & 4\\ 2 & 4\end{bmatrix}$$

即由工作状态 e_1 出发再到吸收状态时在 e_1 状态平均转移次数为元素 $m_{11}=4$ 次；由 e_2 状态出发到吸收状态时，在 e_1 状态平均转移次数为元素 $m_{21}=2$ 次。

(3) 平均转移次数

$$MC=\begin{bmatrix}4 & 4\\ 2 & 4\end{bmatrix}\begin{bmatrix}1\\ 1\end{bmatrix}=\begin{bmatrix}8\\ 6\end{bmatrix}$$

由计算结果可知，由 e_1 状态出发，平均经过八次转移达到吸收状态；由 e_2 状态出发，平均经过六次转移达到吸收状态。

5. 连续时间 Markov 过程

连续型 Markov 过程，其转移概率是 t 和 $t+\Delta t$ 之间极小的 Δt 时间内的概率。如图 3-25 所示为连续型状态转移图。图中，e_1 为正常状态，e_2 为故障状态，其失效概率 λ 与修复率 μ 均为常数。根据图 3-25 可写出 Markov 链的矩阵 $P(\Delta t)$ 为一微系数矩阵，即

$$P(\Delta t)=\begin{bmatrix}1-\lambda\Delta t & \lambda\Delta t\\ \mu\Delta t & 1-\mu\Delta t\end{bmatrix}$$

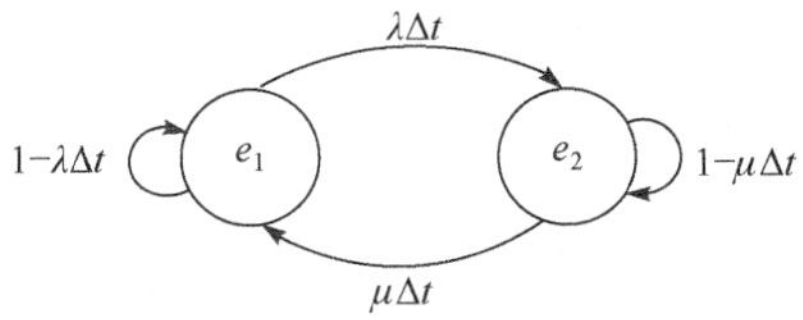

图 3-25　连续型状态转移图

假定 $e_1=1$ 表示系统处于正常状态，$e_2=0$ 表示系统处于故障状态。由微系数矩阵可以写出 Δt 时间内的各转移概率为

$$\begin{cases}P_{11}(\Delta t)=P\{X(t+\Delta t)=1|X(t)=1\}=1-\lambda\Delta t+o(\Delta t)\\ P_{12}(\Delta t)=P\{X(t+\Delta t)=0|X(t)=1\}=\lambda\Delta t+o(\Delta t)\\ P_{21}(\Delta t)=P\{X(t+\Delta t)=1|X(t)=0\}=\mu\Delta t+o(\Delta t)\\ P_{22}(\Delta t)=P\{X(t+\Delta t)=1|X(t)=0\}=1-\mu\Delta t+o(\Delta t)\end{cases}$$

式中，$o(\Delta t)$为一高阶无穷小项，表示在$t \sim t+\Delta t$区间内，基本上不会发生一个以上的失效，数学上记为$o(\Delta t)$。

令

$$P_1(t)=P\{X(t)=1\},\quad P_2(t)=P\{X(t)=0\}$$

则利用全概率公式可得

$$\begin{cases} P_1(t+\Delta t)=P_1(t)P_{11}(\Delta t)+P_2(t)P_{21}(\Delta t)=(1-\lambda\Delta t)P_1(t)+\mu\Delta t P_2(t) \\ P_2(t+\Delta t)=P_1(t)P_{12}(\Delta t)+P_2(t)P_{22}(\Delta t)=\lambda\Delta t P_1(t)+(1-\mu\Delta t)P_2(t) \end{cases}$$

由于

$$\lim_{\Delta t\to 0}\frac{P_1(t+\Delta t)-P_1(t)}{\Delta t}=P_1'(t)$$

$$\lim_{\Delta t\to 0}\frac{P_2(t+\Delta t)-P_2(t)}{\Delta t}=P_2'(t)$$

从而有微分方程组

$$\begin{cases} P_1'(t)=-\lambda P_1(t)+\mu P_2(t) \\ P_2'(t)=\lambda P_1(t)-\mu P_2(t) \end{cases}$$

即矩阵形式

$$\begin{bmatrix} P_1'(t) & P_2'(t) \end{bmatrix}=\begin{bmatrix} P_1(t) & P_2(t) \end{bmatrix}\begin{bmatrix} -\lambda & \lambda \\ \mu & -\mu \end{bmatrix}$$

令

$$A=\begin{bmatrix} -\lambda & \lambda \\ \mu & -\mu \end{bmatrix}$$

进行拉普拉斯变换后，得

$$\begin{cases} sP_1(s)-P_1(0)=-\lambda P_1(s)+\mu P_2(s) \\ sP_2(s)-P_2(0)=\lambda P_1(s)-\mu P_2(s) \end{cases}$$

系统初始状态 $P(0)=[P_1(0)\quad P_2(0)]=[1\ 0]$，从而有

$$\begin{cases} (s+\lambda)P_1(s)-\mu P_2(s)=P_1(0) \\ -\lambda P_1(s)+(s+\mu)P_2(s)=P_2(0) \end{cases}$$

写成矩阵形式为

$$\begin{bmatrix} P_1(s) & P_2(s) \end{bmatrix}\begin{bmatrix} (s+\lambda) & -\lambda \\ -\mu & (s+\mu) \end{bmatrix}=\begin{bmatrix} P_1(0) & P_2(0) \end{bmatrix}$$

简写成

$$P(s)(sI-A)=P(0)$$

上式两边右乘 $(sI-A)^{-1}$，得

$$P(s)=P(0)(sI-A)^{-1}$$

将 $(sI-A)^{-1}$ 按部分分式法展开，并进行逆变换，即可得 $P(t)=[P_1(t)\quad P_2(t)]$ 的值。

由上述分析，可以把解连续型状态转移关系的一般过程归纳如下：首先写出微系数矩阵 $P(\Delta t)$及其对应的矩阵 P；其次由 P 求 A，即 $A=P-I$，再次求 $sI-A$ 及其逆矩阵 $(sI-A)^{-1}$；对 $(sI-A)^{-1}$ 按部分分式法展开进行逆变换，即可得到所求解。

3.3.2　单部件可修系统模型

事实上，单部件组成的可修复系统是简单的可修复系统。假设系统由一个部件构成，当部件工作时系统工作，当部件故障时系统故障，部件的寿命 X 遵从指数分布：

$$P\{X\leqslant t\}=1-\mathrm{e}^{-\lambda t},\quad t\geqslant 0;\lambda>0$$

部件故障后的修理时间 Y 遵从指数分布：

$$P\{Y\leqslant t\}=1-\mathrm{e}^{-\mu t},\quad t\geqslant 0;\mu>0$$

假定 X 和 Y 相互独立,故障部件修复后的寿命分布与新的部件相同(通常简称为修复如新)。

上述系统可由工作和故障两个状态不断交替的过程来描述。假定用状态 0 表示系统正常，用状态 1 表示系统故障，因此

$$E=\{0,1\},\quad W=\{0\},\quad F=\{1\}$$

令

$$X(t)=\begin{cases}0, & 若时刻t系统工作\\ 1, & 若时刻t系统故障\end{cases}$$

显然 $\{X(t),t\geqslant 0\}$ 是一个连续时间 $t\geqslant 0$、有限状态空间 $E=\{0,1\}$的随机过程，由于指数分布的无记忆性，可以证明，$\{X(t),t\geqslant 0\}$ 是一个时齐 Markov 过程。事实上，若已知 $X(t)=0$(时刻 t 系统工作)或 $X(t)=1$(时刻 t 系统故障)，由于部件的寿命分布和修理时间分布是指数分布，时刻 t 以后系统发展的概率规律完全由时刻 t 系统是工作还是故障所决定，与该部件在时刻 t 已工作了多长时间与已修理了多长时间无关，即时刻 t 以后系统发展的概率规律由 $X(t)=0$ 还是 $X(t)=1$ 决定，而与

时刻 t 以前的历史无关。还可类似地说明过程的时齐性。

对此 Markov 过程，有

$$\begin{cases} P_{00}(\Delta t)=P\{X(t+\Delta t)=0|X(t)=0\}=1-\lambda\Delta t+o(\Delta t) \\ P_{01}(\Delta t)=P\{X(t+\Delta t)=1|X(t)=0\}=\lambda\Delta t+o(\Delta t) \\ P_{10}(\Delta t)=P\{X(t+\Delta t)=0|X(t)=0\}=\mu\Delta t+o(\Delta t) \\ P_{11}(\Delta t)=P\{X(t+\Delta t)=1|X(t)=1\}=1-\mu\Delta t+o(\Delta t) \end{cases}$$

图 3-26 表示 Δt 时间内系统转移状态的可能性。进而可以写出概率转移矩阵

$$A=\begin{bmatrix} -\lambda & \lambda \\ \mu & -\mu \end{bmatrix}$$

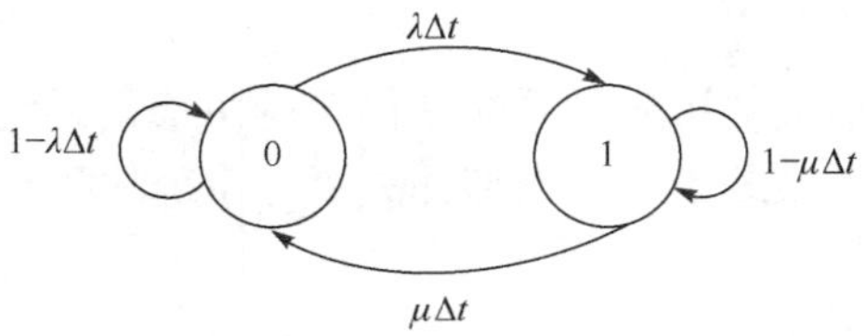

图 3-26　Δt 时间内系统转移状态的可能性

当时刻 t 系统处于工作状态时，可以求得系统的瞬时可用度是

$$A(t)=P_0(t)=\frac{\mu}{\lambda+\mu}+\frac{\lambda}{\lambda+\mu}\mathrm{e}^{-(\lambda+\mu)t}$$

当时刻 t 系统处于故障状态时，可以求得系统的瞬时可用度是

$$A=\frac{\mu}{\lambda+\mu}-\frac{\lambda}{\lambda+\mu}\mathrm{e}^{-(\lambda+\mu)t}$$

系统的稳态可用度为

$$A=\frac{\mu}{\lambda+\mu}$$

令系统的故障状态 1 为吸收状态，即令 μ=0。这就构成一个新的 Markov 过程 $\{X(t),t\geqslant 0\}$。这个过程的状态转移图如图 3-27 所示。

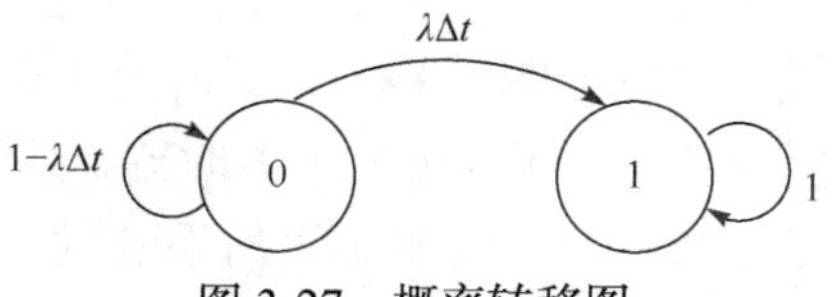

图 3-27　概率转移图

令 $Q_i(t)=P\{X(t)=j\},j=0,1$，则有

$$[Q_0'(t), Q_1'(t)] = Q_0(t), \quad Q_1(t)\begin{bmatrix} -\lambda & \lambda \\ 0 & 0 \end{bmatrix}$$

设在时刻 $t=0$，系统处在工作状态，即已知

$$Q_0(0) = 1, \quad Q_1(0) = 0$$

于是

$$Q_0(t) = Q_0(0)\mathrm{e}^{-\lambda t} = \mathrm{e}^{-\lambda t}$$

从而系统首次故障前的平均时间是

$$\mathrm{MTTF} = \int_0^{\infty} R(t)\mathrm{d}t = \frac{1}{\lambda}$$

由于系统由一个部件构成，系统的首次故障前时间分布也就是部件的寿命分布。

系统的瞬时故障频度

$$m(t) = P_0(t)a_{01} = \lambda P_0(t)$$

若时刻 t 系统处于状态 0，则

$$m_0(t) = \lambda\left[\frac{\mu}{\lambda+\mu} + \frac{\lambda}{\lambda+\mu}\mathrm{e}^{-(\lambda+\mu)t}\right]$$

系统在 $(0,t]$ 中的平均故障次数为

$$M_0(t) = \int_0^t m_0(u)\mathrm{d}u = \frac{\lambda\mu}{\lambda+\mu}t + \frac{\lambda^2}{(\lambda+\mu)^2}[1-\mathrm{e}^{-(\lambda+\mu)t}]$$

稳态故障频度

$$M = \frac{\lambda\mu}{\lambda+\mu}$$

同理可得系统处于状态 1 的平均故障次数

$$M_1(t) = \int_0^t m_1(u)\mathrm{d}u = \frac{\lambda\mu}{\lambda+\mu}t - \frac{\lambda^2}{(\lambda+\mu)^2}[1-\mathrm{e}^{-(\lambda+\mu)t}]$$

3.3.3　多部件可修系统模型

1. 串联系统

由 n 个单元构成的串联系统，每个单元的失效及维修时间均服从指数分布。n 个单元全部正常工作时系统处于正常状态，当其中某一个单元出现故障时，系统就处于故障状态，此时维修组立刻进行修复。修理期间，未发生故障的单元也停

止工作。当故障单元修复后，n 个单元又进入工作状态，系统恢复正常工作。修复后的单元寿命仍然服从指数分布。

当 n 个单元失效相互独立，在 t 到 $t+\Delta t$ 时间内，n 个单元失效率均为 λ，修复率均为 μ 时，该系统状态转移图如图 3-28 所示。其中 e_1 为工作状态，e_2 为故障状态，其微系数矩阵为

$$P(\Delta t)=\begin{bmatrix}1-n\lambda\Delta t & n\lambda\Delta t\\ \mu\Delta t & 1-\mu\Delta t\end{bmatrix}$$

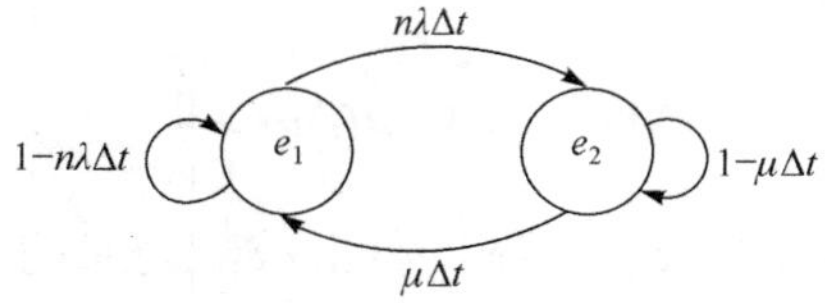

图 3-28　λ 相同时 n 个单元串联状态转移图

可见，这时系统的状态在形式上与前述单一设备情况一样，只是 n 个单元以 $n\lambda\Delta t$ 的概率由 e_1 向 e_2 状态转移。因此，单一设备情况的可用度分析结果均可以用到这里，只要把 λ 改为 $n\lambda$ 即可，因此该系统的瞬时可用度、静态可用度分别为

$$A(t)=\frac{\mu}{n\lambda+\mu}+\frac{n\mu}{n\lambda+\mu}\mathrm{e}^{-(n\lambda+\mu)t}$$

$$A(\infty)=\frac{\mu}{n\lambda+\mu}$$

吸收状态时，系统可靠度及平均无故障工作时间为

$$R_{\mathrm{s}}(t)=\mathrm{e}^{-n\lambda t}$$

$$\theta_{\mathrm{s}}=\frac{1}{n\lambda}$$

当 n 个单元的失效率分别为 λ_i , $i=1,2,\cdots,n$,修复率分别为 μ_i , $i=1,2,\cdots,n$ 时，其状态转移图如图 3-29 所示。其中 e_0 为系统工作状态，e_i 为第 i 个单元处于故障状态，其余单元正常，此时系统处于故障状态。若发生故障后立刻进行修复(采用一组维修工)，则在 $t\sim t+\Delta t$ 时间内的微系数转移矩阵为

$$P(\Delta t)=\begin{bmatrix}1-\sum\limits_{i=1}^{n}\lambda_i\Delta t & \lambda_1\Delta t & \lambda_2\Delta t & \cdots & \lambda_n\Delta t\\ \mu_1\Delta t & 1-\mu_1\Delta t & 0 & \cdots & 0\\ \vdots & \vdots & \vdots & & \vdots\\ \mu_n\Delta t & 0 & 0 & \cdots & 1-\mu_n\Delta t\end{bmatrix}$$

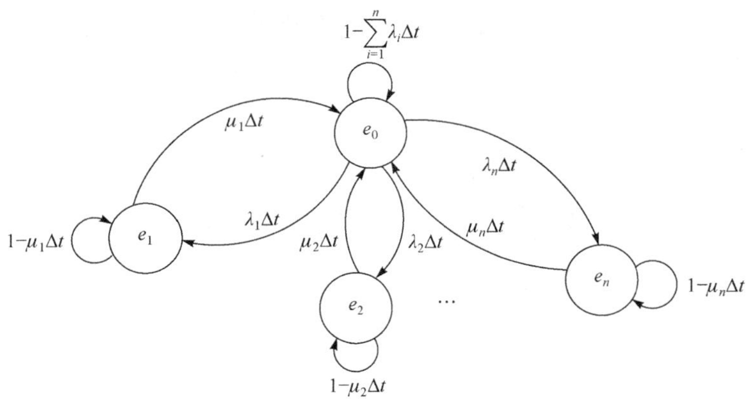

图 3-29　n 个不同单元串联状态转移图

利用拉普拉斯变换可求出稳态可用度，即

$$A(\infty)=\frac{1}{1+\dfrac{\lambda_1}{\mu_1}+\cdots+\dfrac{\lambda_n}{\mu_n}}=\frac{1}{1+\sum\limits_{i=1}^{n}\rho_i}=\frac{1}{1+\rho_s}$$

式中，$\rho_i=\dfrac{\lambda_i}{\mu_i}$ 为第 i 个单元维修系数，$i=1,2,\cdots,n$；$\rho_s=\sum\limits_{i=1}^{n}\rho_i$ 为系统的维修系数，即

$$\rho_s=\frac{\lambda_s}{\mu_s}=\sum_{i=1}^{n}\rho_i=\sum_{i=1}^{n}\frac{\lambda_i}{\mu_i}$$

当单元失效服从指数分布时，$\lambda_s=\sum\limits_{i=1}^{n}\lambda_i$，则

$$\mu_s=\frac{\lambda_s}{\rho_s}=\frac{\sum\limits_{i=1}^{n}\lambda_i}{\sum\limits_{i=1}^{n}\dfrac{\lambda_i}{\mu_i}}$$

若系统的可靠度仍为系统的状态 e_i，$i=1,2,\cdots,n$，处于吸收状态时的可靠度，则得到系统首次故障前平均工作时间为

$$\theta_s=\frac{1}{\lambda_s}$$

2. 并联系统

讨论 n 个相同单元并联，有一组维修人员情况。假设 n 个单元寿命分布平均为参数 λ 的指数分布，维修时间分布为参数 μ 的指数分布，且 n 个单元的失效及

维修时间均相互独立，故障单元修复后的寿命仍服从参数为 λ 的指数分布。系统的可能状态有 e_i ，$i = 0,1,2,\cdots,n$ ，i 表示失效单元数，这样系统的状态转移图如图 3-30 所示。

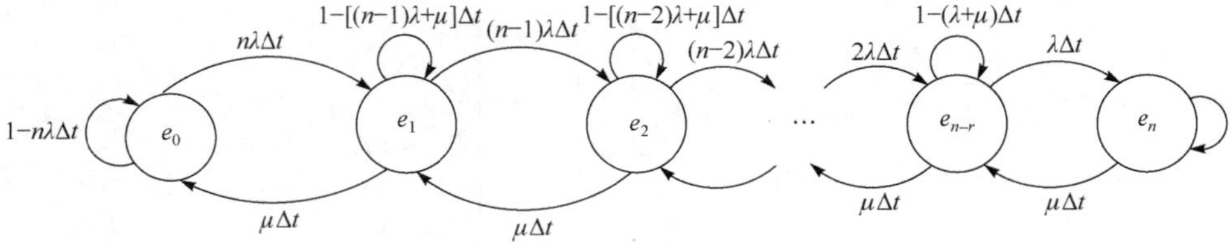

图 3-30　n 个相同单元并联状态转移图

其微系数转移矩阵为

$$P(\Delta t) = \begin{bmatrix} 1-n\lambda\Delta t & n\lambda\Delta t & 0 & \cdots & 0 & 0 \\ \mu\Delta t & 1-[(n-1)\lambda+\mu]\Delta t & (n-1)\lambda\Delta t & \cdots & 0 & 0 \\ 0 & \mu\Delta t & 1-[(n-2)\lambda+\mu]\Delta t & \cdots & 0 & 0 \\ \vdots & \vdots & \vdots & & \vdots & \vdots \\ 0 & 0 & 0 & \cdots & 1-(\lambda+\mu)\Delta t & \lambda\Delta t \\ 0 & 0 & 0 & \cdots & \mu\Delta t & 1-\mu\Delta t \end{bmatrix}_{n\times n}$$

经求解可得其稳态可用度 $A(\infty)$ 为

$$A(\infty) = \frac{\displaystyle\sum_{i=0}^{n-1} \frac{1}{(n-i)!}\left(\frac{\lambda}{\mu}\right)^i}{\displaystyle\sum_{i=0}^{n} \frac{1}{(n-i)!}\left(\frac{\lambda}{\mu}\right)^i}$$

若两个相同单元并联，有一组维修人员时，其他假设条件同 n 个相同单元并联一样，则状态转移图如图 3-31 所示。

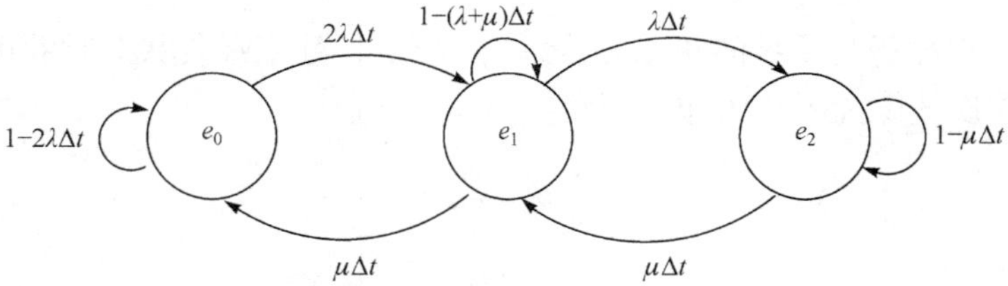

图 3-31　两个相同单元并联状态转移图

其微系数转移矩阵为

$$P(\Delta t)=\begin{bmatrix}1-2\lambda\Delta t & 2\lambda\Delta t & 0\\ \mu\Delta t & 1-(\lambda+\mu)\Delta t & \lambda\Delta t\\ 0 & \mu\Delta t & 1-\mu\Delta t\end{bmatrix}$$

经求解得到系统瞬时可用度及稳态可用度分别为

$$A(t)=\frac{2\lambda\mu+\mu^2}{2\lambda^2+2\lambda\mu+\mu^2}-\frac{2\lambda^2(s_2e^{s_1t}-s_1e^{s_2t})}{s_1s_2(s_1-s_2)}$$

式中，

$$s_1,s_2=\frac{1}{2}\left[-(3\lambda+2\mu)\pm\sqrt{\lambda^2+4\lambda\mu}\right]$$

对于两个不同单元，有一组维修人员工作的并联系统，其单元失效率及修复率分别为 λ_1,λ_2 及 μ_1,μ_2，其余条件同前述。这个系统共有 5 个可能的状态，即

(1) 状态 e_0——单元 1、2 都正常工作，系统正常工作状态。

(2) 状态 e_1——单元 1 正常，单元 2 故障，系统正常工作状态。

(3) 状态 e_2——单元 2 正常，单元 1 故障，系统正常工作状态。

(4) 状态 e_3——单元 1 在修理，单元 2 处于待修，系统状态故障状态。

(5) 状态 e_4——单元 2 在修理，单元 1 处于待修，系统状态故障状态。

其状态转移图如图 3-32 所示。其微系数转移矩阵为

$$P(\Delta t)=\begin{bmatrix}1-(\lambda_1+\lambda_2)\Delta t & \lambda_2\Delta t & \lambda_1\Delta t & 0 & 0\\ \mu_2\Delta t & 1-(\lambda_1+\mu_2)\Delta t & 0 & 0 & \lambda_1\Delta t\\ \mu_1\Delta t & 0 & 1-(\lambda_2+\mu_1)\Delta t & \lambda_2\Delta t & 0\\ 0 & \mu_1\Delta t & 0 & 1-\mu_1\Delta t & 0\\ 0 & 0 & \mu_2\Delta t & 0 & 1-\mu_2\Delta t\end{bmatrix}$$

对上述情况经求解可得

$$P(t)=[P_0(t)\quad P_1(t)\quad P_2(t)\quad P_3(t)\quad P_4(t)]$$

当 $t\to\infty$ 时，$P_i(\infty)=\lim\limits_{t\to\infty}P_i(t), i=0,1,2,3,4$，得

$$P_0(\infty)=\frac{\mu_1\mu_2(\lambda_1\mu_1+\lambda_2\mu_2+\mu_1\mu_2)}{\lambda_1\mu_2(\mu_1+\lambda_2)(\lambda_1+\lambda_2+\mu_2)+\lambda_2\mu_1(\mu_2+\lambda_1)(\lambda_1+\lambda_2+\mu_1)+\mu_1\mu_2(\lambda_1\mu_1+\lambda_2\mu_2+\mu_1\mu_2)}$$

$$P_1(\infty)=\frac{\lambda_2(\lambda_1+\lambda_2+\mu_1)}{\lambda_1\mu_1+\lambda_2\mu_2+\mu_1\mu_2}P_0(\infty)$$

$$P_2(\infty)=\frac{\lambda_1(\lambda_1+\lambda_2+\mu_2)}{\lambda_1\mu_1+\lambda_2\mu_2+\mu_1\mu_2}P_0(\infty)$$

$$P_3(\infty)=\frac{\lambda_1\lambda_2(\lambda_1+\lambda_2+\mu_2)}{\mu_1(\lambda_1\mu_1+\lambda_2\mu_2+\mu_1\mu_2)}P_0(\infty)$$

$$P_4(\infty)=\frac{\lambda_1\lambda_2(\lambda_1+\lambda_2+\mu_2)}{\mu_2(\lambda_1\mu_1+\lambda_2\mu_2+\mu_1\mu_2)}P_0(\infty)$$

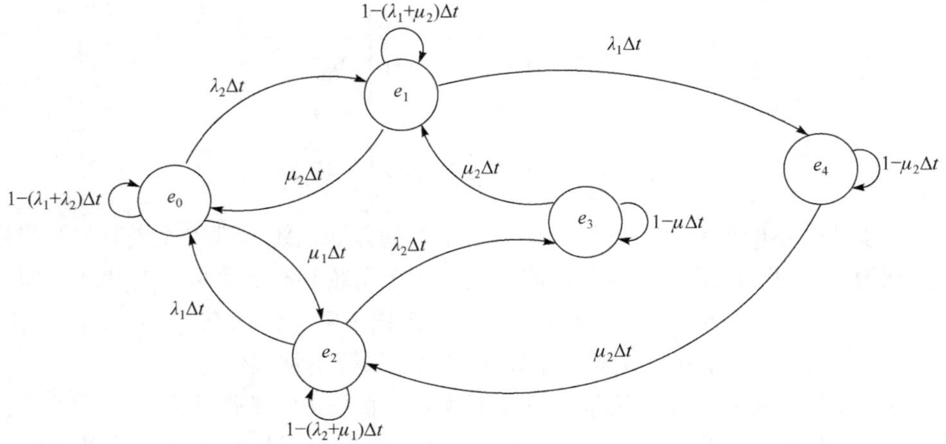

图 3-32　两个不同单元并联状态转移图

3. 表决系统

若系统由 n 个相同单元组成，单元寿命分布及故障后维修时间的分布均服从指数分布，n 个相同单元相互独立，且只有一组维修人员，那么，当 1 个单元处于维修时，其他故障单元必然处于待修状态。同时可知：

当且仅当至少有 r 个单元工作时，系统处于正常工作状态。

当有 $n-r+1$ 个单元故障时，系统处于故障状态。未发生负故障的 $r-1$ 个单元也停止工作，不再发生故障。直到有 1 个单元被修复后，又有 r 个单元同时进入工作状态时，系统才又重新进入工作状态。

一般来讲，r/n 表决系统，应有 $n-r+2$ 个不同的状态 e_i，$i=0,1,2,\cdots,n-r+1$，即

(1) 状态 e_0 ——n 个单元都处于工作状态，系统正常工作。

(2) 状态 e_1 ——$n-1$ 个单元处于工作状态，有 1 个单元失效，故障单元进入维修，但系统还在正常工作。

(3) 状态 e_2 ——$n-2$ 个单元处于工作状态，2 个单元失效，其中 1 个单元处于维修，另一个故障单元处于待修，但系统仍在工作状态。

(4) 直到状态 e_{n-r} ——r 个单元处于正常工作，$n-r$ 个单元失效，其中 1 个单元处于维修，另其余故障单元处于待修，但系统尚在工作状态。

(5) 状态 e_{n-r+1}——$r-1$ 个单元处于正常状态，$n-r+1$ 个单元失效，系统处于故障状态。

因此，该系统状态转移图如图 3-33 所示。

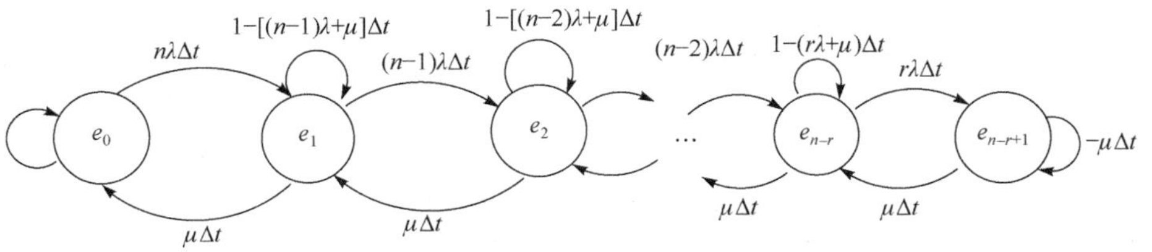

图 3-33　相同单元 r/n 表决系统状态转移图

其微系数转移矩阵为

$$P(\Delta t) = \begin{bmatrix} 1-n\lambda\Delta t & n\lambda\Delta t & 0 & \cdots & 0 & 0 \\ \mu\Delta t & 1-[(n-1)\lambda+\mu]\Delta t & (n-1)\lambda\Delta t & \cdots & 0 & 0 \\ 0 & \mu\Delta t & 1-[(n-2)\lambda+\mu]\Delta t & \cdots & 0 & 0 \\ \vdots & \vdots & \vdots & & \vdots & \vdots \\ 0 & 0 & 0 & \cdots & 1-(r\lambda+\mu)\Delta t & r\lambda\Delta t \\ 0 & 0 & 0 & \cdots & \mu\Delta t & 1-\mu\Delta t \end{bmatrix}$$

经求解可得系统瞬时可用度及稳态可用度。在此只给出稳态可用度公式，即

$$A(\infty) = \frac{\displaystyle\sum_{j=0}^{n-r} \frac{1}{(n-j)!}\left(\frac{\lambda}{\mu}\right)^j}{\displaystyle\sum_{i=0}^{n-r+1} \frac{1}{(n-i)!}\left(\frac{\lambda}{\mu}\right)^i}$$

4. 旁联系统

1) 转移装置与储备单元储备期间完全可靠

(1) 两个相同单元且有一组维修人员的旁联系统。

由两个相同单元组成的旁联系统，其中一个单元工作，另一个单元储备。当工作单元发生故障时，储备单元立刻替换进入工作状态，而故障单元立刻进行修复。在顶替单元没有发生故障前，修复单元已修好并进入储备状态，以保证系统处于正常工作状态。若修复单元没修好时，顶替单元也发生了故障，则因只有一组维修人员，单元 2 只好处于待修状态，这时系统处于故障状态。当第一个故障单元修复后投入工作状态时，第二个故障单元则进入修复状态，这时系统又处于工作状态。假设转换开关是完全可靠的，而单元工作寿命服从参数为 λ 的指数分布，维修时间 τ 服从参数为 μ 的指数分布，且两个单元寿命及维修时间等随机变量均相互独立，则系统状态转移图如图 3-34 所示。

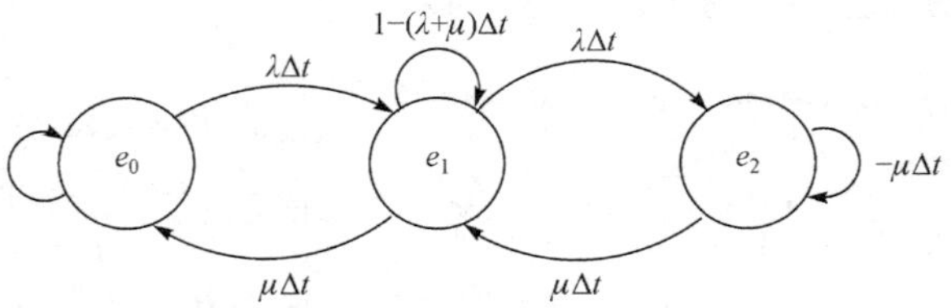

图 3-34　两个相同单元旁联系统状态转移图

图 3-34 中 e_0 为没有失效单元，e_1 为一个单元工作，另一个单元修理，e_2 为两个单元失效。其微系数转移矩阵为

$$P(\Delta t)=\begin{bmatrix}1-\lambda\Delta t & \lambda\Delta t & 0\\ \mu\Delta t & 1-(\lambda+\mu)\Delta t & \lambda\Delta t\\ 0 & \mu\Delta t & 1-\mu\Delta t\end{bmatrix}$$

利用前述方法，可解的瞬时可用度为

$$A(t)=\frac{\lambda\mu+\mu^2}{\lambda^2+\lambda\mu+\mu^2}-\frac{\lambda^2(s_2\mathrm{e}^{s_1t}-s_1\mathrm{e}^{s_2t})}{s_1s_2(s_1-s_2)}$$

式中，s_1，s_2 为方程 $s^2+2(\lambda+\mu)s+(\lambda^2+\lambda\mu+\mu^2)=0$ 的两个根，即

$$s^2+2(\lambda+\mu)s+(\lambda^2+\lambda\mu+\mu^2)=0$$

$$s_1,s_2=-(\lambda+\mu)\pm\sqrt{\lambda\mu}$$

稳态可用度为

$$A(\infty)=\frac{\lambda\mu+\mu^2}{\lambda^2+\lambda\mu+\mu^2}$$

(2) 两个不同单元有一组维修人员的旁联系统。

系统由单元 1、单元 2 及一组维修人员构成，单元 1 及单元 2 的工作寿命分布服从参数为 λ_1 及 λ_2 的指数分布，维修时间分布服从参数为 μ_1 和 μ_2 的指数分布。其他假设条件同前。该系统可能的状态有 6 个，即

(1) 状态 e_0——单元 1 工作，单元 2 处于储备状态，系统正常工作状态。

(2) 状态 e_1——单元 2 工作，单元 1 处于储备状态，系统正常工作状态。

(3) 状态 e_2——单元 1 工作，单元 2 处于修理状态，系统正常工作状态。

(4) 状态 e_3——单元 2 工作，单元 1 处于储备状态，系统故障状态。

(5) 状态 e_4——单元 1 在修理，单元 2 处于待修，系统故障状态。

(6) 状态 e_5——单元 2 在修理，单元 1 处于待修，系统故障状态。

可见，状态 e_4，e_5 是故障状态，其余为系统工作状态。该系统状态转移图如图 3-35 所示。

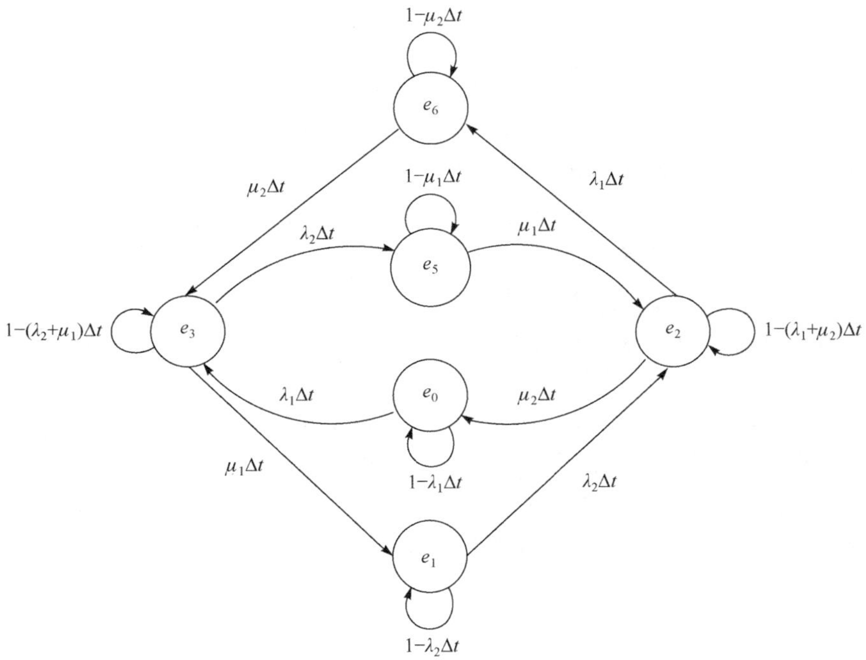

图 3-35　两个不同单元旁联系统状态转移图

其微系数转移矩阵为

$$P(\Delta t)=\begin{bmatrix} 1-\lambda_1\Delta t & 0 & 0 & \lambda_1\Delta t & 0 & 0 \\ 0 & 1-\lambda_2\Delta t & \lambda_2\Delta t & 0 & 0 & 0 \\ \mu_2\Delta t & 0 & 1-(\lambda_1+\mu_2)\Delta t & 0 & 0 & \lambda_1\Delta t \\ 0 & \mu_1\Delta t & 0 & 1-(\lambda_2+\mu_1)\Delta t & \lambda_2\Delta t & 0 \\ 0 & 0 & \mu_1\Delta t & 0 & 1-\mu_1\Delta t & 0 \\ 0 & 0 & 0 & \mu_2\Delta t & 0 & 1-\mu_2\Delta t \end{bmatrix}$$

类似地，可解的系统稳态可用度为

$$A(\infty)=P_0(\infty)+P_1(\infty)+P_2(\infty)+P_3(\infty)$$

式中，

$$P_0(\infty)=\left[1+\frac{\lambda_1}{\mu_2}+\frac{\lambda_1^2}{\mu_2^2}+\frac{\lambda_1(\lambda_1+\mu_2)}{\mu_2(\lambda_2+\mu_1)}+\frac{\lambda_1\lambda_2(\lambda_1+\mu_2)}{\mu_1\mu_2(\lambda_2+\mu_1)}+\frac{\lambda_1\mu_2(\lambda_1+\mu_2)}{\lambda_2\mu_1(\lambda_2+\mu_1)}\right]^{-1}$$

$$P_1(\infty)=\frac{\lambda_1\mu_2(\lambda_1+\mu_2)}{\lambda_2\mu_1(\lambda_2+\mu_1)}P_0(\infty)$$

$$P_2(\infty)=\frac{\lambda_1}{\mu_2}P_0(\infty)$$

$$P_3(\infty)=\frac{\lambda_1(\lambda_1+\mu_2)}{\mu_2(\lambda_2+\mu_1)}P_0(\infty)$$

2) 转换装置完全可靠，储备单元在储备期间不完全可靠

由于这种储备系统可用度分析更为复杂些，机械方面尚少见，故只介绍由两个相同单元组成的系统有一组维修人员，而且工作单元与储备单元发生故障后的维修时间假定相同的简单情况。

工作单元的寿命服从参数为 λ 的指数分布，储备单元的寿命服从参数为 λ_0 的指数分布，工作单元与储备单元维修时间分布均服从参数为 μ 的指数分布。假定有关随机变量相互独立，则该系统可能有三个状态。

(1) 状态 e_0 —— 一个单元工作，另一个单元处于储备状态。

(2) 状态 e_1 —— 一个单元工作，另一个单元处于维修状态。

(3) 状态 e_2 —— 一个单元在修理，另一个单元待修。

显然，状态 e_0 及 e_1 均为系统工作状态，状态 e_2 为系统故障状态。这是系统状态转移如图 3-36 所示。

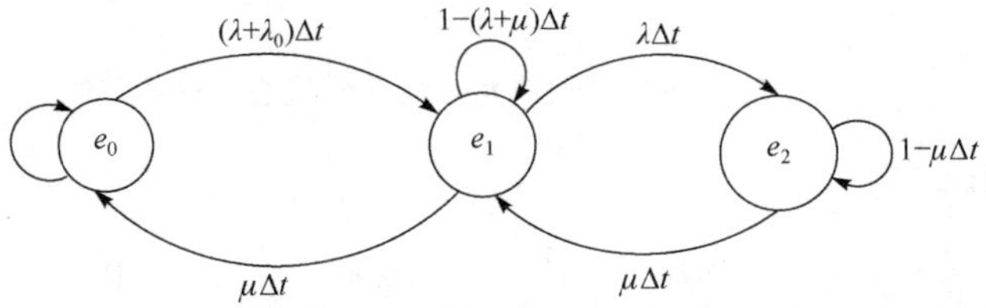

图 3-36　两个相同单元旁联储备期有失效的系统状态转移图

其微系数转移矩阵为

$$P(\Delta t)=\begin{bmatrix}1-(\lambda+\lambda_0)\Delta t & (\lambda+\lambda_0)\Delta t & 0\\ \mu\Delta t & 1-(\lambda+\mu)\Delta t & \lambda\Delta t\\ 0 & \mu\Delta t & 1-\mu\Delta t\end{bmatrix}$$

同样，对此问题经求解可得系统瞬时可用度为

$$A(t)=\frac{\lambda\mu+\lambda_0\mu+\mu^2}{(\lambda+\lambda_0)(\lambda+\mu)+\mu^2}-\frac{\lambda(\lambda+\lambda_0)}{s_1s_2(s_1-s_2)}(s_2\mathrm{e}^{s_1t}-s_1\mathrm{e}^{s_2t})$$

式中，

$$s_1, s_2 = \frac{1}{2}\left[-(2\lambda + \lambda_0 + 2\mu) \pm \sqrt{4\lambda\mu + \lambda_0^2}\right]$$

系统稳态可用度为

$$A(\infty) = \frac{\lambda\mu + \lambda_0\mu + \mu^2}{(\lambda + \lambda_0)(\lambda + \mu) + \mu^2}$$

3.4　三态系统可靠性分析

工程领域中，许多机械系统及其元部件具有多种功能并可以呈现从理想工作状态到完全失效状态之间的多种工作状态(不同失效程度)。例如，系统可以在一部分功能丧失的情况下进行工作；系统性能不同程度的退化；系统多种形式的重构和降级工作；系统经维修、保障维修引起的状态变化等，如二极管，具有开路状态、短路状态和正常工作状态。又如大型机床系统具有状态：系统一切工作正常(完美状态)；系统处在退化了的工作状态；系统完全故障；系统处在因计划内维修而非工作状态等[15]。

真实的产品或系统应具有若干个离散的状态，用状态变化简易图可以较清晰地展示系统状态变化，如图 3-37 所示。设有 n 个状态，$M = 0$ 表示完全失效状态，$M = n$ 表示完美工作状态。

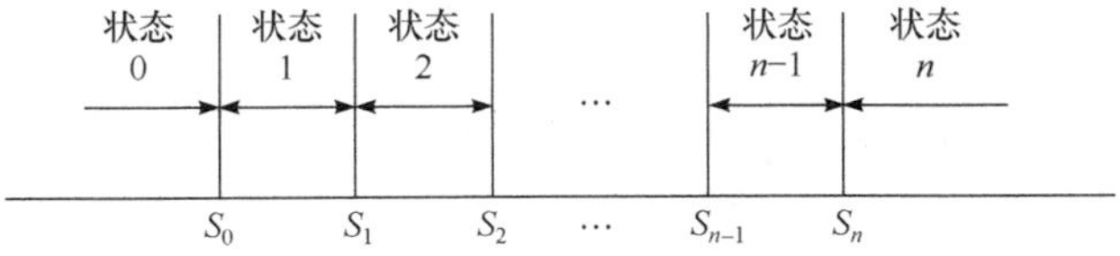

图 3-37　多状态系统状态划分转移示意图

在对多态系统分析时，一般又将其分为具有多状态元件的两态系统和具有多状态元件的多态系统两类。前一类型的分析方法比较成熟，将在下面对其作介绍。对元件而言，主要讨论三态模式的情况。因此，本章讨论的多态系统是指构成系统的元件是三态的，而系统仍然是两态的。关于系统具有多态的情况相当复杂，理论及实践上都尚待进一步发展，不再详述，下面仅介绍三态系统可靠性。

3.4.1　串联三态系统

一些特殊元件，如半导体二极管或流体阀门的失效模式有两种，即可能开路失效也可能短路失效。也就是元件有正常运行、开路失效、短路失效三种状态，它们发生的概率分别为记为 p_n、q_o、q_s 且 $p_n + q_o + q_s = 1$。如果系统有 n 个三态元件，则元件的状态组合总数有 3^n 个。

1. 相同三态元件的串联系统

对两元件串联而言，如果两个元件同时正常，或一个元件正常一个元件短路，系统都是正常可靠的。两相同元件串联系统，共有三种状态，表达式为

$$(p_{\mathrm{n}}+q_{\mathrm{o}}+q_{\mathrm{s}})^2=p_{\mathrm{n}}^2+q_{\mathrm{o}}^2+q_{\mathrm{s}}^2+2p_{\mathrm{n}}q_{\mathrm{o}}+2p_{\mathrm{n}}q_{\mathrm{s}}+2q_{\mathrm{o}}q_{\mathrm{s}}$$

从而有

系统的可靠度为：$R_{\mathrm{s}}=p_{\mathrm{n}}^2+2p_{\mathrm{n}}q_{\mathrm{s}}$。

系统的开路失效概率为：$Q_{\mathrm{s}}=q_{\mathrm{o}}^2+2p_{\mathrm{n}}q_{\mathrm{o}}+2q_{\mathrm{o}}q_{\mathrm{s}}=1-(1-q_{\mathrm{o}})^2$。

短路失效概率为：$Q_{\mathrm{s}}=q_{\mathrm{s}}^2$。

若系统由 n 个相同的三态元件串联而成，则

系统的可靠度为：$R_{\mathrm{s}}=(1-q_{\mathrm{o}})^n-q_{\mathrm{s}}^n$。

开路失效概率为：$Q_0=1-(1-q_{\mathrm{o}})^n$。

短路失效概率为：$Q_{\mathrm{s}}=q_{\mathrm{s}}^n$。

2. 不同三态元件的串联系统

如果系统由 n 个不同的三态元件串联，则

系统的可靠度为：$R_{\mathrm{s}}=\prod\limits_{i=1}^{n}(1-q_{\mathrm{o}i})-\prod\limits_{i=1}^{n}q_{\mathrm{s}i}$。

开路失效概率为：$Q_{\mathrm{o}}=1-\prod\limits_{i=1}^{n}(1-q_{\mathrm{o}i})$。

短路失效概率为：$Q_{\mathrm{s}}=\prod\limits_{i=1}^{n}q_{\mathrm{s}i}$。

3.4.2 并联三态系统

1. 两个相同三态元件的并联系统

对两元件并联而言，如果不发生两个元件同时开路，也不发生任何一个元件短路，则系统就是正常可靠的。若系统由两个相同元件并联构成，则

系统的可靠度为：$R_{\mathrm{s}}=p_{\mathrm{n}}^2+2p_{\mathrm{n}}q_{\mathrm{o}}=(1-q_{\mathrm{s}})^2-q_{\mathrm{o}}^2$。

系统的开路失效概率为：$Q_{\mathrm{o}}=q_{\mathrm{o}}^2$。

短路的失效概率为：$Q_s = q_s^2 + 2p_n q_s + 2q_o q_s = 1-(1-q_s)^2$。

若将三态元件看成两态元件，令其失效率 $q = q_o + q_s$，则计算得到的可靠度为

$$R_s' = 1 - q^2 = 1-(q_o + q_s)^2$$

事实上，两态模式下考虑的系统可靠度要高于多态模式下系统地可靠度，因为

$$\begin{aligned} R_s' - R_s &= 1-(q_o+q_s)^2 - [(1-q_s)^2 - q_o^2] \\ &= 2q_s - 2q_s^2 - 2q_o q_s = 2q_s(1-2q_s-2q_o) = 2q_s(1-q) > 0 \end{aligned}$$

从而可以认为系统按照三态模式得到的可靠度更符合实际情况。

2. n 个相同三态元件的并联系统

如果系统由 n 个相同的三态元件并联，则

系统可靠度为：$R_s = (1-q_s)^n - q_o^n$。

开路失效概率为：$Q_o = q_o^n$。

短路失效概率为：$Q_s = 1-(1-q_s)^n$。

3. n 个不相同三态元件的并联系统

如果系统由 n 个不相同的三态元件并联，则

系统可靠性为：$R_s = \prod_{i=1}^{n}(1-q_{si}) - \prod_{i=1}^{n} q_{oi}$。

开路失效概率为：$Q_o = \prod_{i=1}^{n} q_{oi}$。

短路失效概率为：$Q_s = 1 - \prod_{i=1}^{n}(1-q_{si})$。

3.4.3 混联三态系统

对于混联系统，通过一定的简化可以简化成简单的串联或并联形式结构。下面介绍串-并和并-串联结构形式下的可靠性问题。

1. 三态元件的串-并联系统

如果系统由 n 个相同的三态子系统串联组成，每一个子系统由 m 个不同三态元件并联组成，则对每一个子系统而言有

$$Q_o = \prod_{i=1}^{m} q_{oi}, \quad Q_s = 1 - \prod_{i=1}^{m}(1-q_{si})$$

从而该串-并系统可靠性可以表示为

$$R_s = (1-Q_o)^n - Q_s^n = \left(1-\prod_{i=1}^{m} q_{oi}\right)^n - \left[1-\prod_{i=1}^{m}(1-q_{si})\right]^n$$

2. 三态元件的并-串联系统

若系统由 m 个相同的三态子系统并联组成，每一个分系统由 n 个不同三态元件串联组成，则对每一个分系统而言有

$$Q_o = 1-\prod_{i=1}^{n}(1-q_{oi}), \quad Q_s = \prod_{i=1}^{n} q_{si}$$

于是该并-串联系统可靠性表示为

$$R_s = (1-Q_s)^m - Q_o^m = \left(1-\prod_{i=1}^{n} q_{si}\right)^m - \left[1-\prod_{i=1}^{n}(1-q_{oi})\right]^m$$

例题 3.13 由三个相同二极管组成的系统如图 3-38 所示，设二极管正常工作、开路、短路失效的概率分别为 p_n、q_o、q_s，计算系统的可靠度。

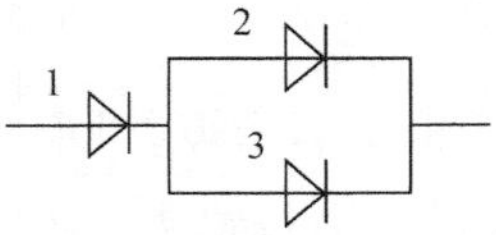

图 3-38 二极管并-串联系统

解：首先考察二极管 2、3 组成的分系统，显然，该分系统的正常工作、开路、短路失效的概率分别为

$$R_s^{(23)} = p_n^2 + 2q_o p_n, \quad Q_o^{(23)} = q_o^2, \quad Q_s^{(23)} = 2q_s - q_s^2$$

其次考察二极管 1 与分系统的串联情况，则有

$$R_s = (1-q_o)(1-q_o^2) - q_s(2q_s - q_s^2) = 1 - q_o - q_o^2 + q_o^3 - 2q_s^2 + q_s^3$$

习 题 3

1. 一台计算机主要是由下列五类元器件组装而成的串联系统，这些元器件的寿命分布皆为指数分布，其失效率及装配在计算机上的数量如表 3-4 所列。不考虑结构、装配及其他因素，而只考虑这些元器件的失效与否，试求此计算机的可靠度、t=10h 的可靠度、失效率及平均寿命？

表 3-4　计算机的元器件

种类	1	2	3	4	5
失效率 $\lambda_i/\mathrm{h}^{-1}$	10^{-7}	5×10^{-7}	10^{-6}	2×10^{-5}	10^{-4}
元器件个数	10^4	10^3	10^2	10	2

2. 某并联系统由 n 个单元组成，设各单元寿命均服从指数分布，失效率均为 $0.001h^{-1}$，求 $n=2,3$ 的系统在 $t=100h$ 的可靠度？

3. 由 $2n$ 个单元组成的并-串联系统和串-并联系统的可靠性框图分别如图 3-39(a)和(b)所示，假设各单元失效时相互独立的，试比较两个系统的可靠性。

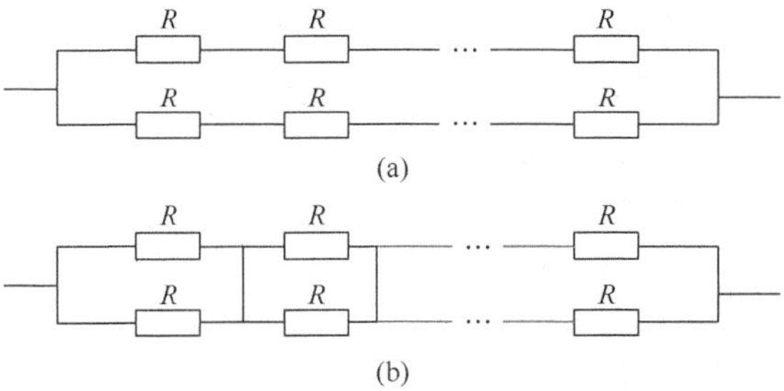

图 3-39　可靠性框图

4. 某 3/6 表决系统，各单元寿命服从指数分布，失效率均为 $\lambda=4\times10^{-5}\mathrm{h}^{-1}$，若工作 $t=7200\mathrm{h}$，求系统的可靠度及平均寿命？

5. 喷气式飞机有三台发动机，至少需两台发动机正常才能安全飞行和起落，假定飞机事故仅由发动机引起，并假定发动机失效率为常数 (MTBF=2×10^3h)，求飞机飞行 10h 和 100h 的可靠度。

6. 设两单元 x_1 和 x_2 的并联系统如图 3-40 所示。求该系统可靠的结构函数 $\phi(X)$ 及其对偶函数 $\phi^D(X)$ 和补函数 $\overline{\phi(X)}$，并讨论它们之间的关系。

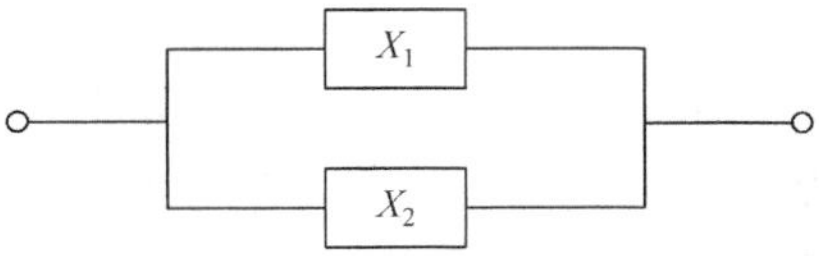

图 3-40　并联系统框图

7. 某燃煤发电机的故障率 $\lambda_1=1\times10^{-5}\mathrm{h}^{-1}$，备用电源失效率为 $\lambda_2=1.5\times10^{-5}\mathrm{h}^{-1}$，电源在储备期间失效率 $\lambda_h=1\times10^{-6}\mathrm{h}^{-1}$，发电机与备用电源组成旁联系统的供电源，若已知转换装置的可靠度 $R_0=0.99$，求当 $t=1000\mathrm{h}$ 时系统可靠度及系统平均寿命？

8. 现有由 3 个部件组成的旁联系统，各单元失效率分别为 $\lambda_1 = 1\times10^{-5}\text{h}^{-1}$，$\lambda_2 = 1.5\times10^{-5}\text{h}^{-1}$，$\lambda_3 = 3\times10^{-5}\text{h}^{-1}$，储备单元在储备期不会失效，转换装置完全可靠。试求系统平均寿命及当 $t = 1000\text{h}$ 时的可靠度？

9. 已知转移矩阵

$$P = \begin{bmatrix} 3/4 & 1/4 & 0 \\ 1/4 & 1/2 & 1/4 \\ 0 & 0 & 1 \end{bmatrix}$$

试画出其状态转移图，其判定状态 e_3 是否为吸收状态。如果是，求达到吸收状态时平均转移次数及各状态的平均转次数。

10. 已知系统由五个单元串联组成，各单元工作是相互独立的，寿命分布均服从指数分布，各单元失效率与修复率见表 3-5。

表 3-5　各单元失效率与修复率　　(单位：h^{-1})

单元号	1	2	3	4	5
λ_l	0.0001	0.00012	0.00015	0.00012	0.00013
μ_l	0.02	0.01	0.015	0.012	0.013

试求该系统的失效率、修复率、稳态可用度及平均寿命？

11. 两个不同的单元并联，各单元的工作相互独立，寿命均服从指数分布，各单元的失效率 $\lambda_1 = 0.00012/\text{h}, \lambda_2 = 0.00015/\text{h}$，一组维修工，修复率为 $\mu_1 = 0.01\text{h}^{-1}$，$\mu_2 = 0.02\text{h}^{-1}$。试求系统的稳态可用度？

12. 两个相同的单元组成旁联系统，转换装置完全可靠，储备单元在储备期间失效率 $\lambda_0 = 0.000\text{h}^{-1}$，工作单元寿命服从指数分布，其失效率 $\lambda = 0.001\text{h}^{-1}$，单元在工作期间与储备期间的修复率相同，即 $\mu = 0.01\text{h}^{-1}$，试求当时间 $t = 1000\text{h}$ 时系统的瞬时可用度及稳态可用度？

13. 某设备寿命周期服从威布尔分布，其分布参数为 m=2，η=1000h，通常其任务时间 $\Delta t = 24\text{h}$，求设备任务周期可靠度大于 0.95 的定时更换间隔期 T？

14. 如图 3-41 所示的多状态系统，每个元件和系统均具有三个工作状态：0(故障)、1(工作)、2(维修)。假设三个元件的三态概率如下：

$$P(X_1 = 0) = P(X_2 = 0) = P(X_3 = 0) = P(X_4 = 0) = 0.1$$

$$P(X_1 = 1) = P(X_2 = 1) = P(X_3 = 1) = P(X_4 = 1) = 0.5$$

$$P(X_1 = 2) = P(X_2 = 2) = P(X_3 = 2) = P(X_4 = 2) = 0.4$$

求系统处于状态 0，1，2 的概率?

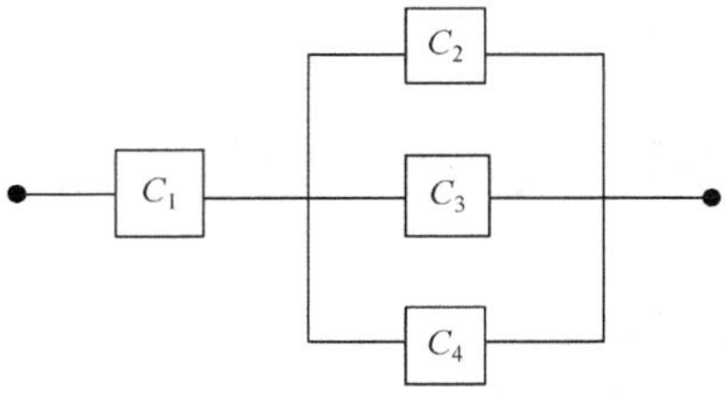

图 3-41　系统逻辑框图

第 4 章　系统可靠性分析方法

复杂系统的认识可以是多角度和多层面的，可靠性分析方法与评估的研究方法也是不同的，故相应的方法、技术和流程均会有所差别。关于系统可靠性分析方法主要有故障模式、影响与危害性的分析方法、故障树图(fault tree diagram, FTD)方法、模糊可靠性分析法，最后介绍多阶段任务系统可靠性分析方法。

4.1　故障模式、影响与危害性分析

4.1.1　概述

故障模式及影响分析(failure mode and effect analysis，FMEA)是按照故障模式分析系统中所有子系统(元件)所有可能产生的故障，并确定这些故障对于系统造成的影响，提出可能采取的预防改进措施，是一种定性、归纳的安全评估分析方法。为了确定每一个可能的故障模式对系统运行所产生的影响程度和发展频度，又增加了危害性分析(criticality analysis，CA)方法，即组合为 FMECA。

1957 年。美国格鲁曼公司开始将故障模式及影响分析方法应用到飞机发动机故障防范中，取得了很好的效果。20 世纪 60 年代初，美国国家航空航天局将 FMECA 分析用于航天计划，并逐步广泛用于航空、航天、舰船、兵器等军用系统的研制中，逐渐渗透到机械汽车、医疗设备等民用工业领域，取得了显著效果。20 世纪 80 年代初期，随着我国可靠性技术在工程中的应用，FMECA 的概念和方法也逐渐被接受。目前 FMECA 分析不仅在航空、航天、电子工业部门得到广泛应用，而且推广到机械、电力、造船与交通运输等工业部门。该方法经过长时间的发展与完善，已获得了广泛的应用和认可。

一般来讲，进行 FMECA 的任务如下：首先搞清楚系统的可靠性逻辑关系、并找出组成系统全部元件的所有失效模式；用归纳推理方法，分析并列出各种失效模式对系统的所有功能级所造成的影响与后果；分析判断每种失效模式对系统各功能级所造成的危害性大小；必要时还应估计造成各种致命度的概率；根据分析结果，提出相应的改进措施，如替换危害性大的零部件，或增加冗余度、修改产品设计等。力求把潜在的、危害度大的、出现概率高的故障消除在设计阶段。

故障模式影响及危害性分析的目的和要求：搞清楚系统或产品的所有故障模式及其对系统或产品功能，以及对人、环境的影响；对有可能发生的故障模式，

提出可行的控制方法和手段；在系统或产品设计审查阶段，找出系统或产品中的薄弱环节和潜在缺陷，并提出改进设计意见，或确定出应加强研究的项目，以提高设计质量，降低失效率或减少损失。必要时对产品供应列入特殊要求，包括对设计、性能、可靠性、安全性或质量保证的要求；对于由协作厂提供的部件，以及对于应当加强试验的若干参数需要制定严格的验收标准；明确提出在何处应制定特殊的规程和安全措施，或设置保护性设备、监测装置或报警系统；为系统安全分析、预防维修提供有用的资料。

4.1.2　故障模式与影响分析

1. FMEA 分析方法

故障模式分析方法可分为功能分析法和硬件分析法，而对复杂系统进行分析时，可把功能 FMEA 和硬件 FMEA 合并进行分析，至于采用哪种方法，取决于设计的复杂程度和可利用信息的多少。功能法是将系统中每一个元件或子系统所具有的一定功能一一列出，并对它们的模式进行分析。当系统结构复杂程度要求从初始约定层次开始向下分析时，一般采用功能法，这种方法比硬件法简单，故可能会忽略某些故障模式。硬件法是根据系统的功能对每个故障模式进行评估，用表格列出各个产品，并对可能发生的故障模式及其影响进行分析。各产品的故障影响与分系统及系统功能有关。在系统原理图、图样和系统资料明确确定时，可按硬件分析。按硬件分析一般是自下而上地进行分析，即从元件开始分析再扩展到系统级，也可从任一级结构开始自上而下或自下而上进行分析。

2. FMEA 分析步骤

进行 FMEA 时，其基本分析步骤如图 4-1 所示。

1) 确定分析对象

了解分析对象，明确系统任务、功能和构成。确定对象时首先要掌握有关资料，从中了解系统的组成、任务、工艺流程等情况。查出系统设备元件及其性能、运行条件，以及正常条件和发生故障的条件。从每个硬件的故障类型出发。研究它们对系统产生的影响。要确定分析对象，必须弄清各子系统的性能及各子系统之间的相互关系，需要准备下列必要的资料。

(1) 有关产品设计资料：了解该产品的功能、工作原理、运行和工作程序、结构形式、其组成的零部件特点、材质、零部件和系统冗余程度，以及冗余系统的性质等。

(2) 制造工艺资料：零件加工工艺过程、装配过程、方法与手段等。

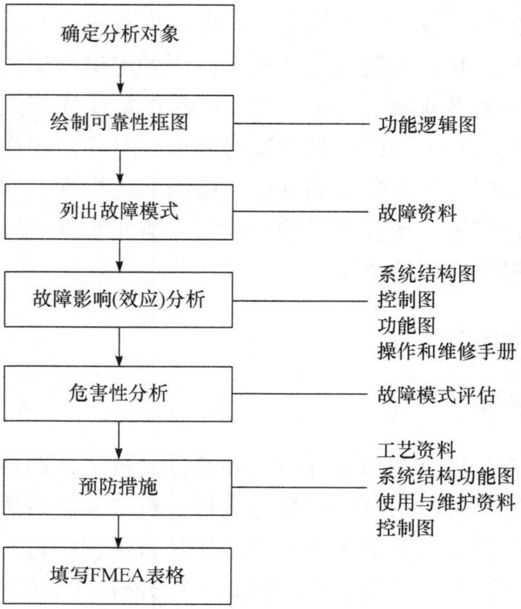

图 4-1　FMEA 基本分析步骤

(3) 使用与维护方面的资料：使用操作方法、工作条件及操作人员情况，系统完成每项工作的时间，参数控制与检测方法，系统和零部件在工作时所处的状态(零部件应力水平、温度水平、速度、工作参数如电流大小等)，以及维护情况(失效记录、维护方法、手段、维修时间、工作、成本)等。

(4) 环境方面的资料：产品规定的使用现场条件及实际工作环境条件，系统工作时引起的内部环境(如压气机引起内部处于高压状态)，以及该系统与其他系统的相互关系以及人机接口等。

2) 绘制可靠性框图

可靠性框图是从产品可靠与否的角度去研究系统与组成系统各部件间的逻辑关系。换句话说，可靠性框图反映了设备或系统硬件间的可靠性关系。绘制可靠性框图应按分析程度自上而下排列，标明各个元件是串联和并联的关系及输出情况。最后画出整个系统的输入输出框图。根据输入输出情况，可以查明哪些元件处于正常状态或者发生事故。

3) 列出故障模式

根据所需要的结果和现有资料的多少确定故障模式分析级别，同时依据要求建立所分析系统故障模式清单，将每一个功能的每一个可能的故障模式都列举出来，尽量不要遗漏。

4) 故障影响(效应)分析

各类故障模式的影响大小各不相同，故障模式影响包括对系统、部件与零件的性能、功能的影响，对人员安全的影响，对周围环境及相邻设备的影响，对维修的影响，以及对经济等方面的影响。从产品层次上可以分为局部影响、高一层次影响和最终影响。

5) 危害性分析

分析各种失效模式对系统功能影响的严重程度，进而确定每一个零部件或系统的危害性。尽量消除危害性高的故障模式。若无法消除故障模式时，应尽快从设计、制造、使用和维修等方面去降低其危害性和减少其发生的概率。根据故障模式不同的危害性，对零部件或产品提出相应的不同质量要求，以提高其可靠性和安全性。当较低约定层次产品失去输入或输出危及较高约定层次产品正常工作时，也应该采取措施，以消除故障或控制故障模式。

6) 预防措施

通过对故障模式的分析、故障机理的确定，以及对故障影响的分析，应提出防止失效的措施，这是提高系统可靠性的重要一环。预防措施随研究对象的不同而不同，可以从材质改进、结构改进、参数修正、工艺方法改进、使用与维护等方面着手。

7) 填写 FMEA 表格

FMEA 最终是以表格的形式呈现出来的，表 4-1 给出了 FMEA 的基本内容，可根据分析的需要对其进行增补。

表 4-1　故障模式及影响分析表

<table>
<tr><td colspan="3">初始约定层次</td><td colspan="4">任务</td><td colspan="3">审核</td><td colspan="3">第　页 共　页</td></tr>
<tr><td colspan="3">约定层次</td><td colspan="4">分析人员</td><td colspan="3">批准</td><td colspan="3">填表日期</td></tr>
<tr><td rowspan="2">代码</td><td rowspan="2">产品或功能标志</td><td rowspan="2">功能</td><td rowspan="2">故障模式</td><td rowspan="2">故障原因</td><td rowspan="2">任务阶段与工作方式</td><td colspan="3">故障影响</td><td rowspan="2">故障检测方法</td><td rowspan="2">补偿措施</td><td rowspan="2">危害性类别</td><td rowspan="2">备注</td></tr>
<tr><td>局部影响</td><td>高一层次影响</td><td>最终影响</td></tr>
<tr><td></td><td></td><td></td><td></td><td></td><td></td><td colspan="3"></td><td></td><td></td><td></td><td></td></tr>
</table>

第 1 栏(代码)：为了使每一故障模式及其与相应的放图框内标志的系统功能关系一目了然，在 FMEA 表的第一栏填写被分析产品的代码。

第 2 栏(产品或功能标志)：在分析表中计入被分析产品或系统功能的名称。记入在预先绘制的原理图或逻辑图的编号，或设计图上元件编号等识别标号可作为产品或功能的标志。

第 3 栏(功能)：简要填写所列对象原定应完成功能，包括零部件的功能及其与接口设备的相互关系。

第 4 栏(故障模式)：分析人员应鉴别出被分析单元会导致的不可接受或非常严重的故障、确定可能会对预期或所需运行情况造成致命影响的故障模式，并列出由此而引起的从属故障。为了确保分析的全面性，至少应就前提运行、在规定的应工作时刻不工作、间断地工作、工作中输出消失或故障、输出或工作能力下降等几种典型的故障状态对已知故障模式和输出功能进行分析研究。

第 5 栏(故障原因)：确定或说明与假说的故障模式有关的各种原因，包括只能引起偶然故障的原因及非预期的外力(环境、使用条件)原因，也应考虑制造上的或潜在的缺陷问题。一般认为，对于这类问题。维修部门已掌握了大量资料。

第 6 栏(任务阶段与工作方式)：简要说明发生故障的任务阶段与工作方式。

第 7 栏(故障影响)：评估每个假设的故障模式对产品使用、功能或状态所导致的后果。并将其记入表中。除被分析的产品层次外，应该评估每一故障模式对局部的、高一层次的和最终的影响。局部影响指所假设的故障模式对当前所分析约定层次产品的使用、功能或状态的影响，确定局部影响的目的在于为评估补偿措施及提出改进措施提供依据；高一层次影响指所假设的故障模式对当前所分析约定层次高一层次产品的使用、功能或状态的影响；最终影响指所假设的故障模式对最高约定层次产品的使用、功能或状态总的影响。

第 8 栏(故障检测方法)：故障检测是说明操作人员或维修人员如何检查故障的发生，用什么方法查出故障，指出检测手段，并把检测故障模式发生的方法记入分析表中。故障检测方法应指明是目视检查或者音响报警装置、自动传感装置、传感仪器或其他显示手段，还是无任何检测方法。

第 9 栏(补偿措施)：分析人员应指出并评估能够消除故障后果或者限制故障后果严重性的补偿措施以及由工作人员采取的措施。这些补偿措施包括设计上的补偿措施和操作人员的应急补偿措施。

第 10 栏(危害性类别)：根据一定的标准与尺度确定危害性类别，一般多以故障发生的频率及影响的重要度作为分级标准,有的还进一步考虑对应的时间裕度。多数情况是根据系统的特性及其所承担任务的性质来决定级别的。

危害性可以按下列对损失程度的表述进行分类。

I 类(灾难的)：故障的发生会引起人员死亡或系统(飞机、坦克、导弹及船舶)毁坏。II 类(致命的)：故障的发生会引起人员的严重伤害、重大经济损失或导致任务失败的系统严重损坏。III 类(临界的)：故障的发生会引起人员的轻度伤害、一定的经济损失或导致任务延误、降级的系统轻度伤害。IV 类(轻度的)：故障的发生不足以导致人员伤害、一定的经济损失或系统损坏的故障，但它会导致非计划性维护或修理。

第 11 栏(备注)：主要记录与其他栏有关的注释及说明，如对改进计划的建议、异常状态的说明及冗余设备的故障影响等。

4.1.3　危害性分析

危害性分析是对每一个故障模式按危害性分类及对该故障模式出现的概率两者进行综合分析，以便全面地评估各种可能出现的故障模式的影响，从而实现尽量消除危害性高的故障模式或减少其发生的概率。危害性分析是对 FMEA 的补充和扩展。

1. 分析方法

危害性分析有定性分析和定量分析两种方法。在不能获得产品状态数据或缺乏故障率数据时，应选择定性的分析方法。在可以提供正确的故障率数据时，应以定量的方法计算或分析危害性。

1) 定性分析法

在进行危害性分析时，在得不到产品技术状态数据或故障率数据的情况下，可根据故障模式出现的概率来评估故障模式。此时，将各故障模式的发生概率按一定的规定分为不同的等级。各个故障模式的出现概率可分为五级。

A 级(经常发生)：在产品工作期间发生故障的概率是很高的，即一种故障模式出现的概率大于总故障概率的 0.20。

B 级(很可能发生)：在产品工作期间发生故障的概率为中等，即一种故障模式出现的概率大于总故障概率的 0.10，但小于 0.20。

C 级(偶然发生)：在产品工作期间发生故障的概率是偶然的，即一种故障模式出现的概率大于总故障概率的 0.01，但小于 0.10。

D 级(很少发生的)：在产品工作期间发生故障的概率是很小的，即一种故障模式出现的概率大于总故障概率的 0.001，但小于 0.01。

E 级(极少可能发生的)：在产品工作期间发生故障的概率接近于零，即一种故障模式出现的概率小于总故障概率的 0.001。

2) 定量分析方法

在具备产品的技术状态数据和故障率数据的情况下，应采用定量的方法，以得到更为有效的分析结果。定量分析中所用到的故障率数据源与进行其他可靠性和维修性分析时所用的故障率数据源相同。

(1) 危害性矩阵估计法。

确定每一故障模式的危害性并与其他故障模式相比较，进而为确定补偿措施的先后顺序提供依据，可以采用危害性矩阵图法[2, 12]。在危害性矩阵图中横坐标表示危害性等级，纵坐标表示危害性或故障模式出现的概率等级，如图 4-2 所示。

在危害性矩阵图上，以故障模式 A1 和故障模式 B1 作比较，B1 点比 A1 点离原点远，则 B1 点的危害性比 A1 点严重，即线段离原点越远，其危害性越大。将所有故障模式都在此图上标出，就能分辨出何种故障模式的危害性最严重。

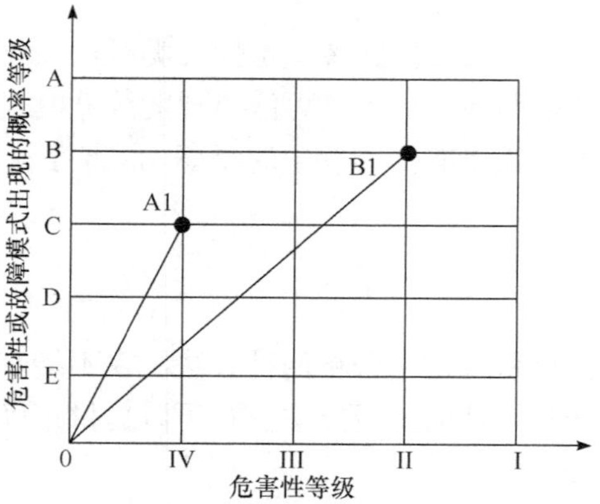

图 4-2　危害性矩阵图

(2) 解析估计法。

在特定危害性等级下，产品的那些故障模式中某一故障模式具有的危害性度量值为 C_{ij}。对给定的危害性等级和任务阶段而言，产品第 j 个故障模式的危害性 C_{ij} 为

$$C_{ij} = \alpha_{ij}\beta_{ij}\lambda_{\mathrm{p}}t$$

式中，α_{ij} 为单元 i 以故障模式 j 发生故障的频数比，α_{ij} 为单元 i 故障模式 j 出现的次数/单元 i 出现全部故障次数，它表示零部件或产品按第 j 种故障模式出现的次数与该零部件或产品出现的全部故障次数之比，用小数来表示；β_{ij} 为单元 i 以故障模式 j 发生故障而导致的丧失规定功能的条件概率。故障影响概率 β_{ij} 表示单元 i 在第 j 种故障模式发生的条件下，故障影响将造成的危害性类别。通常 β_{ij} 的值可按表 4-2 所列的步骤进行定量选择；λ_{p} 为部件的故障率，可以通过可靠性预计得到，如产品的基本故障率为 λ_{b}，则可以根据需要应用因子 π_{A}、应用环境因子 π_{E}、质量因子 π_{Q} 等加以修正，得到应用故障率修正公式如下：

$$\lambda_{\mathrm{p}} = \lambda_{\mathrm{b}}(\pi_{\mathrm{A}}\pi_{\mathrm{E}}\pi_{\mathrm{Q}})$$

就某一特定的危害性等级和任务阶段而言，单元 i 的危害性 C_i 是单元 i 在这一危害性等级下的各故障模式危害性 C_{ij} 的综合：

$$C_i = \sum_{j=1}^{n} C_{ij} = \sum_{j=1}^{n} \alpha_j \beta_j \lambda_{\mathrm{p}} t$$

式中，n 为该产品在相应危害性等级下的故障模式数。

表 4-2　β_{ij} 值的数据表

故障影响概率	实际丧失规定功能	很可能丧失规定功能	可能丧失规定功能	无影响
β_{ij}	1.00	0.10～1.00	0～0.10	0

2. 分析步骤

危害性分析分为填写危害性分析表格和绘制危害性矩阵两步。

危害性分析表如表 4-3 所列，表中各栏按如下规定填写。

表 4-3　危害性分析表

初始约定层次　　任务　　审核　　第　页共　页

约定层次　　分析人员　　批准　　填表日期

代码	产品或功能标志	功能	故障模式	故障原因	任务阶段与工作方式	危害性类别	故障概率或故障率数据源	故障率 λ_p	故障率故障模式频数比 α_{ij}	故障影响概率 β_{ij}	工作时间 t	故障模式危害度 C_{ij}	产品危害度 $C_i=\sum_{j=1}^{n}C_{ij}$	备注

第 1 栏～第 7 栏：各栏内容与 FMFA 表格中对应的内容相同，故可按 FMEA 表格中对应栏的内容填入危害性分析表的第 1 栏～第 7 栏。

第 8 栏(故障概率或故障率数据源)：进行定性分析时，列出故障模式发生概率的等级；进行定量分析时，列出计算时所使用的故障率数据的来源。

第 9 栏(故障率 λ_p)、第 10 栏(故障率故障模式频数比 α_{ij})、第 11 栏(故障影响概率 β_{ij})、第 12 栏(工作时间 t)、第 13 栏(故障模式危害度 C_{ij})和第 14 栏(产品危害度 C_i)见解析估计法。

第 15 栏(备注)：此栏记入与各栏有关的补充说明、有关改进产品质量和可靠性的建议等。FMECA 的正确性取决于两个因素：由于 FMECA 需要一定的实践经验，分析的正确性取决于分析者的水平；另外还取决于可利用信息的多少，信息的多少决定了分析的深度。

4.1.4　FMECA 应用示例

1. 故障模式、影响分析

航空发动机 FMEA 工作应遵循图 4-3 所示的 FMEA 工作流程。

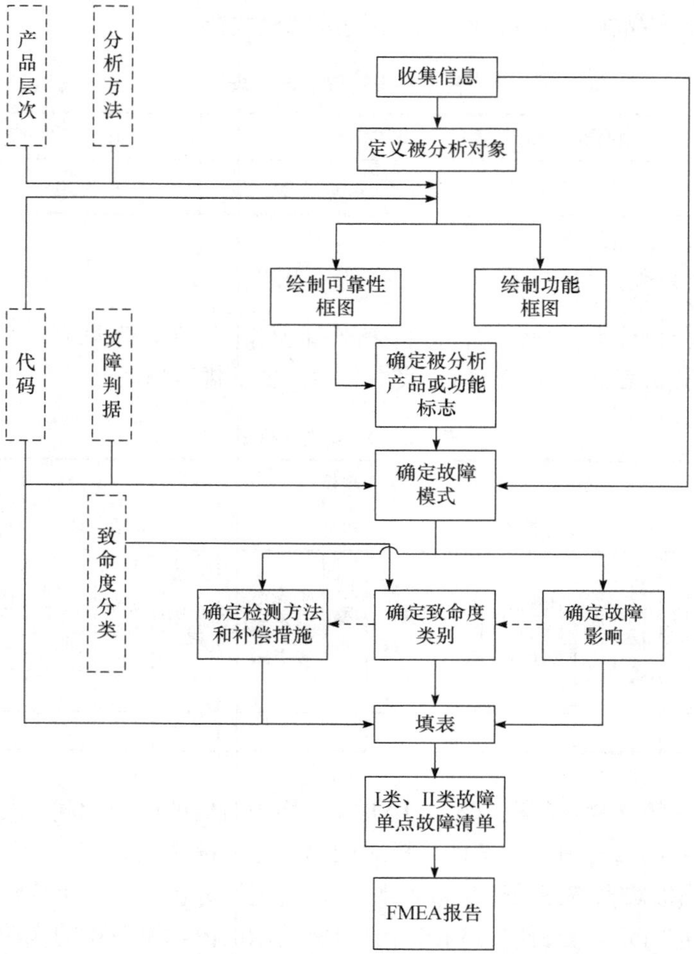

图 4-3　航空发动机 FMEA 工作流程

进行 FMEA 工作首先要收集类似产品在相似使用条件下积累的有关信息，明确被分析对象的范围及与其他相关部分的接口关系(包括功能接口和物理接口)，明确对象组成、环境剖面与任务时间。本示例中，涡轮组件主要由涡轮轴、涡轮叶片组成，其功能是将高温高压燃气的能量转化为机械功，其环境剖面与任务时间视具体情况而定。

对于航空发动机本体构件，在进行 FMEA 工作时不绘制功能方框图和可靠性方框图；对于航空发动机系统，应绘制功能方框图。涡轮组件为发动机本体构件，故本示例中，涡轮盘、涡轮轴、涡轮叶片均为需要分析的最低约定层次，用其名称作为产品标志。

根据功能定义及相关信息，列出被分析对象各约定层次产品中可能存在的所有故障模式。本示例中的所有约定层次产品的故障模式列于表 4-4 中。

表 4-4　某型发动机涡轮组件故障模式及影响

初始约定层次 发动机　　任务　　审核　　第 页 共 页

约定层次 涡轮　　分析人员　　批准　　填表日期

代码	产品或功能标志	功能	故障模式	故障原因	阶段	故障影响			故障检测方法	补偿措施	致命度类别	备注
						局部影响	高一层次影响	最终影响				
2225101	涡轮轴	将涡轮转子与压气机转子连接并传递扭矩与轴向力	①涡轮轴前端套齿根部裂纹	1.涡轮轴套齿尺寸受发动机结构限制和装配方式的制约，其径向尺寸和轴向长度均较小，每个套齿所受的载荷均较大 2.套齿根部的圆角半径很小，应力集中现象严重。此小区域的应力幅度一旦超过疲劳极限，就是材料产生损伤 3.套齿根部圆角尺寸及表明光洁度难以控制	各阶段	无	无	无	分解后磁力探伤、荧光检查		IV	
			②涡轮轴前端套齿根部掉块	有裂纹，并继续受力，使裂纹扩展	各阶段	根部掉块增大齿面的应力	缩短涡轮使用寿命	缩短发动机使用寿命	分解后检测	定期维修时，应排除裂纹故障，以避免此故障模式出现	I	
			③套齿工作面局部磨损	套齿机体刚性小，易变性；或者轴向尺寸太小。转扭时，套齿产生轴向偏移，使套齿工作面局部接触，并有相对移动，引起磨损	各阶段	会使其他齿面接触应力加大	对涡轮部件影响不大	对发动机影响不大	分解后检测		VI	

续表

代码	产品或功能标志	功能	故障模式	故障原因	阶段	故障影响			故障检测方法	补偿措施	致命度类别	备注
						局部影响	高一层次影响	最终影响				
2225101	涡轮轴	将涡轮转子与压气机转子连接并传递扭矩与轴向力	④套齿工作面剥落	1. 工作面太小，接触应力过大，表明皮下产生过大的剪应力，使材料晶体脱落，或称掉晶 2. 不良的滑油长期腐蚀	各阶段	会使其他齿面接触应力加大	对涡轮部件影响不大	对发动机影响不大	分解后检测		VI	
2225111	涡轮工作叶片	产生功率	①叶片背部裂纹	1. 局部热应力过大，产生热疲劳裂纹 2. 材料沿晶界有杂质	各阶段	无	无	无	分解后检测		VI	
			②叶片背部裂纹根部掉块	在外力作用下，原有裂纹扩展	各阶段	不能正常工作	造成涡轮二次损伤	打穿机匣，击穿燃油管路，引起着火	分解后检测	定期维修时，应排除裂纹故障，以避免此故障模式出现	I	
			③叶片蠕变伸长	1. 长期在高温及大载荷下工作 2. 材料在高温下沿晶界滑移 3. 超转	各阶段	叶片工作寿命降低，叶尖可能与机匣相碰撞	涡轮效率与工作寿命下降较多	发动机排气温度会上升，提前返厂	分解后检测		III	
			④叶片表面烧伤	1. 燃烧室燃烧不完全，火焰后延到涡轮叶片 2. 冷却空气小孔堵塞或流通不畅	各阶段	影响叶片表面光洁度与型面尺寸，叶片寿命下降	影响涡轮效率，使其寿命下降	发动机排气温度上升	分解后检测		VI	

续表

<table>
<tr><th rowspan="2">代码</th><th rowspan="2">产品或功能标志</th><th rowspan="2">功能</th><th rowspan="2">故障模式</th><th rowspan="2">故障原因</th><th rowspan="2">阶段</th><th colspan="3">故障影响</th><th rowspan="2">故障检测方法</th><th rowspan="2">补偿措施</th><th rowspan="2">致命度类别</th><th rowspan="2">备注</th></tr>
<tr><th>局部影响</th><th>高一层次影响</th><th>最终影响</th></tr>
<tr><td>2225111</td><td>涡轮工作叶片</td><td>产生功率</td><td>⑤叶身局部缩颈</td><td>1. 涡轮前温度沿径向分布不均，产生局部高温区
2. 高温疲劳-蠕变的交互作用，产生这方面的永久变形，使局部表面突出</td><td>各阶段</td><td>叶片寿命、效率下降，叶尖会与机匣相碰</td><td>涡轮效率、寿命下降</td><td>发动机性能、寿命下降</td><td>分解后检测</td><td></td><td>IV</td><td></td></tr>
<tr><td rowspan="2">2225113</td><td rowspan="2">涡轮盘</td><td rowspan="2">固定涡轮叶片，传递力矩与轴向力</td><td>①轮齿裂纹</td><td>1. 应力大
2. 加工缺陷引起应力集中
3. 工作温度高</td><td>各阶段</td><td>使其他齿面承受力加大</td><td>涡轮寿命下降</td><td>发动机需提前返厂</td><td>分解后检测</td><td></td><td>III</td><td></td></tr>
<tr><td>②轮盘尺寸长大</td><td>蠕变</td><td>各阶段</td><td>轮盘寿命下降，叶尖会与机匣相碰</td><td>涡轮效率、寿命下降</td><td>发动机性能下降</td><td>分解后尺寸测量</td><td></td><td>III</td><td></td></tr>
</table>

对于航空发动机本件结构，根据其结构位置、作用等，明确各故障模式对局部、高一层次及初始约定层次的影响。对于航空发动机系统，根据功能方框图和可靠性图表示出的功能及可靠性关系，明确各故障模式对局部、高一层次及航空发动机等的影响。本示例中，涡轮工作叶片蠕变伸长这一故障的局部影响是：叶片工作寿命降低，叶尖可能与机匣相碰；高一层次影响是涡轮效率与工作寿命降低；最终影响是发动机排气温度会上升，使发动机不能正常工作，提前返厂。

确定每一故障模式的致命度类别。本示例中，涡轮工作叶片中“叶片蠕变伸长”这一故障模式最终可能使发动机不能正常工作，因而为 III 类故障模式。

根据故障模式的特点及致命度类别，明确适用的检测方法和适当的补偿措施。本示例中涡轮工作叶片中“叶片蠕变伸长”的故障检测方法是分解后检测。

将以上分析的结构填入相应的 FMEA 表中，表 4-4 为本示例已填写完成的 FMEA 表。

根据分析结果列出 I 类、II 类及单点故障模式。对于航空发动机本体构件，其故障模式均为单点故障模式，一般不可再单独列出。示例的 I 类、II 类故障模式清单参见表 4-5。

表 4-5　某型发动机涡轮组件 I 类、II 类故障清单

初始约定层次　发动机	任务　航班	审核	第　页 共　页
约定层次　涡轮	分析人员	批准	填表日期

序号	代号	产品或功能标志	故障模式	致命度类别	备注
1	2225101	涡轮轴	②	I	
2	2225111	涡轮工作叶片	②	I	

最后将 FMEA 的主要内容和结构汇编成文，编写出 FMEA 报告。报告一般包括信息来源说明，被分析对象的定义，分析层次，分析方法，FMEA 表格，I 类、II 类故障，单点故障清单，以及遗留问题总结及补偿措施建议等内容。

2. *危害性分析*

CA 工作是 FMEA 的补充和扩展。CA 可采用定性分析和定量分析两种方法。这里仍以涡轮组件为例说明进行 CA 定性分析工作的具体步骤。

航空发动机的 CA 工作遵循图 4-4 的工作流程。

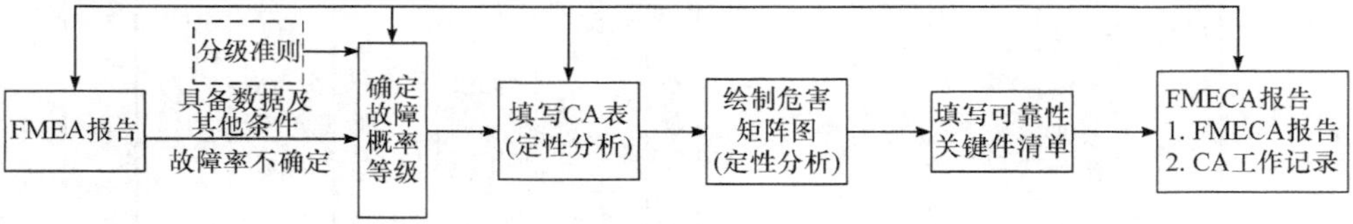

图 4-4　航空发动机的 CA 工作流程

根据故障概率等级的划分准则，确定各潜在的故障模式的概率等级。表 4-6 给出了涡轮组件各潜在的故障模式的概率等级。

填写 CA 表格，表 4-6 为本示例已填写完的 CA 定性分析表格。

绘制危害性矩阵图。危害性矩阵图用以表示产品各故障模式危害性的分布情况，从原点开始，所记录的故障模式分布点沿着对角线方向距离原点越远，危害性越大，越优先采取改进措施。图 4-5 为某型发动机涡轮组件危害性矩阵图。表 4-7 为某型发动机涡轮组件故障式危害性顺序表。

表 4-6　某型发动机涡轮组件危害性分析表(定性分析)

初始约定层次　发动机	任务　航班	审核	第　页 共　页
约定层次　涡轮	分析人员	批准	填表日期

代码	产品或功能标识	功能	故障模式	故障原因	任务阶段与工作方式	故障概率等级	致命度类别	备注
2225101	涡轮轴	(同表 4-4)	①(同表 4-4)	(同表 4-4)	各阶段	B	IV	
			②(同表 4-4)	(同表 4-4)	各阶段	E	I	
			③(同表 4-4)	(同表 4-4)	各阶段	C	IV	
			④(同表 4-4)	(同表 4-4)	各阶段	D	IV	

续表

代码	产品或功能标识	功能	故障模式	故障原因	任务阶段与工作方式	故障概率等级	致命度类别	备注
2225111	涡轮工作叶片	(同表 4-4)	①(同表4-4)	(同表 4-4)	各阶段	C	IV	
			②(同表4-4)	(同表 4-4)	各阶段	E	I	
			③(同表4-4)	(同表 4-4)	各阶段	C	III	
			④(同表4-4)	(同表 4-4)	各阶段	C	IV	
			⑤(同表4-4)	(同表 4-4)	各阶段	D	IV	
2225113	涡轮盘	(同表 4-4)	①(同表4-4)	(同表 4-4)	各阶段	B	III	
			②(同表4-4)	(同表 4-4)	各阶段	D	III	

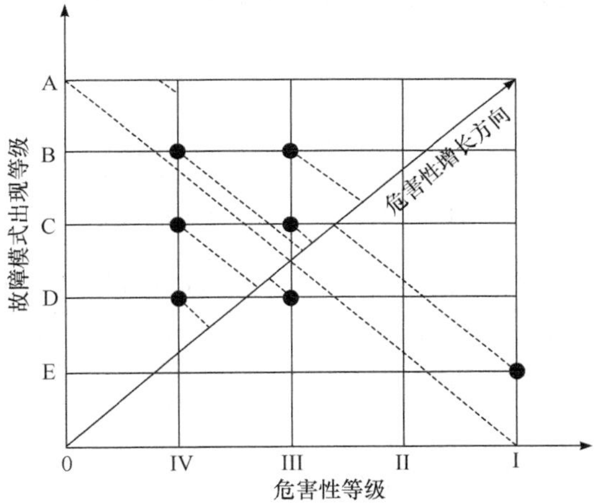

图 4-5　某型发动机涡轮组件危害性矩阵(定性分析)

表 4-7　某型发动机涡轮组件故障式危害性顺序表

相应位置	产品代码-故障模式
III-B	2225113-①
I-E	2225101-② 2225111-②
III-C	2225111-③
IV-B	2225101-①
III-D	2225113-②
IV-C	2225101-③ 2225111-④
IV-D	2225101-④ 2225111-⑤

对于航空发动机本体构件，应根据产品潜在故障模式的危害性大小，确定寿命关键产品，填写寿命关键件清单，并列出 I 类、II 类故障模式。

对于航空发动机系统，应根据产品潜在故障模式的危害性大小，确定可靠性关键产品，填写可靠性关键件清单，并列出 I 类、II 类故障模式及单点故障清单。

对于 I 类、II 类故障模式，应在备注中说明降低其危害性的补充措施。根据型号要求与条件，按危害性大小顺序确定关键件的数量。本示例中以 A-I 线右上侧的故障模式的产品为寿命关键件，表 4-8 为某型发动机涡轮组件可靠性关键清单。

最后编写 FMEC 报告。报告内容一般应包括：相应的 FMEA 报告、CA 表、危害性矩阵图、寿命和可靠性关键件清单。

表 4-8　某型发动机涡轮组件可靠性关键清单

初始约定层次　发动机	任务	审核	第　页 共　页
约定层次　涡轮	分析人员	批准	填表日期

危害性	代码	产品名称	故障模式	备注
Ⅲ-B	2225113	涡轮盘	①(同表 4-4)	增加检测次数，适当缩短检测周期
I-E	2225101	涡轮盘	②(同表 4-4)	控制裂纹，避免其发生
	2225111	涡轮工作叶片	②(同表 4-4)	控制裂纹，避免其发生
III-C	2225111	涡轮工作叶片	③(同表 4-4)	增加检测次数，适当缩短检测周期
IV-B	2225111	涡轮轴	①(同表 4-4)	增加检测次数，适当缩短检测周期

4.2　故障树分析

4.2.1　概述

故障树分析法(fault tree analysis，FTA)，它是 1961 年由贝尔电话实验室的 H. A. Watson 提出的。目前已广泛应用于宇航、核能、电子、机械、化工和采矿等各个领域。

1. 故障树分析方法特点

故障树分析法是一种图形演绎方法，是故障事件在一定条件下的逻辑方法。它是用一种特殊的倒立树状逻辑因果关系图，清晰地说明系统是怎样失效的。常用于分析复杂系统，因此它离不开计算机软件。

2. 故障树分析方法的应用范围

(1) 系统的可靠性分析。
(2) 系统的安全性分析与事故分析。
(3) 改进系统设计，对系统的可靠性进行评价。
(4) 概率风险评价，尤其是在核电站中的应用。
(5) 系统在设计维修、运行各个重要阶段进行重要度分析。
(6) 故障诊断与检修表的制定。
(7) 系统最佳探测器的配置。
(8) 故障树的模拟。
(9) 管理人员、运行人员的培训。

3. 故障树分析的术语和符号

建造故障树需要一些表示逻辑关系的门符号和事件符号，以表示事件之间的逻辑因果关系。

顶事件：顶事件是指被分析的系统不希望发生的事件，它位于故障树的顶端。

中间事件：又称故障事件。它位于顶事件和底事件之间，以矩形符号表示。事件符号如图 4-6(a)所示。

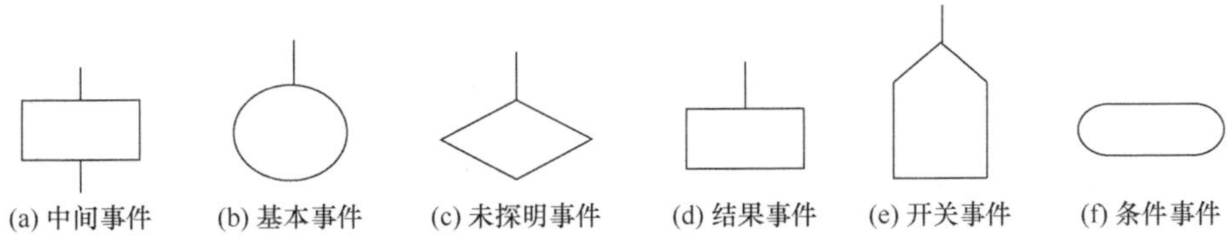

图 4-6　事件符号图

底事件：位于故障树底部的事件，在已建成的故障树中，不必再分解。故障树的底事件又分为基本事件和未探明事件。基本事件：已经探明或者尚未探明其发生原因，而有失效数据的底事件。基本元、部件的故障或者人为失误均可属于基本事件。符号如图 4-6(b)所示。未探明事件：一般可分为两类情况，一种是在一定条件下可以忽略的次要事件；另一种是未能探明，只能看成一种假想的基本事件。符号如图 4-6(c)所示。结果事件：由其他事件或事件组合所导致的事件称为结果事件，用长方形符号表示，如图 4-6(d)所示。结果事件是由顶事件或中间事件组成。开关事件：位于故障树的底部，起开关作用，表示在正常工作条件下必然发生或必然不发生的特殊事件。开关事件用房形符号表示，如图 4-6(e)所示。条件事件：描述逻辑门起作用的具体限制事件称为条件事件。条件事件用长椭圆形符号表示，如图 4-6(f)所示。与门：表示事件关系的一种逻辑门，仅当所有输入与门的所有输入事件同时发生时，门的输出事件才发生。其符号如图 4-7(a)所示。或门：表示至少一个输入事件发生时，输出事件才发生。其符号如图 4-7(b)所示。非门：表示输出事件是输入事件的对立事件。其符号如图 4-7(c)所示。表决门：表示仅当条件事件发生时，输入事件的发生方导致输出事件的发生。其符号如图 4-7(d)所示。

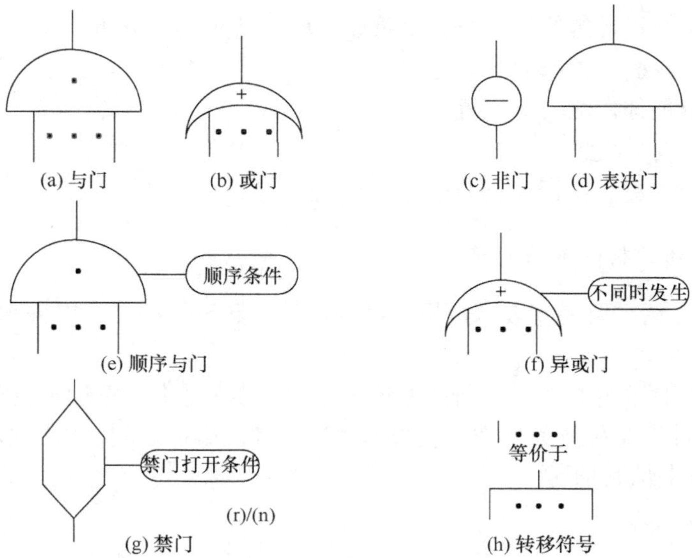

图 4-7　逻辑门符号图

顺序与门：表示仅当输入事件按规定的顺序发生时，输出事件才发生。其符号如图 4-7(e)所示。

异或门：表示仅当单个输入事件发生时，输出事件才发生。其符号如图 4-7(f)所示。

禁门：表示仅当条件事件发生时，输入事件的发生导致输出事件的发生。其符号如图 4-7(g)所示。

转移符号：在故障树分析中，为了避免画图重复与使图形简明，使用了转移符号，其符号如图 4-7(h)所示。转移符号分为相同转移符号与相似转移符号两种。①相同转移符号：是由相同转向符号及相同转此符号组成的一对符号。相同转向符号表示下面转到以代号所指的子树上去；相同转此符号表示由具有相同字母数字的转向符号处转到这里来。其符号如图 4-8(a)、(b)所示。②相似转移符号：是由相似转向符号及相似转此符号组成的一对符号。相似转向符号表示下面转到以字母数字为代号、结构相似而事件标号不同的子树上去，相似转向中的不同事件的标号在三角符号旁注明，相似转此符号表示相似转向符号所指子树与此处子树相似，但事件标号不同。其符号如图 4-8(c)、(d)所示。

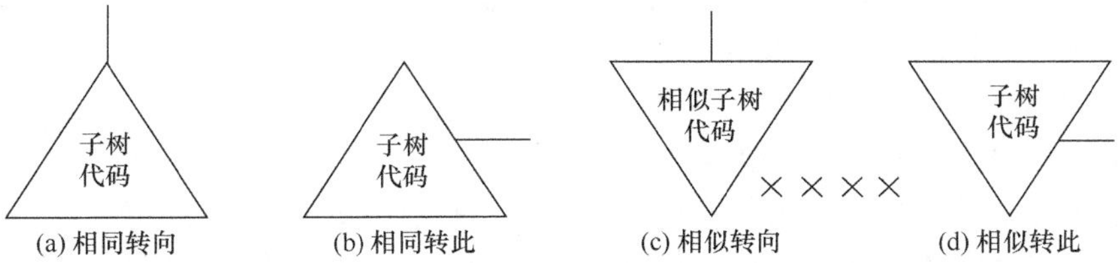

图 4-8　转移符号图

4.2.2　建立故障树的方法

1. 建立故障树的程序

1) 确定故障树分析的范围

明确所要确定的系统的结构(包括系统的设计要求、硬件及软件结构、功能、接口、工作模式、环境条件、故障判据等)，明确系统的工作条件(包括维修、安全条件)及使用条件，确定要研究的目的和内容。

2) 掌握系统

建立故障树需要对所研究的系统有详尽的正确理解。为此，需要系统设计人员、维修人员、使用人员、可靠性及安全性工程师共同研究。一般情况下，在建立故障树前应进行系统的 FMEA 分析，这是为掌握系统的故障特性及规律所必需的工作。

3) 确定故障树的顶事件

在对系统的设计要求及系统特性已充分掌握的基础上，确定系统所不希望发生的事件。系统所不希望发生的事件有很多，不能事无巨细地一起都来进行故障树分析。因此，需要从系统的主要技术指标、经济性、可靠性、安全性或其他重要特性出发，选定一个或几个最不希望发生的事件作为故障树分析的顶事件。顶事件必须有明确的定义，不能含混不清。例如，电视机的图像露边(包括卷边)是不希望发生的事件，但露边的程度必须明确规定。我国彩电规定露边不能超过 6%，那么露边超过 6%就是一个明确定义了的顶事件。

4) 建树

常用建树方法为演绎法。从顶事件开始，由上而下，逐级进行分析。

(1) 分析顶事件发生的直接原因，将顶事件作为逻辑门的输出事件，将所有引起顶事件发生的直接原因作为输入事件，根据它们之间的逻辑关系用适当的逻辑连接起来。

(2) 对每一个中间事件用(1)的方法进行分析处理。

(3) 逐级向下分析，直到所有的输入事件已不能再向下分析，或基本事件不必再向下分析(这些输入事件即未探明事件)为止。

表示这些逻辑关系的图即为故障树。

在建树中，必须对每一个结果事件的所有输入事件都列出来。如果遗漏了重要的输入软件，则故障树分析将失去意义。

在建立故障树中，底事件及结果事件既包括软件故障，也包括硬件故障、人为差错、环境条件变化及工作条件变化等。例如，在研究车床故障时，要考虑停电故障，这是工作条件故障，也要考虑输电线路受到雷击引起底故障，这是环境条件故障等。

要注意到统一事件在一个故障树内必须用统一事件进行编号。如果它是中间事件，则为了简化故障树的图形，应该用相同的转移符号予以简化。

例题 4.1 建立涡桨发动机起火故障树。引起发动机着火的中间事件有发动机非正常燃烧、火焰外窜、燃油系统着火、滑油系统着火、操作失误和灭火系统失效等，其建树分析过程如下。

(1) 发动机非正常燃烧。引起发动机非正常燃烧的因素很多，主要由下述事故引起：①燃油嘴断裂，燃油嘴断裂的机理有静强度断裂和振动疲劳断裂两种，当燃油嘴断裂后，燃油大量喷出，燃油室温度急剧上升，烧穿机匣，火焰四处燃烧各种油管和油箱，如此时灭火系统失效，则会引起发动机着火；②发动机进气道畸变，如果发动机进气道畸变，气流流量会减少，燃烧室富油，燃烧室温度升高，燃烧室机匣烧穿，灭火系统失效引起火灾；③进气道进油也会引起火灾。

(2) 火焰外窜事故，这类事故可能是由燃烧室机匣爆破，燃烧室安装边破裂，导向器内、外安装边破裂，涡轮密封不严，间隙内积聚滑油起火，火焰外窜，灭火系统失效等导致的。

(3) 燃油系统着火事故。这类事故可能由以下两种情况引起：①燃油泄漏，只要遇到电火花或摩擦火花就会发生燃油系统着火；②泄露的燃油流到热表面，燃油温度升高，致使着火。如果灭火系统灭火不及时或失效，则发动机就会着火。燃油的泄漏通常由下列原因造成：①燃油接头密封不严，燃油顺着管口流出；②燃油管道由于疲劳或是外来物体的碰撞出现裂缝或者裂口，燃油顺着裂口或者管道缝隙流出；③燃油箱有裂口或者密封不合规定或者忘盖油箱盖子。出现电火花的原因为：①线路短路，直接导致火花产生；②发动机冷却不好，内部过热，导致线路的绝缘皮层破损；③机械摩擦过热，冷却不及时，产生电火花。

(4) 滑油系统着火。机理同燃油系统着火：①滑油接头密封不严，滑油顺着管口流出；②滑油管道由于疲劳或是外来物体的碰撞出现裂缝或者裂口，滑燃油顺着裂口或者管道缝隙流出；③滑油箱有裂口、密封不符合规定或者忘盖油箱盖子。

(5) 操作失误。如果驾驶员不按操作规定执行，或者训练不足，本该掌握的灭火技巧没能掌握，现场发挥不出来，或者飞行员麻痹大意，经验不足以面对发动机起火，不知道该如何下手灭火，最终会导致本该被灭的火继续蔓延，危及发动机。

(6) 灭火系统失效。感温器失效或是电路发生事故，不能及时发现火灾将其扑灭，导致火势蔓延发展，危及发动机。

最后绘制的涡桨发动机起火故障树图，如图 4-9 所示。

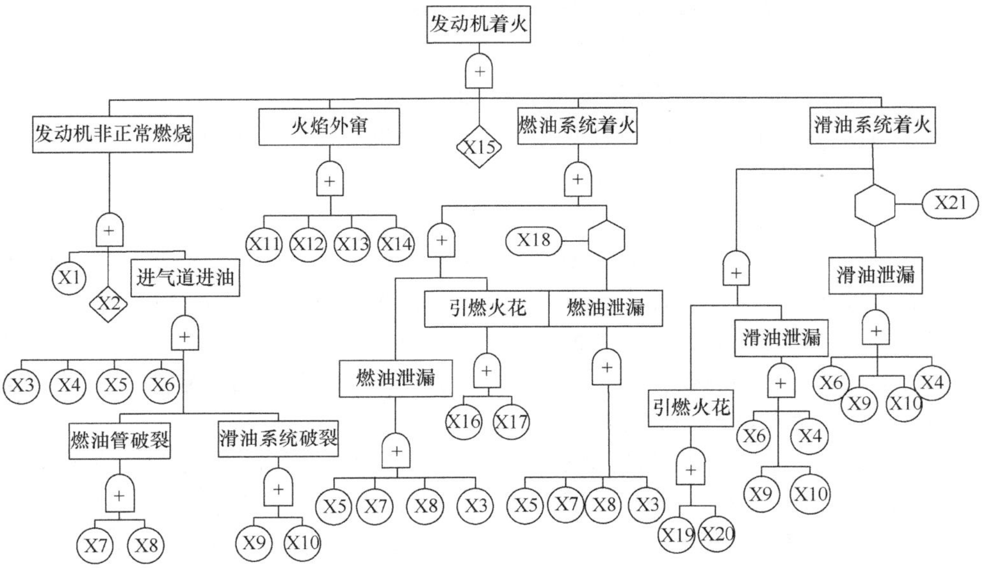

图 4-9　涡桨发动机起火故障树

X1. 燃油嘴断裂；X2. 进气道畸变；X3. 燃油管接头漏油；X4. 滑油管接头漏油；X5. 燃油箱漏油；X6. 滑油箱漏油；X7. 燃油管疲劳断裂；X8. 叶片断裂击穿燃油管；X9. 滑油管疲劳破裂；X10. 叶片断裂击穿滑油管；X11. 燃烧室机匣爆破；X12. 燃烧室安装边破裂；X13. 导向器内外安装边破裂；X14. 涡轮封严之间油气着火；X15. 操作失误；X16. 燃油管道附近有电线打火花；X17. 机械摩擦点火；X18. 油泄漏到热表面；X19. 滑油导管附近电线打火花；X20. 机械摩擦点火(滑油导管附近)；X21. 滑油泄漏到热表面

仅含非特殊故障事件及与门、或门、非门三种逻辑门的故障树称为规范化故障树。此例包括禁门等特殊门，所以不是规范化故障树。

仅含非特殊故障事件以及与门、或门的故障树称为正规故障树，否则叫非正规故障树。此例是非正规故障树。

将特殊故障事件与特殊门进行转换或删减，故障树可以转换为规范化故障树。这个做法叫故障树的规范化。

2. 建立故障树的规范化原则与简化

1) 特殊事件的规范化原则

未探明事件：根据事件的重要(如发生概率大，严重后果等)和数据的完备性，如果重要且数据完备，则当成基本事件；不重要数据不完备的则删去；其他情况由分析人员处理。

开关事件：将开关事件当成基本事件。

条件事件：见特殊门的处理原则。

2) 特殊门的规范化原则

顺序与门：输出事件不变，顺序与门变为与门，原来的输入事件仍为输入事件，但增加一个顺序条件事件作为新的输入事件。

表决门：将表决门变为或门和与门的组合。

异或门：将异或门变成或门、与门、非门的组合。

禁门：将禁门变换为与门，即把条件事件变成与门的一个输入。

3) 故障树模块化分解

一个模块是两个或两个以上的集合(但不是所有底事件的集合)。这些底事件向上可以达到同一逻辑门，而且必须通过此门才能到达顶事件；且故障树的所有其他底事件向上均不能到达该逻辑门。故障树的模块分解是故障树中至少两个底事件的集合，向上可到达同一逻辑门，而且必须通过此门才能到达顶事件，该逻辑门称为模块的输出或模块的顶点。模块不能有来自其余部分的输入，而且不能有与其余部分重复的事件。

故障树的模块可从整个故障树中分割出来，单独进行最小割集分析和概率计算。此时，在原树中把分割出的模块用一个“准底事件”代替，而“准底事件”的概率即为此模块的概率。实践证明，模块分解法简化故障树的效率很高，特别是对复杂的故障树的简化效果更加明显。

对于有重复事件的故障树，为了应用模块分解法对其进行简化，可应用“割顶点法”来进行。如图 4-10 所示，通过把 V 点分割为 V' 和 V'' 后，V' 以下则没有重复事件。

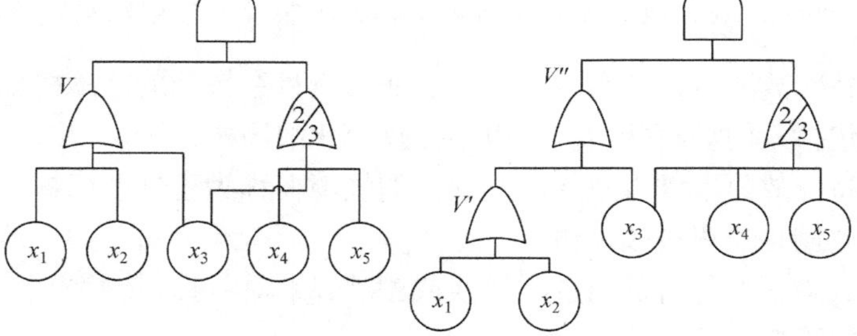

图 4-10 割顶点法示例

4) 利用布尔代数法则简化故障树

布尔代数是英国学者布尔(Boole)首创的一种逻辑运算方法。

设 I 为集合总体，它的子集合为 $A,B,C,\cdots,O$ ，为空集合，以 $A\cdot B$ 表示子集

合 A 与 B 的逻辑积；$A+B$ 表示子集合 A 与 B 的逻辑和，$\overline{A}$ 表示 A 对于总体 I 的余集合，则有下列法则：

(1) 总体与空集合的关系：$A \cdot I = A$，$A \cdot O = O$，$A + O = A$，$A + I = I$。

(2) 回归律：$\overline{\overline{A}} = A$。

(3) 互补律：$A \cdot \overline{A} = O$，$A + \overline{A} = I$。

(4) 同一律：$A \cdot A = A$，$A + A = A$。

(5) 交换率：$A \cdot B = B \cdot A$，$A + B = B + A$。

(6) 结合律：$A \cdot (B \cdot C) = (A \cdot B) \cdot C$，$A + (B + C) = (A + B) + C$。

(7) 分配律：$A \cdot (B + C) = A \cdot B + A \cdot C$，$A + (B \cdot C) = (A + B) \cdot (A + C)$。

(8) 吸收律：$A \cdot (A + B) = A$，$A + A \cdot B = A$。

(9) De Morgan 法则：$\overline{A \cdot B} = \overline{A} + \overline{B}$，$\overline{A + B} = \overline{A} \cdot \overline{B}$。

(10) 其他：$A + \overline{A} \cdot B = A + B$，$A \cdot (\overline{A} + B) = A \cdot B$，$(A + B) \cdot (\overline{A} + C)(A + C) = A \cdot C + B \cdot C$，$A \cdot B + \overline{A} \cdot C + B \cdot C = A \cdot B = \overline{A} \cdot C$。

根据布尔代数的运算规则,可对故障树中多余的逻辑事件和逻辑门进行简化。逻辑简化要求从故障树分析开始进行，其基本规则见表 4-9。

表 4-9　故障树逻辑简化原理

简化原理	原故障树	简化故障树
结合律 I $(x_1 \cup x_2) \cup x_3$ $= x_1 \cup x_2 \cup x_3$	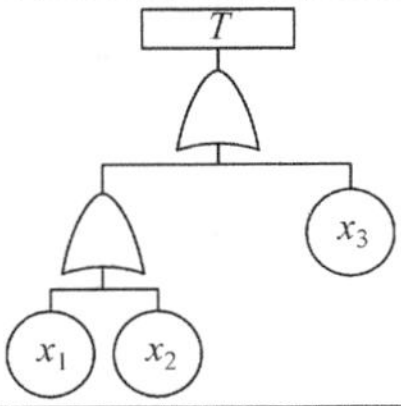	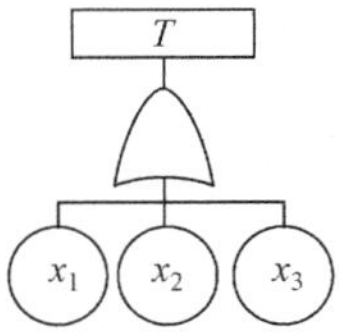
结合律 II $(x_1 \cap x_2) \cap x_3$ $= x_1 \cap x_2 \cap x_3$	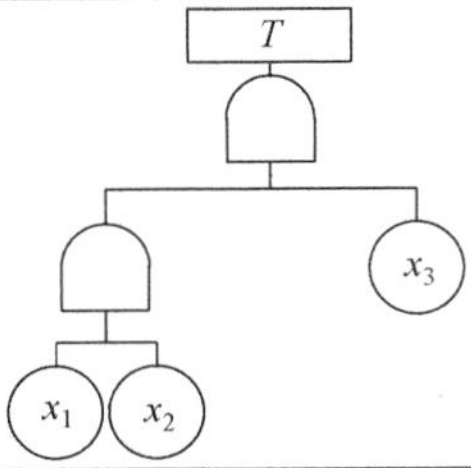	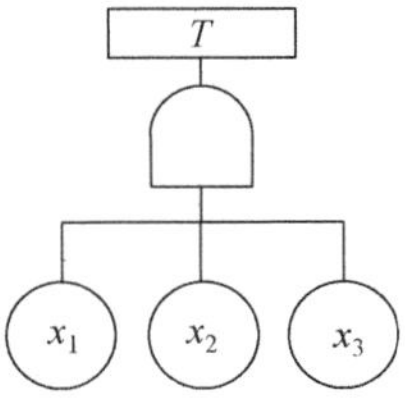
分配率 I $(x_1 \cap x_2) \cup (x_1 \cap x_3)$ $= x_1 \cap (x_2 \cup x_3)$	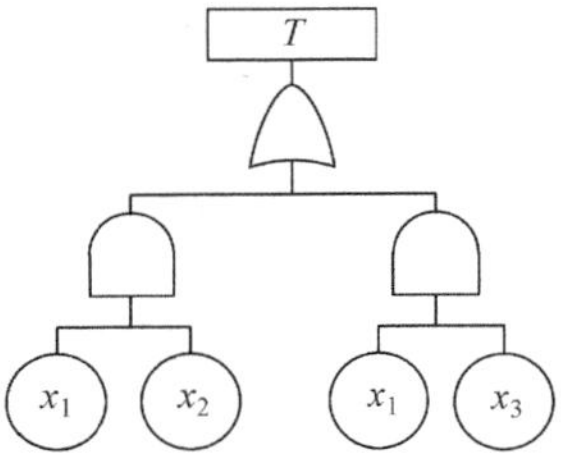	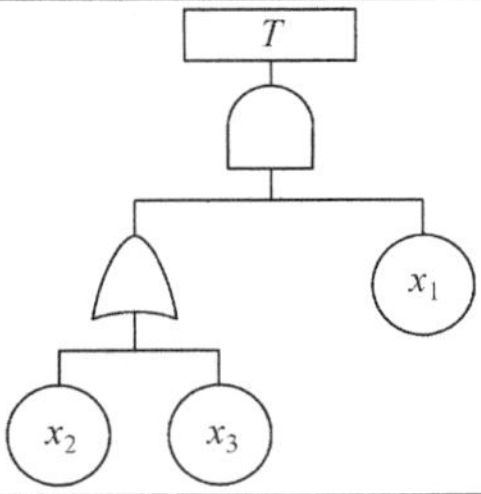

续表

简化原理	原故障树	简化故障树
分配率Ⅱ $(x_1 \cup x_2) \cap (x_1 \cup x_3)$ $= x_1 \cup (x_2 \cap x_3)$	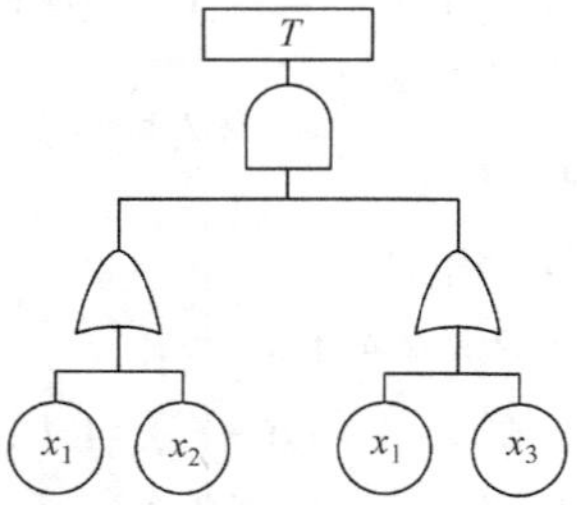	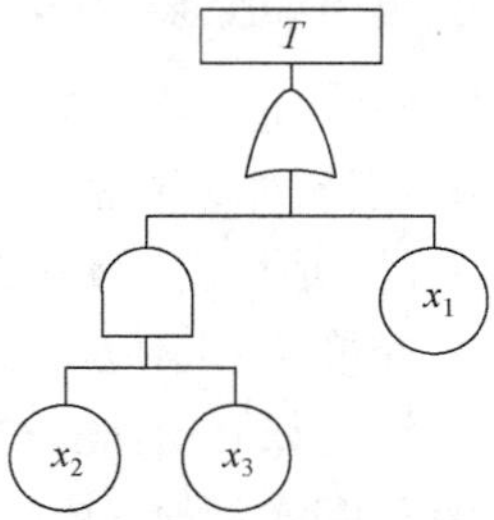

5) 故障树的早期不交化

对于重复事件多的故障树，无法用模块分解法进行简化。但是，早期不交化则可有效消除重复事件。早期不交化的规则是遇到与门，此逻辑门及其输入、输出均不变；遇到或门，则对其进行输入不交化[13]。

设或门为 G_i，其输入为 k 个底事件，$n-k$ 个逻辑门。对 G_i 的输入不交化后，除第一个输入保持不变外，其余 $n-1$ 个输入变为新增加的与门。

以上不交化方法用数学符号表示如下：

$$
\begin{aligned}
G_i &= X_{i_1} \cup X_{i_2} \cup X_{i_k} \cup \cdots \cup G_{i_{k+1}} \cup \cdots \cup G_{i_n} \\
&= X_{i_1} + \overline{X_{i_1}} X_{i_2} + \overline{X_{i_1}}\,\overline{X_{i_2}} \cdots \overline{X_{i_{k-1}}} X_{i_k} + \overline{X_{i_1}} \cdots \overline{X_{i_k}} G_{i_{k+1}} + \cdots + \overline{X_{i_1}} \cdots \overline{X_{i_k}}\,\overline{G_{i_{k+1}}} \cdots \overline{G_{i_{n-1}}} G_{i_n}
\end{aligned}
$$

例题 4.2　简化如图 4-11 所示的故障树。

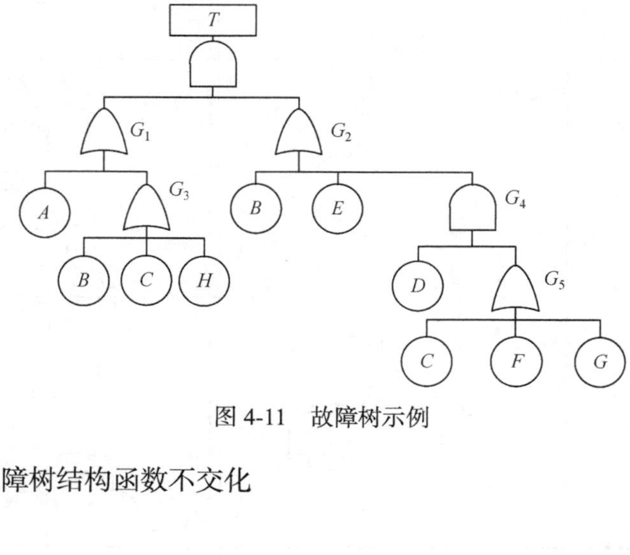

图 4-11　故障树示例

解：对故障树结构函数不交化

$$
\begin{aligned}
T = G_1G_2 &= (A\cup B\cup C\cup H)[B\cup E\cup D(F\cup C\cup G)] \\
&= (A+\bar{A}B+\bar{A}\bar{B}C+\bar{A}\bar{B}\bar{C}H)(B+\bar{B}E+\bar{B}\bar{E}DF+\bar{B}\bar{E}D\bar{F}C+\bar{B}\bar{E}D\bar{F}\bar{C}G) \\
&= AB+A\bar{B}E+A\bar{B}\bar{E}D\bar{F}C+A\bar{B}\bar{E}D\bar{F}\bar{C}G+\bar{A}B+\bar{A}\bar{B}CE++\bar{A}\bar{B}C\bar{E}D\bar{F}+ \\
&\quad \bar{A}\bar{B}\bar{C}HE+\bar{A}\bar{B}\bar{C}H\bar{E}DF+\bar{A}\bar{B}\bar{C}H\bar{E}D\bar{F}G
\end{aligned}
$$

3. 故障树图和可靠性框图的关系

RBD 和 FTD 最基本的区别在于，RBD 从系统工作角度分析是系统成功的集合，而 FTD 的工作从系统角度看是故障的集合，基本可靠性框图与故障树之间的转换关系如图 4-12 所示。在某些实际工程中，用可靠性框图描述系统合适还是用故障树描述合适？下面将介绍两种方法之间的转换问题。

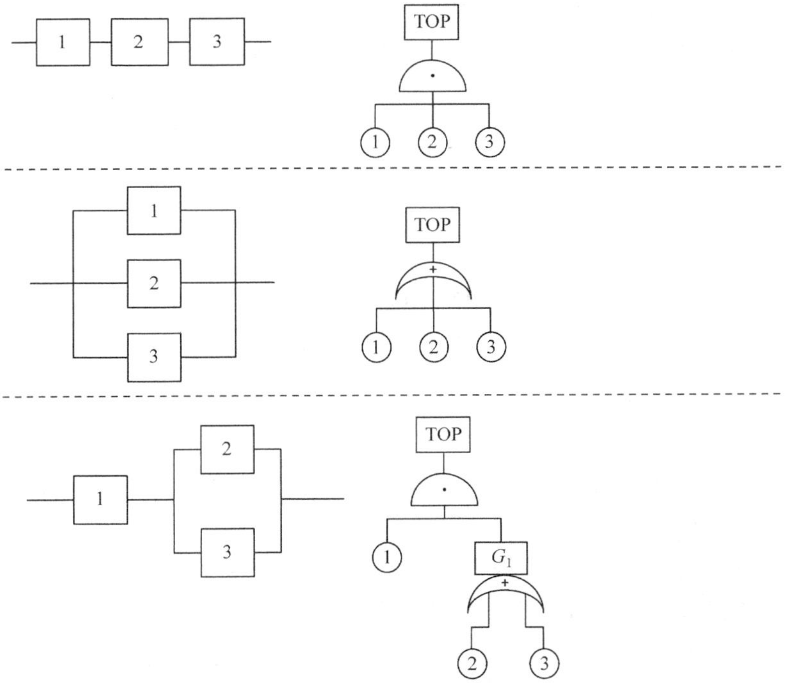

图 4-12　简单可靠性框图与故障树之间的转换关系图

在可靠性框图中，通过一个框图的连接意味着单元是正常工作的，当然也意味着该单元有关的一个或多个故障不会发生。在故障树中，底事件的定义为单元同样的失效模式的事件发生，当顶事件定义为系统失败，则对于上述底事件的定义，容易得到一个串联系统的故障树是由与门构成的。

例题 4.3　“桥路”是一种复杂的可靠性框图，图 4-13 中表示的桥路，请将它转化成故障树图。

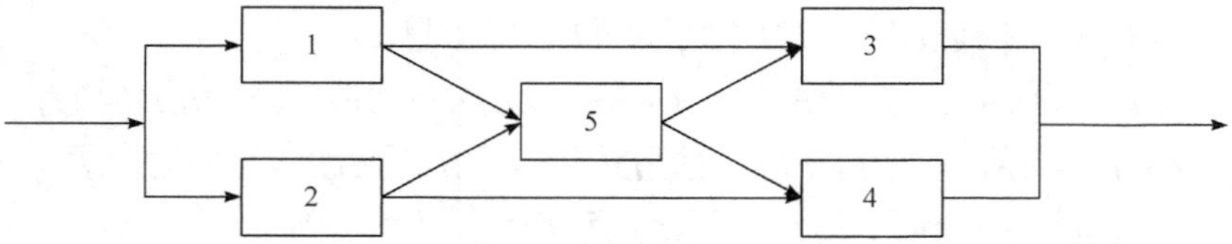

图 4-13　复杂可靠性框图——桥路

解：桥路用故障树表示，需要利用复制事件，因为门能表示元件以串联和并联的方式。检查该系统发现任何下列集合发生故障，将会引起整个系统故障。

(1) 元件 1 和 2 发生故障。

(2) 元件 3 和 4 发生故障。

(3) 元件 1，5 和 4 发生故障。

(4) 元件 2，5 和 3 发生故障。

这些事件的集合为最小割集，表示故障树如图 4-14 所示。

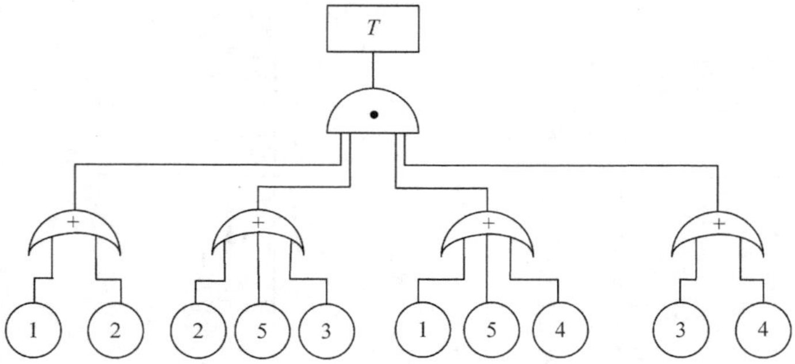

图 4-14　故障树

可见故障树分析法和可靠性框图分析法都可用来分析系统的可靠性，但也存在比较大的区别。

(1) FTA 是以系统故障为导向，以不可靠度为分析对象；而可靠性框图分析法是以系统正常为导向，以可靠度为分析对象。

(2) FTA 不仅可分析硬件而且可分析人为因素、环境及软件的影响；而可靠性框图仅限于分析硬件的影响。

(3) FTA 能分析两状态单调关联系统、两状态非单调关联系统和多态系统；而可靠性框图分析法仅限于分析两状态单调关联系统。

(4) FTA 能将导致系统故障的基本原因和中间过程利用故障树清楚地表示出来；而可靠性框图分析法仅能表示系统和部件之间的联系，中间的情况难以表示。

(5) FTA 在故障树建模时受人为因素影响较大，不同的人建立的故障树可能会出现较大的差别，互相之间不易核对，并且容易遗漏或重复；而可靠性框图分析法按系统原图来建模，所以不同的人建立的模型差别不会很大，易于检查核对，而且可靠性框图与系统原理图的对应关系使得建模得到简化，同时不会有遗漏。

(6) 故障树重点在于找出造成系统故障的原因，因此在故障树中可以很清晰地看到系统存在的故障隐患以及它们之间的逻辑关系；而可靠性框图则更侧重于反映系统的原貌，图中的元素几乎与系统中的部件或元素一一对应，能明显地描述出大多数部件或系统之间的作用和关系。

综上所述，对大多数系统来说，RBD 分析法和 FTA 法都能进行很好地模拟实际过程中的成功和失效，只是侧重点不同。但对于特殊的系统，如航空、航天、航海、核能等，故障树分析法有其独特的优越性，能更准确地描述系统，使分析得到简化，从而更方便、直观。

4.2.3　故障树的定性分析

1. 基本概念

故障树定性分析的目的在于寻找导致顶事件发生的原因事件及原因事件的组合，也即识别导致顶事件发生的所有故障模式集合，帮助分析人员发现潜在的故障，发现设计的薄弱环节，以便改进设计，还可以用于指导故障诊断，改进使用。下面首先给出几个基本概念。

割集是指故障树中一些底事件的集合，当这些底事件同时发生时，顶事件必然发生。若将割集中所含的底事件任意去掉一个就不再成为割集了，这样的割集称为最小割集。

路集是指故障树中一些底事件的集合。当这些底事件不发生时，顶事件必然不发生。若将路集中所含的底事件任意去掉一个就不再成为路集了，这样的路集就是最小路集。

其中最小割集主要有以下三个方面的工程意义[13]。

(1) 找出最小割集对降低复杂系统潜在事故的风险具有重大意义。因为设计中如果能做到使每个最小割集中至少有一个底事件恒不发生(或发生概率极低)，则顶事件就恒不发生(或发生概率极低)，做到了在设计阶段把系统潜在事故的发生概率降至最低。

(2) 消除可靠性关键系统中的一阶最小割集(最小割集底事件个数为 1)，可达到消除其单点故障的目的。可靠性关键系统设计要求不允许有单点故障，即系统中不允许有一阶最小割集。解决的方法之一就是在系统设计时进行故障树分析，找出一阶最小割集，然后在其所在的层次或更高的层次增加与门，并使与门尽可能接近顶事件。

(3) 最小割集可以指导系统的故障诊断和维修。如果系统某一故障模式发生了，则一定是该系统中与其对应的某一最小割集中的全部底事件都发生了。因此，当进行维修时，如果只修复某个故障部件，虽然能够使系统恢复功能，但其可靠性水平还远未恢复。根据最小割集的概念，只有修复同一最小割集中的全部故障部件，才能恢复系统可靠性、安全性设计水平。

图 4-15 是一个由三个部件组成的串并联系统，共有三个底事件 x_1,x_2,x_3。根据与、或门的性质和割集的定义，可方便找出该故障树的割集为

$$\{x_1\},\{x_2,x_3\}\{x_1,x_2,x_3\},\{x_2,x_1\},\{x_1,x_3\}$$

路集为

$$\{x_1\},\{x_1,x_2\},\{x_1,x_3\},\{x_1,x_2,x_3\}$$

根据最小割集的定义在以上 5 个割集中找出最小割集为

$$\{x_1\},\{x_2,x_3\}$$

最小路集为

$$\{x_1,x_2\},\{x_1,x_3\}$$

一个最小割集代表系统的一种故障模式，故障树定性分析的任务之一就是要寻找故障树的全部最小割集。

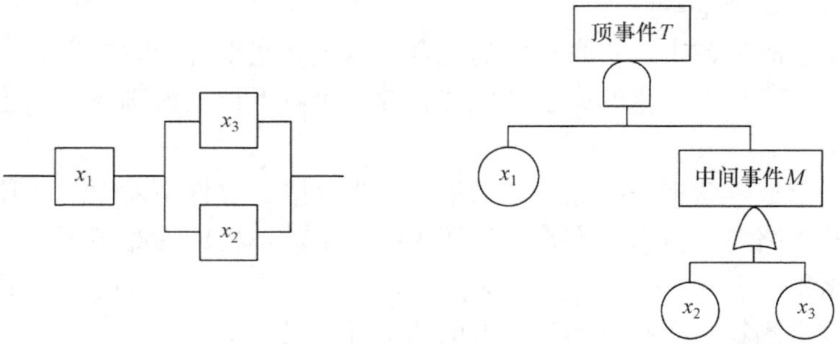

图 4-15　可靠性框图与故障树结构

基于割集与路集定义，下面简单介绍对偶树与成功树的基本概念。

当 $\Phi^{\mathrm{D}}(X)=1-\Phi(1-X)$ 成立时，称 S^{D} 为 S 的对偶系统，式中 $\Phi^{\mathrm{D}}(X)$ 为系统 S^{D} 的结构函数，$\Phi(X)$ 为系统 S 的结构函数，$(1-X)=(1-x_1,1-x_2,\cdots,1-x_n)$，由以上对偶系统的定义可以看出，$S^{\mathrm{D}}$ 和 S 互为对偶系统，而且对偶系统有以下性质：

(1) S 的路集是 S^{D} 的割集，反之亦然。

(2) S 的割集是 S^{D} 的路集，反之亦然。

(3) S 的最小路集是 S^{D} 的最小割集，反之亦然。

(4) S 的最小割集是 S^{D} 的最小路集，反之亦然。

利用以上对偶的性质，把原故障树中的与门改为或门、或门改为与门，其他不变，即得到该故障树的对偶树。而且可以通过求对偶树的最小路集(割集)得到原树的最小割集(路集)。

例题 4.4　求图 4-16 所示故障树的对偶树，并求原树的最小路集。

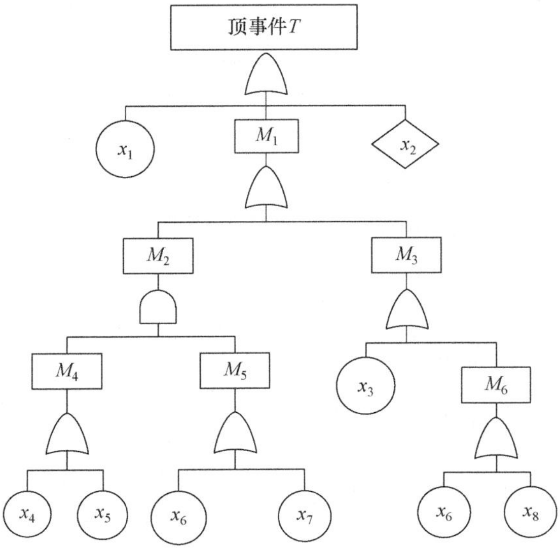

图 4-16　故障树示例

解：画出原树的对偶树如图 4-17 所示。根据对偶树的性质求其最小割集即为原树的最小路集，其过程如表 4-10 所列。

表 4-10　下行法求原树的路集

1	2	3	4	5	6
x_1,M_1,x_2	x_1,M_2,M_3,x_2	x_1,M_4,M_4,x_2	$x_1,M_4,x_3,$ M_6,x_2	$x_1,x_4,x_5,$ x_3,M_6,x_2	x_1,x_4,x_5,x_3 x_6,x_8,x_2
		x_1,M_5 M_3,x_2	$x_1,M_5,x_3,$ M_6,x_2	x_1,x_6,x_7 x_3,M_6,x_2	x_1,x_6,x_7,x_3 x_6,x_8,x_2

成功树描述的是系统可靠性之间的逻辑关系，而故障树描述的是系统故障之间的逻辑关系。因此，可利用成功树计算系统的可靠度。

经简化的对偶树的两个最小割集：

$$\{x_1,x_2,x_3,x_4,x_5,x_6,x_7,x_8\}，\{x_1,x_2,x_3,x_6,x_7,x_8\}$$

即原树的最小路集。

若把对偶树的顶事件和底事件改为其相应的补事件就得到成功树。成功树的

结构函数为

$$\Phi^s(X)=1-\Phi(X)$$

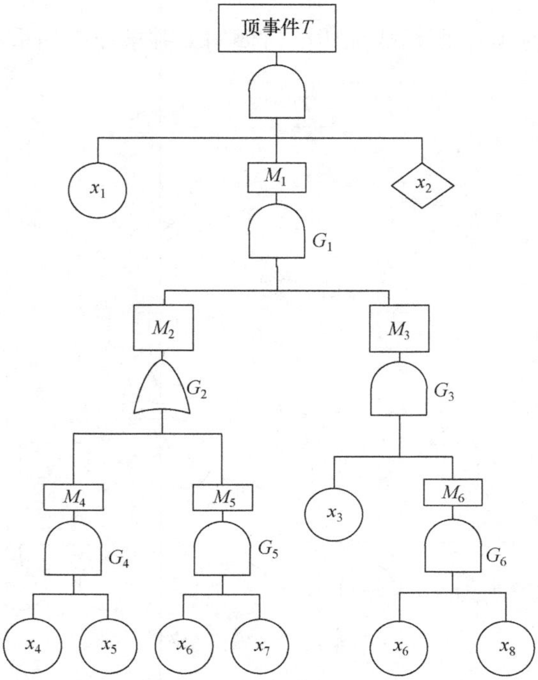

图 4-17　故障树对偶树示例

2. 上行与下行法

对故障树定性分析，通常需要获取最小割集，常用的方法有下行法与上行法两种[13]。

1) 下行法

该方法是根据故障树的实际结构，从顶事件开始，逐层向下寻查，找出割集。

规则：遇到与门增加割集阶数(割集所含底事件的个数)，遇到或门增加割集个数。

具体做法：把从顶事件开始逐层向下寻查的过程横向列表，遇到与门就将其输入事件取代输出事件排在表格的同一行下一列内，遇到或门就将其输入事件在下一列纵向依次展开，直到故障树的最底层。这样列出的表格最后一列的每一行都是故障树的割集，再通过割集之间的比较，进行合并消元，最终得到故障树的全部最小割集。

例题 4.5　用下行法求图 4-16 所示故障树的割集与最小割集。

分析：根据下行法的基本规则，实施过程可展示为表 4-11。

表 4-11　下行法实施过程

步骤	1	2	3	4	5	6
过程	x_1	x_1	x_1	x_1	x_1	x_1
	M_1	M_2	M_4 , M_5	M_4 , M_5	M_4 , M_5	x_4 , x_6
	x_2	M_3	M_3	x_3	x_5 , M_5	x_4 , x_7
		x_2	x_2	M_6	x_3	x_5 , x_6
				x_2	M_6	x_5 , x_7
					x_2	x_3
						x_6
						x_8
						x_2

表中从步骤 1 到 2，因 M_1 下面是或门，所以在步骤 2 中将步骤 1 M_1 的位置换之以 M_2，M_3，且竖向串列。因 M_2 下面是与门，所以在下一列同一行内用 M_4，M_5 代替 M_2 横向并列，由此下去直到第 6 步，共得 9 个割集：

$$\{x_1\},\{x_4,x_6\},\{x_4,x_7\},\{x_5,x_6\},\{x_5,x_7\},\{x_3\},\{x_6\},\{x_8\},\{x_2\}$$

通过集合运算吸收律规则简化以上割集，得到全部最小割集。因为

$$x_6 \cup x_4x_6 = x_6\ ,\quad x_6 \cup x_5x_6 = x_6$$

所以 x_4x_6 和 x_5x_6 被吸收，得到全部最小割集：

$$\{x_1\},\{x_4,x_7\},\{x_5,x_7\},\{x_3\},\{x_6\},\{x_8\},\{x_2\}$$

2) 上行法

该方法是从故障树的底事件开始，自下而上逐层进行事件集合运算，将或门输出事件用输入事件的并(布尔和)代替，将与门输出事件用输入事件的交(布尔积)代替。在逐层代入过程中按照布尔代数吸收律和等幂律来化简，最后将顶事件表示成底事件积之和的最简式。其中每一个积项对应于故障树的一个最小割集，全部积项即是故障树的所有最小割集。

例题 4.6　用上行法求图 4-16 所示故障树的最小割集。

分析：根据图 4-16 故障树结构，故障树的最下层可表示为

$$M_4 = x_4 \cup x_5$$

$$M_5 = x_6 \cup x_7$$

$$M_6 = x_6 \cup x_8$$

往上一层：

$$M_2 = M_4 \cap M_5 = (x_4 \cup x_5) \cap (x_6 \cup x_7) = (x_4 \cap x_5) \cup (x_6 \cap x_7)$$

$$M_3 = x_3 \cup M_6 = x_3 \cup x_6 \cup x_8$$

再往上一层：

$$T = x_1 \cup x_2 \cup M_1 = x_1 \cup x_2 \cup x_3 \cup x_6 \cup x_8 \cup (x_4 \cup x_5) \cup (x_6 \cup x_7)$$

上式共有 7 个积项，因此得到 7 个最小割集：

$$\{x_1\},\{x_2\},\{x_3\},\{x_6\},\{x_8\},\{x_4,x_7\},\{x_5,x_7\}$$

结果与第一种方法相同。其中要注意的是：只有在每一步都利用集合运算规则进行简化、吸收，得到的结果才是最小割集。

事实上，在求得全部最小割集后，如果有足够多的数据能够对故障树中各个底事件发生概率做出推断，则可进一步对顶事件发生概率做定量分析；数据不足时，可按以下原则对最小割集进行定性比较，以便将定性比较的结果应用于故障诊断、确定维修次序及提示改进系统的方向。

首先根据每个最小割集所含底事件数目(阶数)排序，在各个底事件发生概率比较小且相互差别不大的条件下，可按以下原则对最小割集进行比较。

(1) 阶数越小的最小割集越重要。

(2) 在低级最小割集中出现的底事件比高阶最小割集底事件重要。

(3) 在最小割集阶数相同的条件下，在不同最小割集中重复出现次数越多的底事件越重要。

在工程上为了减少分析的工作量可以略去阶数大于指定值的所有最小割集来进行近似分析。

例题 4.7 故障树如图 4-18 所示。求其所有的最小割集。

解：先画出图 4-18 故障树的对偶树，如图 4-19 所示。

成功树的最小割集为

$$K_1 = X_1X_4, \quad K_2 = X_1X_5X_6, \quad K_3 = X_2X_4, \quad K_4 = X_2X_5X_6$$

故障树的最小割集为$\{X_1X_4\},\{X_1X_5X_6\},\{X_2X_4\},\{X_2X_5X_6\}$。

用最小割集表示故障树的等效图，如图 4-20 所示。

$$T=(X_1+X_4)(X_1+X_5+X_6)(X_2+X_4)(X_2+X_5+X_6)$$

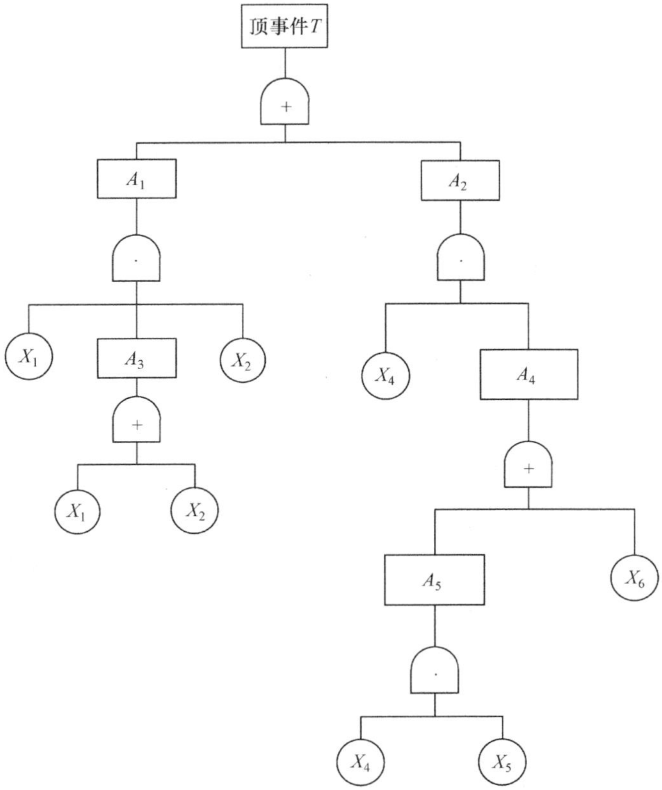

图 4-18　求最小割集的故障树示例

4.2.4　故障树的定量分析

1. 故障树的结构函数

考虑一个故障树由 n 个底事件构成的，并假设底事件之间相互独立，元、部件和系统只有正常和故障两种状态，且元、部件寿命为指数分布。设 x_i 表示底事件的状态变量，根据以上假设 x_i 仅仅取 0 或 1 两种状态；Φ 表示顶事件的状态变量，Φ 也仅取 0 或 1 两种状态，有如下定义：

$$x_i=\begin{cases}1, & 底事件发生(即元、部件故障)\\0, & 底事件不发生(即元、部件正常)\end{cases}$$

$$\Phi=\begin{cases}1, & 顶事件发生(即系统故障)\\0, & 顶事件不发生(即系统正常)\end{cases}$$

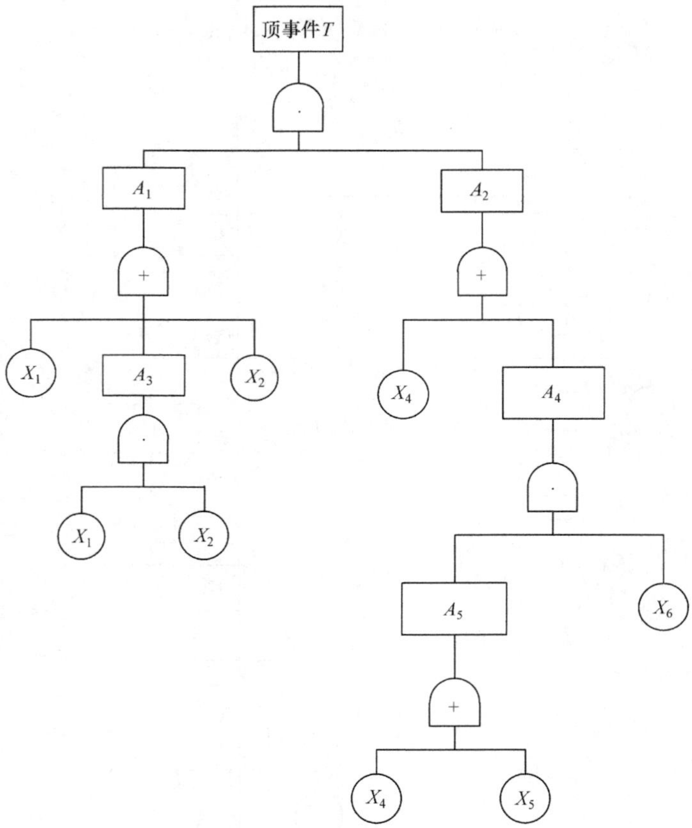

图 4-19　对偶树

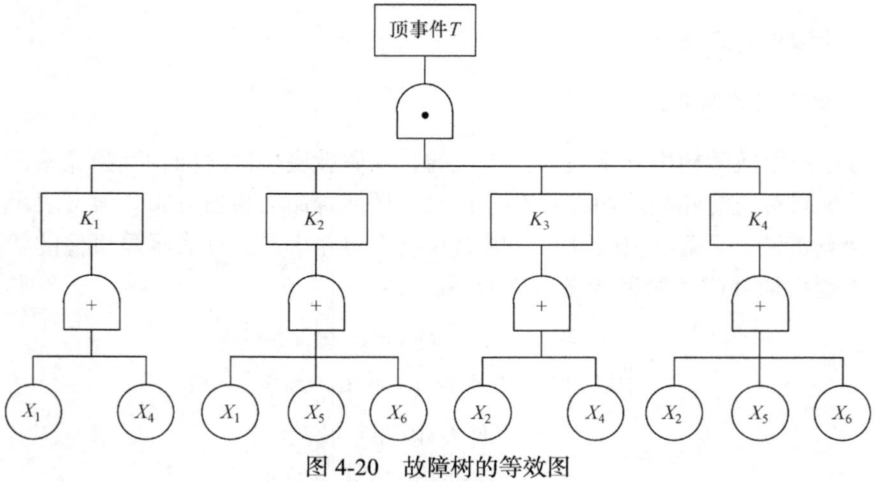

图 4-20　故障树的等效图

因为顶事件状态 Φ 完全由故障树中底事件状态所决定，即

$$\Phi = \Phi(X)$$

式中，$X = (x_1, x_2, \cdots, x_n)$，称 $\Phi = \Phi(X)$ 为故障树的结构函数，是表示系统状态的一种布尔函数，其自变量为该系统组成单元的状态。

下面介绍常用的典型结构的结构函数。

1) 与门结构(故障树见图 4-21)

根据与门的定义：当输入事件全部发生时，输出事件才发生，即全部元、部件故障时，系统才出现故障(并联模型)。因此，有

$$\Phi(X) = \bigcap_{i=1}^{n} x_i, \quad i = 1, 2, \cdots, n$$

式中，n 为输入事件个数。

当 x_i 仅取 0、1 时，结构函数可以写成：

$$\Phi(X) = \prod_{i=1}^{n} x_i, \quad i = 1, 2, \cdots, n$$

2) 或门结构(见故障树图 4-22)

根据或门的定义，输入事件只有一个发生，输出事件就发生，即元、部件只要有一个故障，系统就出现故障(串联模型)。因此，有

$$\Phi(X) = \bigcup_{i=1}^{n} x_i, \quad i = 1, 2, \cdots, n$$

式中，n 为输入事件个数。

当 x_i 仅取 0、1 二值时，结构函数可以写成：

$$\Phi(X) = 1 - \prod_{i=1}^{n} (1 - x_i), \quad i = 1, 2, \cdots, n$$

3) n 中取 r 的结构函数(见故障树图 4-23)

根据“表决门”的定义：只要当输入事件发生的个数不少于 r 时，输出事件才发生，即元、部件故障个数不能少于 r，系统才出现故障。因此，有

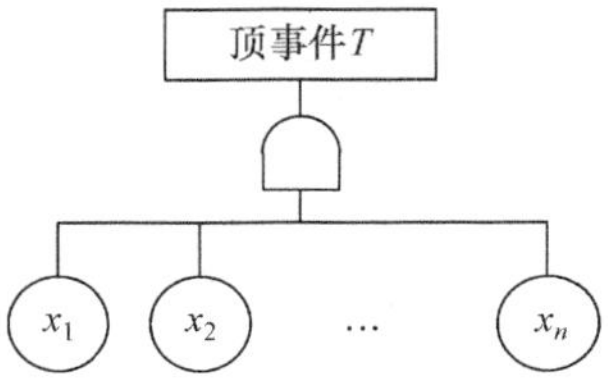

图 4-21　与门结构故障树

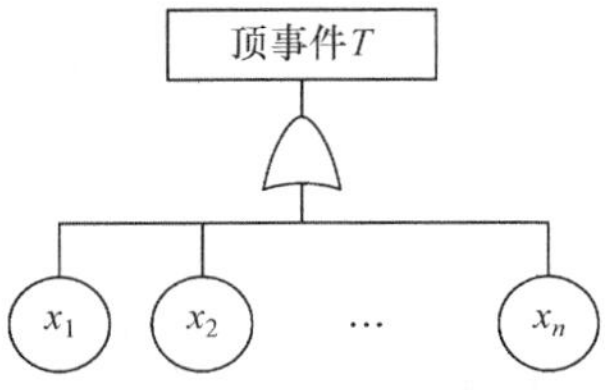

图 4-22　或门结构故障树

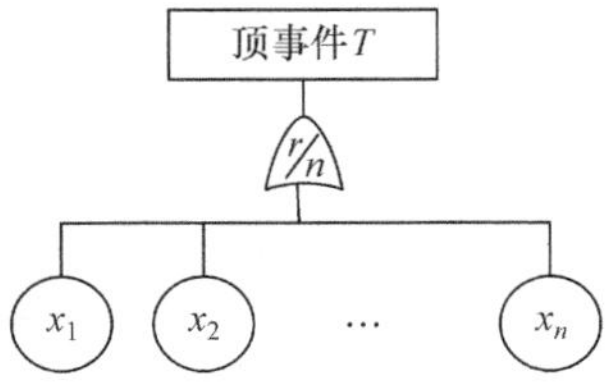

图 4-23　n 中取 r 结构故障树

$$\Phi=\begin{cases}1, & \text{当}\sum x_i \geqslant r\text{时} \\ 0, & \text{其他情况}\end{cases}$$

式中，r 为使“表决门”输出事件发生的最小输入事件个数。

4) “异或门”结构函数

根据“异或门”的定义：输入事件只要有一个发生，输出事件就发生，但输入事件不能同时发生，即元、部件只要有一个故障，系统就故障，但元、部件不能同时故障。据此画出故障树如图 4-24 所示。

$$\Phi(X)=1-[1-x_1(1-x_2)]\cdot[1-(1-x_1)x_2]=(\overline{x}_1\cap x_2)\cup(\overline{x}_2\cap x_1)$$

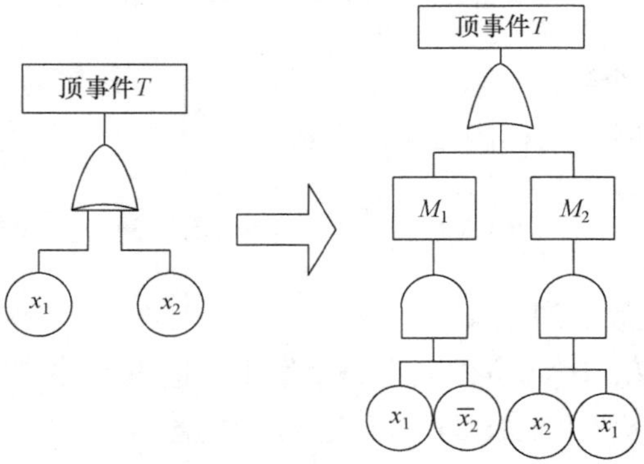

图 4-24　异或门故障树

例题 4.8　某系统故障树如图 4-25 所示，写出其结构函数。

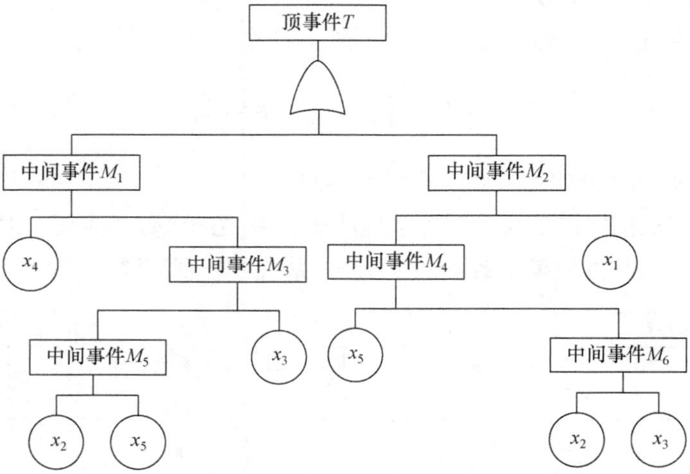

图 4-25　某系统故障树

根据图 4-25 中故障树结构图，结构函数可表示为

$$\Phi(X)=\{x_4\cap[x_3\cup(x_2\cap x_5)]\}\cup\{x_1\cap[x_5\cup(x_3\cap x_2)]\}$$

一般情况下，当故障树画出后，就可以直接写出其结构函数。但是对于复杂系统来说，其结果函数是相当繁杂的，这样既不便于定性分析，也不易于进行定量计算。这时可根据逻辑运算规则或最小割集概念，对结果函数进行改写，以利于故障树的定性分析和定量计算。用逻辑运算分配律：

$$x_4\cap[x_3\cup(x_2\cap x_5)]=(x_3\cap x_4)\cup x_2\cap x_5\cap x_4$$

$$x_1\cap[x_5\cup(x_3\cap x_2)]=(x_1\cap x_5)\cup(x_1\cap x_3\cap x_2)$$

所以

$$\Phi(X)=(x_1\cap x_5)\cup(x_3\cap x_4)\cup(x_2\cap x_5\cap x_4)\cup(x_1\cap x_3\cap x_2)$$

同样用下行法可求得最小割集为

$$\{x_1,x_5\},\{x_3,x_4\},\{x_2,x_4,x_5\},\{x_1,x_2,x_3\}$$

根据以上最小割集，其结构函数可写成：

$$\Phi(X)=(x_1\cap x_5)\cup(x_3\cap x_4)\cup(x_2\cap x_5\cap x_4)\cup(x_1\cap x_3\cap x_2)$$

在一些工程实际问题中，常见单调关联系统问题，它是指系统中任一组成单元的状态由正常(故障)转为故障(正常)，不会使系统的状态由故障(正常)转为正常(故障)的系统，也就是系统的任一单元性能改善并不引起系统性能恶化。下面简单介绍其相关性质。

(1) 系统中每个元、部件对系统可靠性有一定影响，只是影响程度不同。

此性质用结构函数表示为

$$\Phi(1_i,X)\neq\Phi(0_i,X)$$

式中，$\Phi(1_i,X)=\Phi(x_1,x_2,\cdots,x_i=1,\cdots,x_n)$；$\Phi(0_i,X)=\Phi(x_1,x_2,\cdots,x_i=0,\cdots,x_n)$。

若上式不成立，则底事件 x_i 与结构函数无关，此时第 i 个元、部件正常与否与系统正常与否无关。这种情况表明第 i 个元、部件为逻辑多余，含逻辑多余元、部件的系统不是单调关联系统。

(2) 系统中所有元、部件故障(正常)，则系统一定故障(正常)，此性质用结构函数表示为 $\Phi(1)=1$，$1=(1,1,\cdots,1,\cdots,1)$；$\Phi(0)=0$，$0=(0,0,\cdots,0,\cdots,0)$。

(3) 系统中故障元、部件的修复不会使系统由正常转为故障；正常元、部件故障不会使系统由故障转为正常。

对于结构函数

$$\Phi(X)=\Phi(x_1,x_2,\cdots,x_i,\cdots,x_n)\text{，}\quad\Phi(Y)=\Phi(y_1,y_2,\cdots,y_i,\cdots,y_n)$$

若 $X \succ Y$，即 $x_1 \geqslant y_1, x_2 \geqslant y_2, \cdots x_i \geqslant y_i, \cdots x_n \geqslant y_n$，则 $\Phi(X) \geqslant \Phi(Y)$，此性质在数学上体现为结构函数的单调性。

(4) 单调关联系统的可靠性不会比由相同元、部件构成的串联系统坏，也不会比由相同元、部件构成的并联系统好。此性质用结构函数表示为

$$\bigcap_{i=1}^{n} x_i \leqslant \Phi(X) \leqslant \bigcup_{i=1}^{n} x_i$$

因此，或门结构(串联系统)是单调关联系统可靠性的下限，与门结构(并联系统)是单调关联系统可靠性的上限。

2. 由底事件直接求顶事件发生概率方法

由 n 个底事件组成的故障树，其结构函数为

$$\Phi(X) = \Phi(x_1, x_2, \cdots, x_i, \cdots, x_n)$$

如果故障树顶事件代表系统故障，底事件代表元、部件故障，则顶事件发生概率就是系统的不可靠度 $F_{\mathrm{s}}(t)$。其数学表达式为

$$P(T) = F_{\mathrm{s}}(t) = E[\Phi(X)] = g[F(t)]$$

式中，$F(t) = [F_1(t), F_2(t), \cdots, F_n(t)]$，$F_i(t)$ 为第 i 个元、部件的不可靠度；$\Phi(X)$ 为故障树的结构函数。

下面介绍用底事件发生概率计算顶事件发生概率的常用典型结构。

(1) 与门结构：

$$\Phi(X) = \prod_{i=1}^{n} x_i$$

$$\begin{aligned} F_{\mathrm{s}}(t) &= E[\Phi(X)] = E[\prod_{i=1}^{n} x_i(t)] \\ &= E[x_1(t)]E[x_2(t)]\cdots E[x_n(t)] \\ &= F_1(t)F_2(t)\cdots F_n(t) \end{aligned}$$

(2) 或门结构：

$$\Phi(X) = 1 - \prod_{i=1}^{n}(1 - x_i)$$

$$\begin{aligned} F_{\mathrm{s}}(t) &= E[\Phi(X)] = E\left[1 - \prod_{i=1}^{n}(1 - x_i)\right] \\ &= 1 - E[1 - x_1(t)]E[1 - x_2(t)]\cdots E[1 - x_n(t)] \\ &= 1 - [1 - F_1(t)][1 - F_2(t)]\cdots[1 - F_n(t)] \end{aligned}$$

(3) “表决门”结构。

根据“表决门”的定义，只要当输入事件发生的个数不少于 r 时，输出事件才发生，即元、部件故障个数不能少于 r。因此，有

$$\Phi(X)=\begin{cases}1, & 当\sum x_i \geqslant r时\\ 0, & 其他情况\end{cases}$$

$$F_s(t)=E\left[\Phi(X)\right]=\sum_{m=r}^{n}\left[\sum\left(\prod_{i=1}^{n}x_i\right)\right]=\sum_{m=r}^{n}\left[\prod_{i=1}^{n}E(x_i)\right]=\sum_{m=r}^{n}\left[\prod_{i=1}^{n}F_i(t)\right]$$

式中，r 为使“表决门”输出事件发生的最小输入事件。

(4) “异或门”结构：

$$\Phi(X)=1-\left[1-x_1(1-x_2)\right]\left[1-x_2(1-x_1)\right]$$

$$\begin{aligned}F_s(t)&=E\left[\Phi(X)\right]=E\left(1-\left\{\left[1-x_1(1-x_2)\right]\left[1-(1-x_1)x_2\right]\right\}\right)\\&=\left\{1-\left[1-E(X_1)E(1-X_2)\right]\right\}\left\{1-\left[1-E(X_2)E(1-X_1)\right]\right\}\\&=\left\{1-\left[1-(1-R_1)R_2\right]\right\}\left\{1-\left[1-(1-R_2)R_1\right]\right\}\end{aligned}$$

例题 4.9　故障树如图 4-15 所示，写出其结构函数并用底事件表示顶事件的发生概率。

$$\Phi(X)=1-\left[(1-x_1)(1-x_2x_3)\right]$$

$$F_s(t)=E\left[\Phi(X)\right]=E\left\{1-\left[(1-x_1)(1-x_2x_3)\right]\right\}=1-\left[1-F_1(t)\right]\left[1-F_2(t)F_3(t)\right]$$

事实上，在应用上述方法计算的时候，应注意故障树中不能有重复出现的底事件。对于有重复底事件出现的故障树，需采用下面介绍的通过最小割集求顶事件发生概率的方法。

故障树定量计算的任务就是要计算或估计顶事件发生的概率，复杂系统的故障树定量计算一般是很复杂的，特别是当故障不服从指数分布时，难以用解析法求得精确结果，这时可用蒙特卡罗仿真的方法进行估计。

3. 由最小割集求顶事件发生概率方法

通常采用按最小割集之间不交与相交两种情况处理。

1) 最小割集之间不相交的情形

已知故障树的全部最小割集为 $K_1,K_2,\cdots,K_{N_k}$，假定在一个很短的时间间隔内同时发生两个或两个以上最小割集的概率为零，且各最小割集中没有重复出现的底事件，也就是假定最小割集是不相交的。标记 $P\left[K_j(t)\right]$ 表示在时刻 t 第 j 个最小割集发生的概率，$F_i(t)$ 表示在时刻 t 第 j 个最小割集中第 i 个部件的故障概率，

N_k 表示最小割集数。则有

$$T=\Phi(X)=\bigcup_{j=1}^{N_k}K_j(t),P\left[K_j(t)\right]=\prod_{i\in K_j}F_i(t)$$

从而顶事件发生的概率可表示为

$$P(T)=F_s(t)=P\left[\Phi(X)\right]=\sum_{j=1}^{N_k}\left[\prod_{i=k_j}F_i(t)\right]$$

2) 最小割集之间相交的情形

(1) 精确计算顶事件发生概率的方法。

多数情况下，底事件可能在几个最小割集中重复出现，也就是说最小割集之间是相交的。这时精确计算顶事件发生的概率就必须用相容事件的概率公式：

$$\begin{aligned}P(T)&=P(K_1\cup K_2\cup\cdots\cup K_{N_i})\\&=\sum_{i=1}^{N_k}P(K_i)-\sum_{i\prec j=2}^{N_k}P(K_iK_j)+\sum_{i\prec j\prec k-3}^{N_k}P(K_iK_jK_k)+\cdots+(-1)^{N_k-1}P(K_1,K_2,\cdots,K_{N_k})\end{aligned}$$

式中，K_i,K_j,K_k 分别为第 i,j,k 个最小割集；N_k 为最小割集数。

由上式可以看出共有($2^{N_k}-1$)项。当最小割集数 N_k 足够大时，就会产生“组合爆炸”问题，解决的办法是先化相交和为不交和，然后再求顶事件发生概率的精确解。

① 直接法。

根据集合运算的性质，集合 K_1 和 K_2 的并可以用两项不交和表示：

$$K_1\cup K_2=K_1+\bar{K}_1K_2$$

将上式推广到一般通式如下，

$$\begin{aligned}T&=K_1\cup K_2\cup\cdots\cup K_{N_i}\\&=K_1+\bar{K}_1(K_2\cup\cdots\cup K_{N_i})\\&=K_1+\bar{K}_1K_2\cup\bar{K}_1K_3\cup\cdots\cup\bar{K}_1K_{N_i}\\&=K_1+\bar{K}_1K_2+\overline{\bar{K}_1K_2}(\bar{K}_1K_3\cup\bar{K}_1K_4\cup\cdots\cup\bar{K}_1K_{N_i})\\&=K_1+\bar{K}_1K_2+(K_1\cup\bar{K}_2)(\bar{K}_1K_3\cup\bar{K}_1K_4\cup\cdots\cup\bar{K}_1K_{N_i})\\&=K_1+\bar{K}_1K_2+\bar{K}_1\bar{K}_2K_3\cup\bar{K}_1\bar{K}_2K_4\cup\cdots\cup\bar{K}_1\bar{K}_2K_{N_i}\\&=K_1+\bar{K}_1K_2+\bar{K}_1\bar{K}_2K_3+\overline{\bar{K}_1\bar{K}_2K_3}(\bar{K}_1\bar{K}_2K_4\cup\cdots\cup\bar{K}_1\bar{K}_2K_{N_i})\\&=\cdots\cdots\end{aligned}$$

按上式递推，直到化全部相交和为不交和为止。

② 递推法。

根据集合运算的性质，集合 K_1，K_2 和 K_3 的并可以用三项不交和表示：

$$K_1 \cup K_2 \cup K_3 = K_1 + \bar{K}_1 K_2 + \bar{K}_1 \bar{K}_2 K_3$$

将上式推广到一般通式如下：

$$T = K_1 \cup K_2 \cup \cdots \cup K_{N_i} = K_1 + K_1 K_2 + \cdots + K_1 K_2 \cdots K_{N_i - 1} K_{N_i}$$

例题 4.10 故障树如图 4-26 所示，其中 $F_A = F_B = 0.2$ ， $F_C = F_D = 0.3$ ， $F_E = 0.36$ 。该故障树的最小割集为 $K_1 = \{A,C\}, K_2 = \{B,D\}, K_3 = \{A,D,E\}, K_4 = \{B,C,E\}$ ，求顶事件发生的概率。

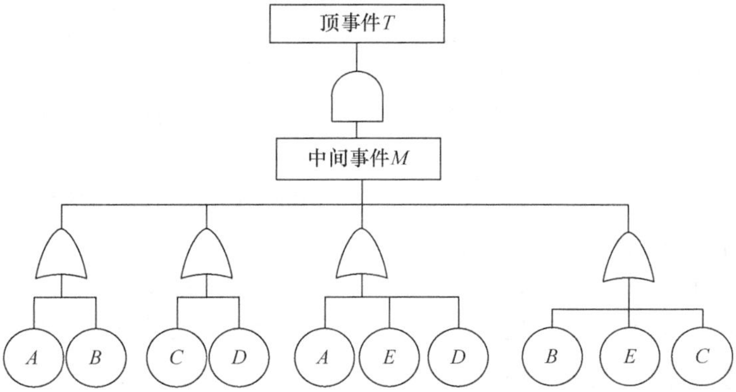

图 4-26　例题 4.10 的故障树

若应用直接法，则有

$$\begin{aligned}
T &= K_1 \cup K_2 \cup K_3 \cup K_4 \\
&= K_1 + \bar{K}_1 (K_2 \cup K_3 \cup K_4) \\
&= AC + \overline{AC}(BD \cup ADE \cup BCE) \\
&= AC + (\bar{A} \cup \bar{C})(BD \cup ADE \cup BCE) \\
&= AC + \bar{A}BD + \overline{\bar{A}BD}(\bar{A}BCE \cup \bar{C}BD \cup \bar{C}ADE) \\
&\ \ \vdots \\
&= AC + \bar{A}BD + A\bar{C}BD + \bar{D}\bar{A}BCE + \bar{B}\bar{C}ADE)
\end{aligned}$$

于是

$$\begin{aligned}
P(T) &= P(A)P(C) + P(\bar{A})P(B)P(D) + P(A)P(\bar{C})P(B)P(D) + \\
&\quad + P(\bar{D})P(\bar{A})P(B)P(C)P(E) + P(\bar{B})P(\bar{C})P(A)P(D)P(E) \\
&= 0.2 \times 0.3 + 0.8 \times 0.2 \times 0.3 + 0.2 \times 0.7 \times 0.2 \times 0.3 + \\
&\quad 0.7 \times 0.8 \times 0.2 \times 0.3 \times 0.36 + 0.7 \times 0.8 \times 0.2 \times 0.3 \times 0.36 \\
&= 0.140592
\end{aligned}$$

若采用递推法，则有

$$
\begin{aligned}
T &= K_1 \cup K_2 \cup K_3 \cup K_4 \\
&= K_1 + \overline{K}_1 K_2 + \overline{K}_1 \overline{K}_2 K_3 + \overline{K}_1 \overline{K}_2 \overline{K}_3 K_4 \\
&\vdots \\
&= AC + \overline{A}BD + AB\overline{C}D + \overline{C}\overline{B}AED + \overline{A}\overline{D}BCE
\end{aligned}
$$

显然该方法与直接方法计算结果相同，所以

$$P(T) = 0.140592$$

(2) 近似计算顶事件发生概率的方法。

根据上述推理计算顶事件发生概率的精确解。当故障树中最小割集数较多时会发生“组合爆炸”问题。即使用直接化法或递推化法将相交和化为不交和。计算量也是相当惊人的,但在许多实际工作问题中，这种精确计算是不必要的。这是因为：

① 统计得到的基本数据往往不是很精确的,因此用底事件的数据计算顶事件发生的概率值时精确计算没有实际意义。

② 一般情况下,人们总是把产品设计得可靠度比较高,对于武器装备尤其重要，因此，产品的不可靠度是很小的。故障树顶事件发生的概率(就是系统的不可靠度)根据精确计算方法计算的收敛速度非常快，$2^{N_k}-1$项的代数和中起主要作用的是首项或首项及第二项。后面一些的数值极小。所以在实际计算时往往近似表示为

$$P(T) \approx S_1 = \sum_{i=1}^{N_k} P(K_i)$$

精确法的第二项可表示为

$$S_2 = \sum_{i<j=2}^{N_k} P(K_i K_j)$$

因此，取公式的前两项的近似算式为

$$P(T) \approx S_1 - S_2 = \sum_{i=1}^{N_k} P(K_i) - \sum_{i<j=2}^{N_k} P(K_i K_j)$$

例题 4.11 以图 4-26 的故障树为例,试求该故障树顶事件发生概率的近似解,其中

$$F_A = F_B = 0.2\text{ ，}\quad F_C = F_D = 0.3\text{ ，}\quad F_E = 0.36$$

分析：该故障树的最小割集为

$$K_1 = \{A, C\}\text{ ，}\quad K_2 = \{B, D\}\text{ ，}\quad K_3 = \{A, D, E\}\text{ ，}\quad K_4 = \{B, C, E\}$$

从而有

$$
\begin{aligned}
P(T) &\approx \sum_{i=1}^{N_k} P(K_i) = P(K_1) + P(K_2) + P(K_3) + P(K_4) \\
&= P(A)P(C) + P(B)P(D) + P(A)P(D)P(E) + P(B)P(C)P(E) \\
&= 2\times 0.2\times 0.3 + 2\times 0.2\times 0.3\times 0.36 = 0.1632
\end{aligned}
$$

顶事件发生概率的精确值为 0.140592，其相对误差：

$$
\varepsilon_1 = \frac{0.140592 - 0.1632}{0.140592} = -16\%
$$

又因为

$$
\begin{aligned}
S_2 &= \sum_{i<j=2}^{N_k} P(K_i K_i) \\
&= P(K_1K_2) + P(K_1K_3) + P(K_1K_4) + P(K_2K_3) + P(K_2K_4) + P(K_3K_4) \\
&= P(A)P(C)P(B)P(D) + P(A)P(C)P(D)P(E) + P(A)P(B)P(C)P(E) \\
&\quad + P(B)P(D)P(A)P(E) + P(B)P(D)P(C)P(E) \\
&\quad + P(A)P(D)P(B)P(C)P(E) \\
&= 0.026496
\end{aligned}
$$

其相对误差：

$$
\varepsilon_2 = \frac{0.140592 - 0.136704}{0.140592} = 2.76\%
$$

显然，该故障树的底事件故障概率是相当高的，虽然误差并不大，当底事件故障概率降低后，相对误差会大大地减小，一般都能满足工程应用的要求。

4. 重要度分析

底事件或最小割集对顶事件发生的贡献称为该事件或最小割集的重要度。一般情况下，系统中各元、部件并不同样重要，如有的元、部件一故障就会引起系统故障，有的则不然。因此，按照底事件或最小割集对顶事件发生的重要性来排队，对改进系统是十分必要的。在工程设计中，重要度分析可应用于以下几个方面：①改善系统设计；②确定系统需要监测的部位；③制订系统故障诊断时的核对清单等。

重要度是系统结构、元部件的寿命分布及时间的函数。由于设计的对象不同、要求不同，因此重要度也有不同的含义，无法规定一个统一的重要度标准。这里仅介绍几个常用重要度概念及计算方法。

1) 概率重要度

概率重要度的定义：第 i 个部件不可靠度的变化引起系统不可靠度变化的程度。用数学公式表达为

$$\Delta g_i(t)=\frac{\partial g\left[F(t)\right]}{\partial\left[F_i(t)\right]}=\frac{\partial\left[F_s(t)\right]}{\partial\left[F_i(t)\right]}$$

式中，$\Delta g_i(t)$ 为概率重要度；$F_i(t)$ 为元、部件不可靠度；$g\left[F(t)\right]$ 为顶事件发生概率；$F(t)=\left[F_1(t),F_2(t),\cdots,F_n(t)\right]$；$F_s(t)$ 为系统不可靠度且 $F_s(t)=P(T)=g\left[F(t)\right]$。

由全概率公式：

$$\begin{aligned}P(T)&=P\left[X_i(t)=1\right]\cdot P\left[T|X_i(t)=1\right]+P\left[X_i(t)=0\right]\cdot P\left[T|X_i(t)=0\right]\\&=F_i(t)g\left[1_i,F(T)\right]+\left[1-F_i(t)\right]g\left[0_i,F_i(t)\right]\end{aligned}$$

从而有

$$\begin{aligned}\Delta g_i(t)&=g\left[1_i,F(t)\right]-g\left[0_i,F(t)\right]=E\left[\varPhi(1_i,X(t))-\varPhi(0_i,X(t))\right]\\&=P\left\{\left[\varPhi(1_i,X(t))-\varPhi(0_i,X(t))\right]=1\right\}\end{aligned}$$

2) 结构重要度

结构重要度定义：元、部件在系统中所处位置的重要程度，与元、部件本身故障概率毫无关系。其数学表达式为

$$I_i^{\phi}=\frac{1}{2^{n-1}}n_i^{\phi},n_i^{\phi}=\sum_{2^{n-1}}\left\{\varPhi\left[1_i,X(t)\right]-\varPhi\left[0_i,X(t)\right]\right\}$$

式中，I_i^{ϕ} 为第 i 个元、部件的结构重要度；n 为系统所含元、部件的数量。

系统中第 i 个部件由正常状态 0 变为故障状态 1，其他部件状态不变时，系统可能有以下四种状态：

$$\varPhi(0_i,X)=0\rightarrow\varPhi(1_i,X)=1,\quad \varPhi(1_i,X)=\varPhi(0_i,X)=1$$

$$\varPhi(0_i,X)=0\rightarrow\varPhi(1_i,X)=0,\quad \varPhi(1_i,X)=\varPhi(0_i,X)=0$$

$$\varPhi(0_i,X)=1\rightarrow\varPhi(1_i,X)=1,\quad \varPhi(1_i,X)=\varPhi(0_i,X)=0$$

$$\varPhi(0_i,X)=1\rightarrow\varPhi(1_i,X)=0,\quad \varPhi(1_i,X)=\varPhi(0_i,X)=-1$$

而对于单调关联系统，最后一种情况不予考虑。

一个由 n 个部件组成的系统，当第 i 个部件处于某一状态时，其余 $n-1$ 个部件可能有 2^{n-1} 种状态组合。从而直接法中顶事件 T 就是第一种情况发生次数的累加，所以 I_i^{ϕ} 可以作为第 i 个部件对系统故障贡献大小的度量。

3) 关键重要度

关键重要度定义：第 i 个元、部件故障概率变化引起系统故障概率的变化率。它体现了改善一个比较可靠的元、部件比改善一个不太可靠的元、部件困难这一性质，数学表达式为

$$I_i^{\mathrm{CR}}(t)=\lim_{\Delta F_i(t)\to 0}\left(\frac{\Delta g[F(t)]}{g[F(t)]}\bigg/\frac{\Delta F_i(t)}{F_i(t)}\right)=\frac{F_i(t)}{g[F_i(t)]}\cdot\frac{\partial g[F(t)]}{\partial F_i(t)}=\frac{F_i(t)}{F_s(t)}\Delta g_i(t)$$

式中，$I_i^{\mathrm{CR}}(t)$ 为关键重要度；$F_i(t)\cdot\Delta g_i(t)$ 为 i 元、部件故障引发系统故障的概率。此数值越大表明 i 元、部件引发系统故障的概率越大。因此，对系统进行检修时应首先检查关键重要度大的元、部件。

例题 4.12 故障树如图 4-15 所示。已知：$\lambda_1=0.001/\mathrm{h}$，$\lambda_2=0.002/\mathrm{h}$，$\lambda_3=0.003/\mathrm{h}$。试求当 $t=100\mathrm{h}$ 时各部件的概率重要度、结构重要度和关键重要度。

(1) 概率重要度：

$$F_s(t)=1-[1-F_1(t)][1-F_2(T)F_3(t)]$$

所以

$$\Delta g_1(100)=1-F_2(100)F_3(100)=1-(1-\mathrm{e}^{-0.002\times 100})(1-\mathrm{e}^{-0.003\times 100})=0.953$$

$$\Delta g_2(100)=[1-F_1(100)]F_3(100)=0.2345$$

$$\Delta g_3(100)=[1-F_1(100)]F_2(100)=0.164$$

显然，部件 1 最重要。

(2) 结构重要度：

该系统有三个部件，所以共有 $2^3=8$ 种状态

$\Phi(0,0,0)=0,\quad \Phi(1,0,0)=1,\quad \Phi(1,0,1)=1,$

$\Phi(0,1,0)=0,\quad \Phi(0,1,1)=1,\quad \Phi(1,1,1)=1,$

$\Phi(0,0,1)=0,\quad \Phi(1,1,0)=1$

$n_1^{\phi}=[\Phi(1,0,0)-\Phi(0,0,0)]+[\Phi(1,0,1)-\Phi(0,0,1)]+[\Phi(1,1,0)-\Phi(0,1,0)]=3$

$n_2^{\phi}=[\Phi(0,1,1)-\Phi(0,0,1)]=1$

$n_3^{\phi}=[\Phi(0,1,1)-\Phi(0,1,0)]=1$

从而有

$$I_1^{\phi}=\frac{1}{2^{3-1}}n_1^{4}=\frac{3}{4},\quad I_2^{\phi}=I_3^{\phi}=\frac{1}{4}$$

显然部件 1 在结构中所占位置比部件 2、3 更重要。

(3) 关键重要度：

$$I_1^{\mathrm{CR}}(100)=\Delta g_1(100)\frac{F_1(100)}{F_s(100)}=0.953\times\frac{0.0952}{0.1377}=0.6588$$

$$I_2^{\mathrm{CR}}(100)=\Delta g_2(100)\frac{F_2(100)}{F_s(100)}=0.2345\times\frac{0.1813}{0.1377}=0.3807$$

$$I_3^{\mathrm{CR}}(100)=\Delta g_3(100)\frac{F_3(100)}{F_s(100)}=0.1640\times\frac{0.2592}{0.1377}=0.3807$$

显然部件 1 最关键。

4.3 模糊可靠性分析

4.3.1 模糊可靠性的基本概念

经典可靠性定义包括对象、条件、时间、功能和能力 5 个方面的内容。这个定义的前 3 项(对象、条件和时间)是可靠性的前提，是不允许模糊化的。因此，改造经典可靠性定义的工作只能从第 4、5 项内容入手。如果将原定义中“保持其规定功能”改变成“在某种程度上保持其规定功能”，就实现了产品“功能”的模糊化。至于第 5 项内容(能力)，本身就是模糊概念，只要用模糊指标描述就行了。

通过上述改造获得的模糊可靠性定义与经典可靠性定义是相对应的。显然，前者是后者的拓展，后者是前者的特例。但是这个定义能否反映模糊可靠性的内涵呢？从概率论的角度将有关模糊可靠性的种种问题归纳为三大类，即①模糊事件，精确概率；②清晰事件，模糊概率；③模糊事件，模糊概率。显然，前面直接改造经典可靠性定义所获得的结果与模糊可靠性内涵所包括的 3 个内容是一致的。因此，将模糊可靠性定义为产品在规定的使用条件下，在预期的使用时间内，在某种程度上保持其规定功能的能力。同时，将这个定义中用“某种程度”模糊化了的产品“功能”，称为模糊功能。

为了解决如何用模糊子集表示模糊功能的问题，必须应用模糊数学中关于模糊语言的组成规则。在模糊数学中关于模糊语言的组成规则中，将语言算子分成 3 类。

(1) 语气算子：将“比较”“很”“极”这 3 个语气算子作为单词大和小的前缀词，就得到了 6 个模糊子集，加上原来没有语气算子的 2 个模糊子集，共得到 8 个表示不同模糊功能的模糊子集。

语气算子用 H_λ 表示(λ 是一个实数)，其运算规则为

$$\mu_{(H_\lambda \tilde{A})}(u) \triangleq \left[\mu_{\tilde{A}}(u)\right]^\lambda$$

式中，$\mu_{\tilde{A}}(u)$ 为论域中任一元素 u 隶属于模糊子集 $\tilde{A}$ 的程度的量，称之为 u 对于 $\tilde{A}$ 的隶属度。一般，$H_{1/2}$ 称为“比较”，H_2 称为“很”，H_4 称为“极”。

(2) 模糊化算子：将模糊化算子“大概”作为前缀词加到前面的 8 个模糊子集上，又可以得到 8 个新的模糊子集。这样共得到了 16 个模糊子集。

模糊化算子用 F 表示，其运算规则为

$$\mu_{F\tilde{A}}(u) \triangleq \mu_{(\tilde{E}O\tilde{A})}(u) = \underset{V\in U}{\vee}\left[\mu_{\tilde{E}}(u,\upsilon) \wedge \mu_{\tilde{A}}(u)\right]$$

式中，$\tilde{E}$ 为 U 上的一个相似关系。当 $U \to (-\infty,+\infty)$ 时，常取

$$\mu_{\tilde{E}}(u,\upsilon) = \begin{cases} e^{-(u-\upsilon)^2}, & |u-\upsilon| < \delta \\ 0, & |u-\upsilon| \geqslant \delta \end{cases}$$

式中，δ 为参数。

(3) 判定化算子：将判定化算子“倾向于”作为前缀词加到前面的 16 个模糊子集上，又可得到新的 16 个模糊子集，加上原来的 16 个模糊子集，就得到了 32 个模糊子集。

判定化算子“倾向于”或“倾向”用 $P_{1/2}$ 表示，其运算规则为

$$\mu_{(P_{1/2}\tilde{A})}(u) \triangleq P_{1/2}\left[\mu_{\tilde{A}}(u)\right] = \begin{cases} 0, & u > u_{1/2} \\ 1, & u < u_{1/2} \end{cases}$$

式中，$u_{1/2}$ 为使 $\mu_{\tilde{A}}(u) = \dfrac{1}{2}$ 的那个 u 值。

4.3.2　模糊可靠性基本指标

与经典可靠性的主要指标类似，模糊可靠性的主要指标也有可靠度、故障率、平均寿命等，不过这些指标的内涵远比经典可靠性的指标丰富、复杂。在讨论模糊可靠性的定义时，从模糊概率论的角度将模糊可靠性所涉及的内容归纳为三大类，这里将模糊可靠性的指标也相应地分为三大类：模(糊事件)-精(确概率)型指标；清(晰事件)-模(糊概率)型指标；模(糊事件)-模(糊概率)型指标。

本节仅讨论模糊可靠性最简单而又常用的模-精型指标。

1. 模糊可靠度 $\tilde{R}$

产品在规定的使用条件下，在预期的使用时间内，在某种程度上保持其规定功能的概率，称为产品关于 $\tilde{A}_i$ 的模糊可靠度，并记为 $\tilde{R}(\tilde{A}_i)$，简记为 $\tilde{R}$。其中 $\tilde{A}_i$ 表示要讨论的某一模糊功能子集。

这里所说的“概率”，既可以是精确的概率数据，也可以是模糊的语言概率值，所以这个意义对 3 种类型都适用。

假设用 A 表示经典可靠性定义中“产品在……保持其规定功能”这一清晰事件，用 $\tilde{A}_1,\tilde{A}_2,\cdots,\tilde{A}_n$ 分别表示各个模糊功能子集所代表的模糊事件。显然，A 在不同程度上分别属于 $\tilde{A}_1,\tilde{A}_2,\cdots,\tilde{A}_n$。由上述定义可知，需要注意的不是 $\tilde{A}_i$ 出现的概率，而是 A 出现时，A 属于 $\tilde{A}_i$ 的概率。因此，模糊可靠度不是 $\tilde{P}(\tilde{A}_i)$，而是

$P(A\Delta\tilde{A}_i)$。

由模糊条件概率的定义可得

$$\tilde{P}(A\Delta\tilde{A}_i)=P(\tilde{A}_i|A)P(A)$$

根据经典可靠度 R 和模糊可靠度 $\tilde{R}$ 的定义有

$$P(A)=R\text{，}\ \tilde{P}(A\Delta\tilde{A}_i)=\tilde{R}$$

式中，符号 Δ 为三角范算子(代数积)。

从而有

$$\tilde{R}=P(\tilde{A}_i|A)R$$

式中，$P\left(\tilde{A}_i\middle|A\right)$ 为在 A 出现的条件下，$\tilde{A}_i$ 出现的概率。隶属函数 $\mu_{\tilde{A}}(A)$ 在此可理解为模糊条件概率，因此，可由 $\mu_{\tilde{A}_i}(A)$ 代替 $P\left(\tilde{A}_i\middle|A\right)$。而 A 出现的可能性是由概率 R 表示的，所以 $\mu_{\tilde{A}}(A)$ 可由 $\mu_{\tilde{A}}(R)$ 表示，于是

$$\tilde{R}=\mu_{\tilde{A}_i}(R)R$$

2. 模糊故障率 $\tilde{\lambda}$

产品工作到某时刻 t，在单位时间内发生某类模糊故障的概率，称为产品关于该类产品的模糊故障率，并记为 $\lambda(\tilde{A}_i)$，简记为 $\tilde{\lambda}$。

假设用 $\tilde{B}_1$ 表示产品在 $[0,t]$ 内无某类故障，用 $\tilde{B}_2$ 表示产品在 $(t,t+\mathrm{d}t)$ 内发生该类故障，则由模糊条件概率的定义得

$$P(\tilde{B}_2|\tilde{B}_1)=P(\tilde{B}_1\Delta\tilde{B}_2)/P(\tilde{B}_1)$$

若用 T 表示产品无某类故障的工作时间，则

$$\tilde{B}_1\Delta\tilde{B}_2="t<T\leqslant t+\mathrm{d}t"\text{，}\ \tilde{B}_1="T>t"$$

从而条件模糊概率

$$P(\tilde{B}_2|\tilde{B}_1)=\frac{P(t<T\leqslant t+\mathrm{d}t)}{P(T>t)}=\frac{P(T\leqslant t+\mathrm{d}t)-P(T\leqslant t)}{P(T>t)}$$

$$\frac{\tilde{F}(t+\mathrm{d}t)}{P(T>t)}=\frac{\mathrm{d}\tilde{F}(t)}{P(T>t)}$$

式中，$\tilde{F}(t)-T$ 的分布函数；

$$P(T>t)=\tilde{R}$$

根据分布函数的定义

$$\tilde{F}(t) \triangleq P(T \leqslant t) = 1 - P(T > t) = 1 - \tilde{R}$$

所以又称 $\tilde{F}(t)$ 为模糊不可靠度。

于是

$$P(\tilde{B}_2 | \tilde{B}_1) = \frac{\mathrm{d}(1-\tilde{R})}{\tilde{R}} = -\frac{\mathrm{d}\tilde{R}}{\tilde{R}}$$

故

$$\tilde{\lambda} = \frac{-\mathrm{d}\tilde{R}}{\tilde{R}\mathrm{d}t}$$

上式为 $\tilde{\lambda}$ 的数学表达式，它表示模糊故障率与模糊可靠度之间的数学关系。现在讨论用 $\tilde{\lambda}$ 表示 $\tilde{R}$ 的问题，于是

$$\tilde{\lambda}\mathrm{d}t = -\mathrm{d}\tilde{R} / \tilde{R}$$

在 $[0,t]$ 区间积分上式，得

$$\tilde{R} = \exp(-\int_0^t \tilde{\lambda}\mathrm{d}t)$$

当 $\tilde{\lambda}$ 为常数时，上式可以改写成 $\tilde{R} = \mathrm{e}^{-\tilde{\lambda}t}$，从而有

$$\tilde{\lambda} = \frac{\mathrm{d}\left[\mu_{\tilde{A}_i}(R)R\right]}{\mu_{\tilde{A}_i}(R)R\mathrm{d}t} = \frac{-R\mathrm{d}\mu_{\tilde{A}_i}(R) - \mu_{\tilde{A}_i}(R)\mathrm{d}R}{\mu_{\tilde{A}_i}(R)R\mathrm{d}t} = \lambda - \frac{R\mathrm{d}\mu_{\overline{A}_i}(R)}{\mu_{\overline{A}_i}(R)R\mathrm{d}t}$$

3. 模糊平均寿命

产品无某类模糊故障工作时间的数学期望，称为关于该类故障的模糊平均寿命，并记为 $\tilde{\theta}(\tilde{A}_i)$，简记为 $\tilde{\theta}$。

由经典概率论关于数学期望的定义，得

$$\tilde{\theta} = \int_0^{+\infty} t\left[\frac{\mathrm{d}\tilde{F}(t)}{\mathrm{d}t}\right]\mathrm{d}t = \int_0^{+\infty} t\left[\frac{\mathrm{d}(1-\tilde{R})}{\mathrm{d}t}\right]\mathrm{d}t = -\int_0^{+\infty} t\mathrm{d}\tilde{R} = \int_0^{+\infty} \tilde{R}\mathrm{d}t$$

从而根据 $\tilde{R} = \exp\left(-\int_0^{+\infty} \tilde{\lambda}\mathrm{d}t\right)$ 有

$$\tilde{\theta} = \int_0^{+\infty} \tilde{R}\mathrm{d}t = \int_0^{+\infty} \exp\left(-\int_0^t \tilde{\lambda}\mathrm{d}t\right)\mathrm{d}t$$

当 $\tilde{\lambda}$ 为常数时，上式可改写为

$$\tilde{\theta} = \int_0^{+\infty} \exp\left(-\int_0^t \tilde{\lambda}\mathrm{d}t\right)\mathrm{d}t = \frac{1}{\tilde{\lambda}}$$

用同样的思路和方法，还可以定义平均模糊故障间隔时间、模糊维修度、模糊维修率和模糊故障修复时间等指标。

例题 4.13 钢丝绳收到拉伸力，已知钢丝绳的承受能力和所受的载荷均为正态分布，承载能力 $Q \sim N$ (907200，13600)，载荷 $F \sim N$ (544300，113400)，求其模糊失效概率。

解：(1) 求出经典可靠性以作比较：由于承受能力及载荷均为正态分布，故

$$\beta = \frac{\mu_Q - \mu_F}{\sqrt{\sigma_Q^2 + \sigma_F^2}} = 2.0494$$

得经典失效率和经典可靠度为 $P_F = 0.02018, R = 0.9798$。

(2) 求其模糊可靠度：

$$\mu_z = \mu_x - \mu_y = 362900, \quad \sigma_z = \sqrt{\left(\sigma_x^2 + \sigma_y^2\right)} = 1.77 \times 10^5$$

首先确定隶属函数

$$\mu(z) = \begin{cases} \exp\left[-(z - z_m)^2 / k\right], & |z - z_m| \leqslant \delta \\ 0, & |z - z_m| > \delta \end{cases}$$

式中，δ 为在一定程度上这个模糊概念的定量值，一般根据试验数据或经验给出。在这里 $\delta = 0.15$，$\mu_z = 54435$。

根据 Fuzzy 公理，当 $\mu(z) = 0.5$ 时边界最模糊，即最难确定 $z \tilde{<} 0$ 这一模糊判断是否属于完全失效状态。

取 $z_m = 0$，可以求得当 $k = 4.2749 \times 10^9$ 时，$z \in [-54435，54435]$N，该模糊判据的隶属度 $\mu_z(z) \geqslant 0.5$。

确定隶属函数为

$$\mu(z) = \begin{cases} \exp\left(-\dfrac{z^2}{4.2749 \times 10^9}\right), & |z| \leqslant 54435 \\ 0, & |z| > 54435 \end{cases}$$

则模糊失效概率为

$$P_{\overline{F}} = \sqrt{\frac{k}{2\sigma_z^2 + k}} \exp\left[-\frac{(z_m - \mu_z)^2}{2\sigma_z^2 + k}\right]\left[\Phi(y_2) - \Phi(y_1)\right] = 0.02537$$

其模糊可靠度为

$$\tilde{R} = 1 - P_{\overline{F}} = 0.9746$$

由此可以看出，在选定 $\delta \in [-0.15\mu_z, 0.15\mu_z]$ 时，其模糊可靠度小于普通可靠度。

4.3.3　模糊可靠性模型

1. 串联系统模型

只有当其所有组成单元都正常工作时，整个系统才能正常工作；反之，当其中任一单元发生故障，整个系统就发生故障。串联系统是最常见，也是最简单的模型之一。设由 n 个单元 $C_1,C_2,\cdots,C_n$ 组成一个串联系统。并假定各单元发生模糊故障是相互独立的。

系统模糊可靠度 $\tilde{R}_s(t)$ 为

$$\tilde{R}_s(t)=\prod_{j=1}^{n}\tilde{R}_j(t)=\tilde{R}_1(t)\otimes\tilde{R}_2(t)\otimes\cdots\otimes\tilde{R}_n(t)$$

式中，$\tilde{R}_j(t)$ 为“第 j 个单元的模糊可靠度”。

系统的模糊失效率 $\tilde{\lambda}_s$ 为

$$\tilde{\lambda}_s=\sum_{j=1}^{n}\tilde{\lambda}_j=\tilde{\lambda}_1\oplus\tilde{\lambda}_2\oplus\cdots\oplus\tilde{\lambda}_n$$

式中，$\tilde{\lambda}_j$ 为第 j 单元的模糊失效率。

当各单元的寿命分布为指数分布时，系统的模糊可靠度为

$$\tilde{R}_s(t)=\mathrm{e}^{-\tilde{\lambda}_s t}$$

系统的模糊平均寿命 $\widetilde{\mathrm{MTTF}}$ 为

$$\widetilde{\mathrm{MTTF}}_s=\frac{1}{\sum_{j=1}^{n}\frac{1}{\widetilde{\mathrm{MTTF}}_j}}$$

式中，$\widetilde{\mathrm{MTTF}}_j$ 为单元 j 的模糊平均寿命。

系统的模糊平均故障间隔时间 $\widetilde{\mathrm{MTBF}}_s$ 为

$$\widetilde{\mathrm{MTBF}}_s=\frac{1}{\tilde{\lambda}_s}$$

上述的加、减、乘、除运算都是基于扩展原理的模糊数之间的运算，下同。

2. 并联系统模型

系统由一些具有相同功能的单元组成，只要其中任一单元正常工作，整个系统就能正常工作；反之，当所有单元发生故障时，整个系统才发生故障。并联系统是最简单的冗余系统。设有 n 个单元 $C_1,C_2,\cdots,C_n$ 组成一个并联系统，并假定各单元发生模糊故障是相互独立的。现在来建立这种系统的模糊可靠性计算模型。

系统模糊可靠度 $\tilde{R}_s(t)$ 为

$$\tilde{R}_s(t)=1-\prod_{j=1}^{n}\left[1-\tilde{R}_j(t)\right]=1-\left[1-\tilde{R}_1(t)\right]\otimes\left[1-\tilde{R}_2(t)\right]\otimes\cdots\otimes\left[1-\tilde{R}_n(t)\right]$$

式中，$\tilde{R}_j(t)$ 为"第 j 个单元的模糊可靠度"。

当各单元的寿命分布为指数分布时，系统的模糊可靠度为

$$\tilde{R}_s(t)=1-\prod_{j=1}^{n}\left(1-\mathrm{e}^{-\tilde{\lambda}_j t}\right)$$

式中，$\tilde{\lambda}_j$ 为第 j 单元的模糊失效率。

系统的模糊平均寿命 $\widetilde{\mathrm{MTTF}}_\mathrm{s}$ 为

$$\widetilde{\mathrm{MTTF}}_\mathrm{s}=\int_0^{\infty}\tilde{R}_s\mathrm{d}t=\int_0^{\infty}\mu_{\tilde{A}_i}\left(R_s\right)\left[1-\prod_{j=1}^{n}\left(1-\frac{\mathrm{e}^{-\int_0^1\tilde{\lambda}_j\mathrm{d}t}}{\mu_{\tilde{A}_s}\left(R_j\right)}\right)\right]\mathrm{d}t$$

式中，$\mu_{\tilde{A}_i}\left(R_s\right)$ 为系统可靠度对于 $\tilde{A}_i$ 的隶属度；$\mu_{\tilde{A}_s}\left(R_j\right)$ 为第 j 个单元可靠度对于 $\tilde{A}_i$ 的隶属度。

系统的模糊平均故障间隔时间 $\widetilde{\mathrm{MTBF}}_\mathrm{s}$ 为

$$\widetilde{\mathrm{MTBF}}_\mathrm{s}=\sum_{i=k}^{n}\frac{1}{i\tilde{\lambda}_i}=\frac{1}{\tilde{\lambda}_1}\oplus\frac{1}{2\tilde{\lambda}_2}\oplus\cdots\oplus\frac{1}{n\tilde{\lambda}_n}$$

式中，$\tilde{\lambda}_i$ 为第 i 单元的模糊失效率。

系统模糊失效率 $\tilde{\lambda}_s$ 为

$$\tilde{\lambda}_s=1/\widetilde{\mathrm{MTBF}}_\mathrm{s}$$

3. 混联系统模型

系统由串联子系统和并联子系统简单组合而成。该系统又称组合系统。下面分别介绍两种最常见的混联系统：串并联系统和并串联系统。

1) 串并联系统模型

设由 n 个单元 $A_1, A_2, \cdots, A_n$ 组成一个串联部分和由 m 个单元 $B_1, B_2, \cdots, B_m$ 组成一个并联部分组成的串并联系统，如图 4-27 所示。

将 A、B 两个单元模糊可靠度相乘求得该系统的模糊可靠度 $\tilde{R}_s(t)$ 为

$$\tilde{R}_s(t)=\mu_{\tilde{A}_i}\left(R_{s1}\right)\prod_{j=1}^{n}\frac{\tilde{R}_{j1}}{\mu_{\tilde{A}_i}\left(R_{j1}\right)}\mu_{\tilde{B}_i}\left(R_{s2}\right)\left\{1-\prod_{j=1}^{m}\left[1-\tilde{R}_{j2}/\mu_{\tilde{B}_i}\left(R_{j2}\right)\right]\right\}$$

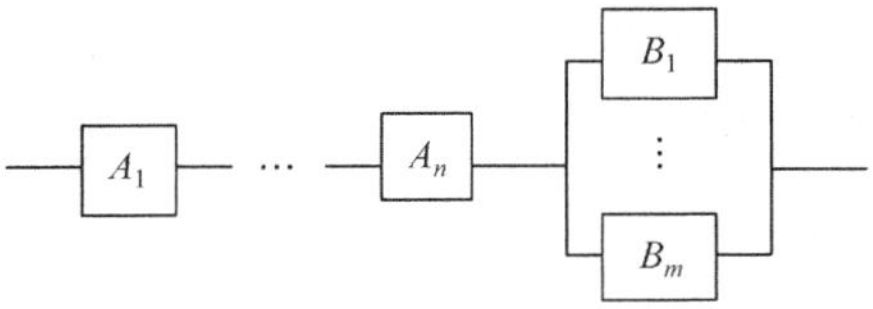

图 4-27　串并联系统图

式中，$\mu_{\tilde{A}_i}\left(R_{s1}\right)$为串联部分可靠度对于 $\tilde{A}_i$ 的隶属度；$\mu_{\tilde{A}_i}\left(R_{j1}\right)$为串联部分第 j 个单元可靠度对于 $\tilde{A}_i$ 的隶属度；$\mu_{\tilde{B}_i}\left(R_{s2}\right)$为并联部分可靠度对于 $\tilde{B}_i$ 的隶属度；$\mu_{\tilde{B}_i}\left(R_{j2}\right)$为并联部分第 j 个单元可靠度对于 $\tilde{B}_i$ 的隶属度。

按普通串联系统的模糊可靠度的求法来求。该系统的模糊可靠度 $\tilde{R}_s(t)$ 为

$$\tilde{R}_s(t)=\mu_{\tilde{C}_i}\left(R_s\right)\prod_{j=1}^{n}\tilde{R}_{j1}\left[1-\prod_{j=1}^{m}\left(1-\tilde{R}_{j2}\right)\right]$$

式中，$\mu_{\tilde{C}_i}\left(R_s\right)$为 R_s 对 $\tilde{C}_i$ 的隶属函数；$\tilde{C}_i$ 为该串联系统的模糊功能子集。

2) 并串联系统模型

设一个并串联系统由 n 个单元 $A_1, A_2, \cdots, A_n$ 组成的一个并联部分和 m 个单元 $B_1, B_2, \cdots, B_m$ 组成的一个串联部分组成，如图 4-28 所示。

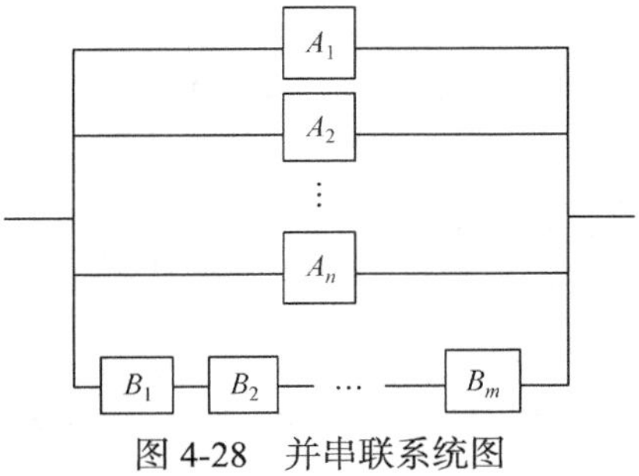

图 4-28　并串联系统图

根据普通的并串联系统的可靠度计算方法，先将串并联单元子系统化为一个等效的并联系统，然后再按并联系统计算。该并串联系统可以等效为由两个单元组成的并联系统。

为方便起见，引进记号：对任意的 $0\leqslant p_i\leqslant 1, i=1,2,\cdots,n$ ，有

$$\coprod_{i=1}^{n}p_i=1-\prod_{i=1}^{n}\left(1-p_i\right)$$

系统中 A 单元(即并联子系统)的模糊可靠度为

$$\tilde{R}_{s1}=\prod_{j=1}^{n}\mu_{\tilde{A}_i}\left(R_{j1}\right)\coprod_{j=1}^{m}\frac{\tilde{R}_{j1}}{\mu_{\tilde{A}_i}\left(R_{j1}\right)}$$

式中，$\tilde{A}_i$ 为“某个模糊功能子集”，$i=1,2,\cdots,n$；R_{s1} 为”系统的普通可靠度”；$\tilde{R}_{s1}$ 为“系统的模糊可靠度”；R_{j1} 为“第 j 个单元的可靠度”；$\tilde{R}_{j1}$ 为“第 j 个单元的模糊可靠度”；$\mu_{\tilde{A}_i}\left(R_{j1}\right)$ 为“第 j 个单元可靠度对于 $\tilde{A}_i$ 的隶属度”。

系统中 B 单元(即串联子系统)的模糊可靠度为

$$\tilde{R}_{s2}=\prod_{j=1}^{m}\tilde{R}_{j2}$$

$\tilde{B}_i$ 为“某个模糊功能子集”，$i=1,2,\cdots,n$；R_{s2} 为”系统的普通可靠度”；$\tilde{R}_{s2}$ 为“系统的模糊可靠度”；R_{j2} 为“第 j 个单元的可靠度”；$\tilde{R}_{j2}$ 为“第 j 个单元的模糊可靠度”；$\mu_{\tilde{B}_i}(R_{s2})$ 为“系统可靠度对于 $\tilde{B}_i$ 的隶属度”；$\mu_{\tilde{B}_i}(R_{j2})$ 为“第 j 个单元可靠度对于 $\tilde{B}_i$ 的隶属度”。

下面求该并串联系统的模糊可靠度。由上述结果得

$$\tilde{R}_s=\left\{1-\left[1-\mu_{\tilde{A}_i}\left(R_{s1}\right)\right]\left[1-\mu_{\tilde{B}_i}\left(R_{s1}\right)\right]\right\}\cdot\left\{1-\left[1-\frac{\tilde{R}_{s1}}{\mu_{\tilde{A}_i}\left(R_{s1}\right)}\right]\left[1-\frac{\tilde{R}_{s2}}{\mu_{\tilde{A}_i}\left(R_{s2}\right)}\right]\right\}$$

根据单元的模糊可靠度 $\tilde{R}_j$ 与模糊失效率 $\tilde{\lambda}_j$ 之间的关系式：$\tilde{R}_j=\mathrm{e}^{-\int_0^1\tilde{\lambda}_j\mathrm{d}t}$，得

$$\tilde{R}_s=\prod_{j=1}^{n}\mu_{\tilde{A}_i}\left(R_{j1}\right)\prod_{j=1}^{n}\frac{\mathrm{e}^{-\int_0^1\tilde{\lambda}_{j1}\mathrm{d}t}}{\mu_{\tilde{A}_i}\left(R_{j1}\right)}$$

若 $\tilde{\lambda}_{j1}$ 为常数且都等于 $\tilde{\lambda}$，$R_{j1}=R$，$\mu_{\tilde{A}_i}(R_{j1})=\mu_{\tilde{A}_i}(R)$，则

$$\tilde{R}_s=\left[1-\left(1-\mu_{\tilde{A}_i}(R)\right)^n\right]\left[1-\left(1-\frac{\mathrm{e}^{-\tilde{\lambda}t}}{\mu_{\tilde{A}_i}(R)}\right)^n\right]$$

对于并串联系统的模糊平均寿命的计算方法是先将串联系统转化为一个等效的并联系统，然后再按并联系统进行模糊平均寿命计算。

系统模糊平均寿命 $\widetilde{\mathrm{MTTF}}_s$ 为

$$\widetilde{\mathrm{MTTF}}_s=\int_0^\infty\tilde{R}_s\mathrm{d}t=\int_0^\infty\prod_{j=1}^{n}\mu_{\tilde{A}_i}\left(R_{j1}\right)\prod_{j=1}^{n}\frac{\mathrm{e}^{-\int_0^1\tilde{\lambda}_{j1}\mathrm{d}t}}{\mu_{\tilde{A}_i}\left(R_{j1}\right)}\mathrm{d}t$$

若 $\tilde{\lambda}_{j1}$ 为常数，且 $\mu_{\tilde{A}_i}\left(R_{j1}\right)$ 随时间 t 的变化不大，可用它的平均值 $\mu_{\tilde{A}_i}\left(R_{j1}\right)_m$ 代替，则

$$\widetilde{\mathrm{MTTF}}_s = \int_0^\infty \prod_{j=1}^{n} \mu_{\tilde{A}_i}\left(R_{j1}\right)_m \prod_{j=1}^{n} \frac{\mathrm{e}^{-\tilde{\lambda}_{j1}t}}{\mu_{\tilde{A}_i}\left(R_{j1}\right)_m} \mathrm{d}t$$

4. 旁联系统模型

系统由相同功能的单元组成，在同一时刻只有一个单元工作，其余单元作为备份。只有当参加工作的那个单元发生故障时，备份单元通过转换装置逐个参加工作。旁联系统图如图 4-29 所示。

当转换装置绝对可靠时，系统模糊平均故障间隔时间 $\widetilde{\mathrm{MTBF}}_s$ 等于各单元模糊平均故障间隔时间 $\widetilde{\mathrm{MTBF}}_i$ 之和：

$$\widetilde{\mathrm{MTBF}}_s = \sum_{i=1}^{n} \widetilde{\mathrm{MTBF}}_i$$

当系统各单元的寿命服从指数分布时，有：

$$\widetilde{\mathrm{MTBF}}_s = \sum_{i=1}^{n} 1/\tilde{\lambda}_i$$

式中，$\tilde{\lambda}_i$ 为第 i 单元的模糊失效率。

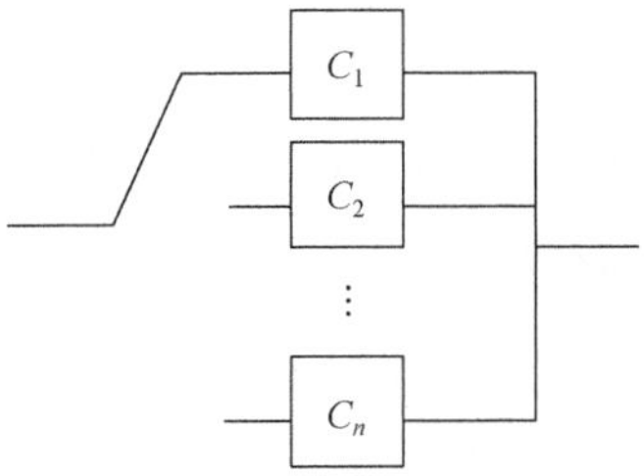

图 4-29　旁联系统图

当系统的各单元都相同时，有

$$\widetilde{\mathrm{MTBF}}_s = n/\tilde{\lambda}$$

式中，$\tilde{\lambda}$ 为各单元的模糊失效率。

系统模糊可靠度 $\tilde{R}_s(t)$ 为

$$\tilde{R}_s(t) = \tilde{R}(t)\sum_{i=0}^{n-1} (\lambda t)^i \Big/ i! = \mathrm{e}^{-\tilde{\lambda}t}\left[1 + \tilde{\lambda}t + (\tilde{\lambda}t)^2/2! + \cdots + (\tilde{\lambda}t)^{n-1}/(n-1)!\right]$$

5. 表决系统模型

系统由 $n(n>2)$ 个相同单元组成，只有当 $k(k<n+1)$ 个单元正常工作时，系统才能正常工作；反之，系统将发生故障。该模型又称工作储备模型，如图 4-30 所示。

系统模糊可靠度 $\tilde{R}_s(t)$ 为

$$\tilde{R}_s = \sum_{i=k}^{n} C_n^i \tilde{R}_i^i \left(1 - \tilde{R}_i\right)$$

式中，$\tilde{R}_i(t)$ 为第 i 个单元的模糊可靠度。

系统的模糊平均故障间隔时间 $\widetilde{\mathrm{MTBF}}_s$ 为

$$\widetilde{\mathrm{MTBF}}_s = \sum_{i=k}^{n} 1/i\tilde{\lambda}_i$$

式中，$\tilde{\lambda}_i$ 为第 i 单元的模糊失效率。

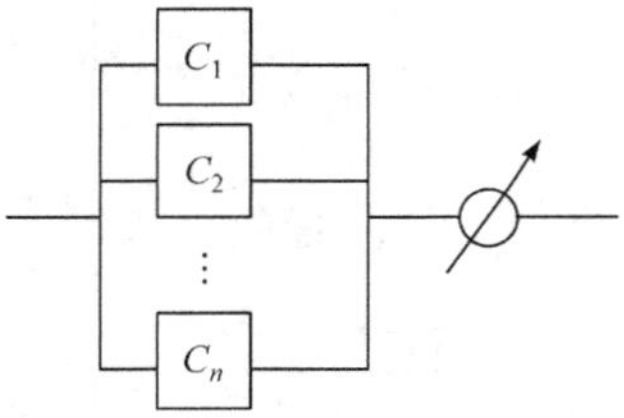

图 4-30　表决系统图

系统模糊失效率 $\tilde{\lambda}_s$ 为

$$\tilde{\lambda}_s = \frac{1}{\mathrm{M\tilde{T}BF_s}}$$

例题 4.14　已知某并串联系统，由一个 1 号部件、一个 3 号部件和三个 2 号部件串联而成的子系统组成，其模糊故障率为 $\lambda_1 = \lambda_3 = 0.03(1/10^4\mathrm{h})$ ，$\lambda_2 = 0.01$ $(1/10^4\mathrm{h})$ 。可靠度为 $R_1 = R_3 = 0.995$ ，$R_2 = 0.998$ 。

$$\mu_{极可靠}(0.995) = 0.90，\mu_{很可靠}(0.995) = 0.75，\mu_{较可靠}(0.995) = 0.40$$

$$\mu_{极可靠}(0.9999) = 0.999，\mu_{很可靠}(0.9999) = 0.500，\mu_{较可靠}(0.9999) = 0.100$$

试求该串并联系统在工作了 100h 时的模糊可靠性指标。

解：由前文推导得

$$\lambda_{222} = \sum_{j=1}^{3} \lambda_{2j} = 0.03\left(1/10^4\mathrm{h}\right)$$

又由普通可靠度理论知：

$$R_{222} = \sum_{j=1}^{3} R_{2j} = 0.995$$

因为 $R_1 = R_{222} = R_3$， $R_1 = R_{222} = R_3$， 而 $R_s = 1-(1-R_1)^3 = 1-(1-0.995)^3 = 0.9999$，显然 $\mu_{极可靠}(0.9999) > \mu_{很可靠}(0.9999) > \mu_{较可靠}(0.9999)$。

根据最大隶属原则可以判定这个系统目前正处于“极可靠”的工作阶段，这时它的模糊可靠度为

$$R_s = \mu_{极可靠}(0.9999), \quad R_s = 0.9989$$

下面来计算该并串联系统在“极可靠”工作状态的模糊平均寿命。

由已知 $\mu_{极可靠}(0.995)_m = 0.90$， $\lambda_1 = \lambda_{222} = \lambda_3 = 0.003(1/10^4\text{h})$，得

$$\widetilde{\text{MTTF}_\text{s}} = \frac{1-(1-0.90)^3}{0.03\times 10^{-4}}\left\{\frac{1}{0.90}+\frac{1}{2}\left[1-\left(1-\frac{1}{0.90}\right)^2\right]+\frac{1}{3}\left[1-\left(1-\frac{1}{0.90}\right)^3\right]\right\}$$

$$= 64.56\times 10^4\text{h}$$

从上面计算可知，这个并串联系统目前正处在“极可靠”的工作阶段，这个阶段长为 64.56×10^4h。

4.4　多阶段任务系统可靠性分析

在系统或设备的全寿命过程中，可靠性工作贯穿于研制设计、生产、试验、使用直至退役的整个过程。在任务可靠性研究中，将多阶段任务直接看成是单一的任务进行分析存在很多问题。下面先由一个引例给出多阶段多任务系统可靠性的相关概念。

4.4.1　基本概念

如某系统有三个设备 *A*、*B* 和 *C*，执行三个阶段的任务。三个阶段任务中，系统执行不同的功能，系统具有不同的逻辑结构，其三个阶段任务系统如图 4-31 所示。

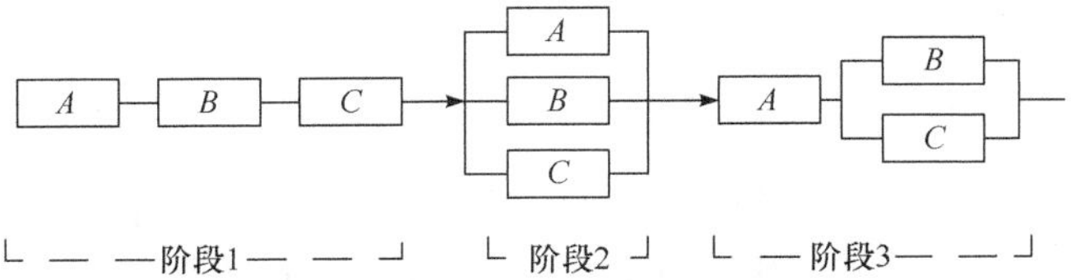

图 4-31　三阶段任务系统

以设备 *A* 为例，*A* 的阶段 1 的状态将影响其在阶段 2 和阶段 3 的状态。如果 *A* 在阶段 1 失效，阶段 2 和阶段 3 就不会执行；或单元 *A* 在阶段 3 失效，显然单

元 A 的失效不影响系统的工作可靠度。

如果将整个任务当成一个大的串联系统来处理，直接求解整个任务的可靠度是不准确的，因为没有考虑设备在前后阶段的相互依赖关系。下阶段设备的可靠度应该是一个条件概率，而不是简单的设备本身的可靠度。因此，整个任务过程由许多不同的阶段任务构成。前一个阶段任务的完成是后一个阶段任务开始的前提条件，所有的阶段任务全部执行才能完成整个任务。如果把这种任务过程看成是一个单一的任务过程，直接采用原有的方法进行计算，就不能反映系统的动态过程和前后阶段之间的依赖性。

下面给出多阶段任务系统具体定义、行为表现及发展趋势。

(1) 多阶段任务系统(phased mission system, PMS)是指系统在连续完成多个阶段任务过程中，任务成功与部件的关系不断变化的系统，这种变化体现在以下几方面：①同一设备在不同阶段的动态行为不同，如不同阶段设备工作模块不同、失效分布不同、修复时间不同等；②不同阶段，任务成功准则不同，如相同的冗余单元的前提下，不同阶段中成功地完成任务所需的完好单元数不同；③不同阶段，系统运行的配置不同，如各个阶段需要参与工作的设备不同、数量不同。

(2) 多阶段任务系统问题的处理难点是阶段依赖性(或相关性)。阶段依赖性有两个方面的表现：①单元共用依赖性，即同一任务时段内，部分单元在不同功能模块中共用，表现为相应方框在可靠性框图中重复出现，造成有关模块间逻辑上的不独立，不能直接采用常规的计算公式并通过模块化、层次化方法递归综合计算；②时段延续依赖性，即对于多阶段任务，各单元(或模块)由于开始参与工作的时刻不同，工作时间长短不同以及连续或断续出现在不同时段的模块中，呈现出不同时段间的依赖性。

目前分析 PMS 任务可靠性的方法大致可分为两类：基于状态空间的分析方法和基于组合模型的分析方法。基于状态空间的分析方法主要是利用部件阶段状态概率从一个阶段映射到后一个阶段来对系统的状态进行分析，通过状态的转移描述系统的变化过程，最终得到任务的失效概率。

4.4.2 微元件分析法

在分析 PMS 的组合方法中，假设所有的元件在每个阶段故障具有统计独立性。将每个阶段中的元件采用一系列的元件(这些元件被称为微元件)来代替，可按照统计独立性或串联方式进行替代，从而处理各个阶段之间的依赖性。例如，一个不可维修的 PMS 中某个元件 A 在阶段 j 时可采用一组串联的统计相关的微元件 $\{a_i\}_{i=1}^{j}$ 进行替代。元件和其微元件之间的关系是 $A_j = a_1 a_2 \cdots a_j$，即如果当且

仅当元件 A 在所有前面阶段中可运行，在阶段 j (采用 $A_j=1$ 或 $A_j=0$ 表示)中方可操作。

图 4-32 显示了微元件解决方案的可靠性框图和故障树格式。针对一个指定的元件，新系统的求解可在不考虑各个阶段之间的依赖性的情况下进行。

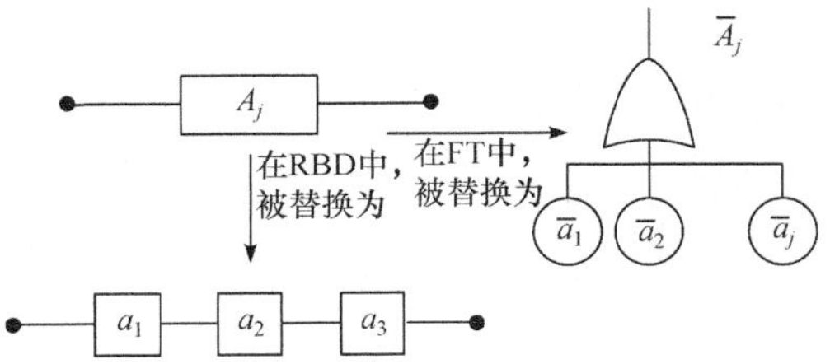

图 4-32　微元件方法

假设 $A(t)$表示元件 A 的状态指示变量，且 $q_{a_i}(t)$ 表示元件 A 中微元件 a_i 在阶段 i 时的失效函数，该函数是基于阶段 $i-1$ 的存在情况。$A(t)$ 与 $q_{a_i}(t)$ 之间的关系如下：

$$q_{a_i}=\begin{cases}\Pr\{A(t)=0\}, & i=1\\ \Pr\{A(t+T_{i-1})=0 \mid A(T_{i-1})=1\}, & 1<i\leqslant j;T\leqslant T_{i-1}\end{cases}$$

假设一个 PMS 包括三个非重叠的连续阶段，各阶段应用了三个元件(A、B 和 C)。图 4-33 显示了故障树中 PMS 的每个阶段的失效标准。在阶段 1 中，如果所有三个元件出现失效，则系统发生失效。在阶段 2 中，如果 A 发生失效或者 B 和 C 均发生失效，则系统发生失效。在阶段 3 中，如果三个元件中任何一个出现失效，则系统发生失效。

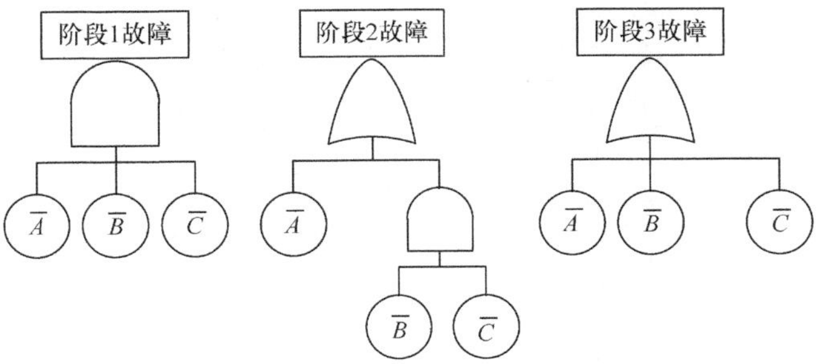

图 4-33　三个阶段 PMS 的故障树模型

图 4-34 显示了采用微元件方法的等效系统故障树模型。显然，该方法的缺点是问题的大小会随着阶段的增加而增大，因此这种方法的计算量较大。

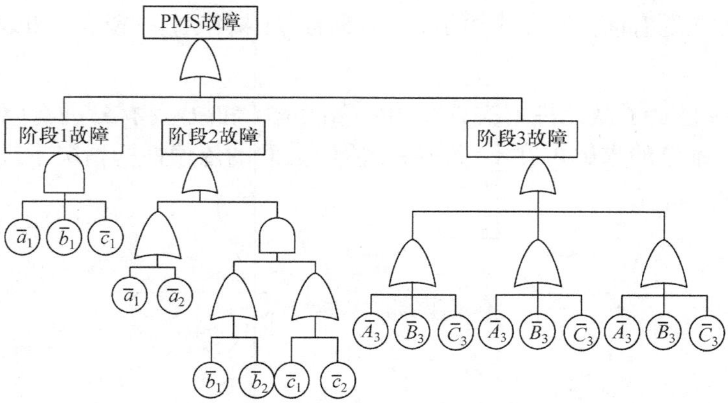

图 4-34　等效微元件系统

4.4.3　布尔代数分析法

图 4-35 显示了图 4-34 中 PMS 采用布尔代数法得到的任务结束时的等效系统。根据元件和其微元件间关系，元件 A 在阶段 j 时的失效函数为

$$F_{A_j}(t)=\begin{cases} q_{a_i}(t), & j=1 \\ \left\{1-\prod_{i=1}^{j-1}\left[1-q_{a_i}\left(T_i\right)\right]\right\}+\left\{\prod_{i=1}^{j-1}\left[1-q_{a_i}\left(T_i\right)\right]\right\}\cdot q_{a_i}(t), & j>1 \end{cases}$$

式中，时间 t 为从子阶段 j 开始时算起，则 $0\leqslant t\leqslant T_j$，$T_j$ 为阶段 j 的持续时间。当 $j>1$ 时，上式中加号前面部分表示元件 A 已经在前面阶段 $(1,2,\cdots,j-1)$ 中出现失效的概率，加号后面部分表示元件 A 在阶段 j 中持续时间的概率分布。

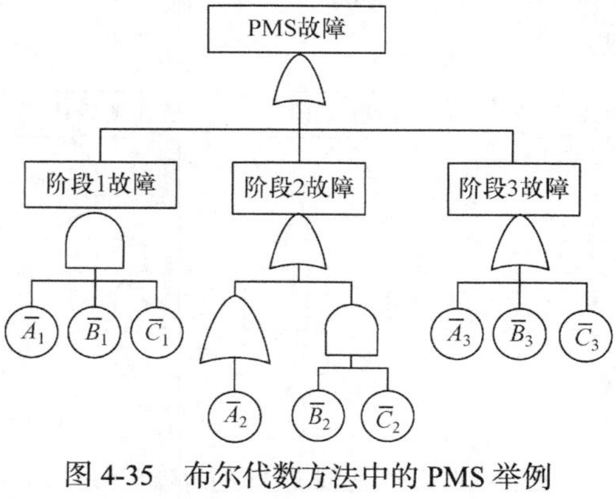

图 4-35　布尔代数方法中的 PMS 举例

处在不同阶段的相同元件之间存在依赖性，需要针对包含超过一个 A 的组合项进行特殊处理，其中 $1\leqslant i\leqslant A$，m 表示 PMS 中阶段的总数。用一组布尔函数规则处理相依性，称为阶段代数规则，如表 4-12 所示。

表 4-12　阶段代数规则($i<j$)

$A_i \cdot A_j \to A_j$	$\overline{A}_i + \overline{A}_j \to \overline{A}_j$
$\overline{A}_i \cdot \overline{A}_j \to \overline{A}_i$	$A_i + A_j \to A_i$
$\overline{A}_i \cdot A_j \to 0$	$A_i + \overline{A}_j \to 1$

阶段代数规则可采用元件和其微元件($A_j = a_1 \cdot a_2 \cdots a_j$)之间的关系进行验证。

$A_i \cdot A_j \to A_j$：此事件“A 在阶段 i 并在随后的阶段 j 中正常工作”与事件“A 在随后的阶段 j 中是正常工作的”是相等的。

$$\begin{aligned} A_i \cdot A_j &= (a_1 \cdot a_2 \cdots a_i)(a_1 \cdot a_2 \cdots a_j) \\ &= a_1 \cdot a_2 \cdots a_j = A_j \end{aligned}$$

$\overline{A}_i \cdot \overline{A}_j \to \overline{A}_i$：此事件“$A$ 在阶段‘并在随后的阶段 i 中是已经发生失效”与事件“A 在阶段 i 中已经发生失效”是相等的。

$$\begin{aligned} \overline{A_i} \cdot \overline{A_j} &= \overline{(a_1 \cdot a_2 \cdots a_i)}\left(a_1 \cdot a_2 \cdots \overline{a_j}\right) \\ &= \overline{a_1 \cdot a_2 \cdots a_i + a_1 \cdot a_2 \cdots a_j} = \overline{a_1 \cdot a_2 \cdots a_i} = \overline{A_i} \end{aligned}$$

$\overline{A}_i \cdot A_j \to 0$：此事件“$A$ 在阶段 i 中已经发生失效，但在随后的阶段 j 中是正常工作的”在一个不可维修的 PMS 中是不会发生的。

$$\begin{aligned} \overline{A_i} \cdot A_j &= \overline{(a_1 \cdot a_2 \cdots a_i)}\left(a_1 \cdot a_2 \cdots \overline{a_j}\right) \\ &= \left(\overline{a_1} + \overline{a_2} + \cdots + a_i\right)\left(a_1 + a_2 + \cdots + a_j\right) = 0 \end{aligned}$$

表 4-12 中右边一栏中的三条规则仅仅是左边一栏中规则的补充形式。阶段代数规则不可用于解释 $\overline{A}_i \cdot A_j$ 和 $A_i + \overline{A}_j$ 这两种组合。$A_i + \overline{A}_j$ 表示 A 在阶段 i 结束之前一直是正常工作的，并在阶段 i 结束和阶段 j 结束之间有时会出现失效。$\overline{A}_i \cdot A_j$ 在没有考虑维修的情况下，没有实际意义。这些阶段代数规则仅适用于属于相同元件的变量。

4.4.4　二元决策图分析法

基于二元决策图(binary decision diagrams, BDD)的方法采用了阶段代数规则(表 4-12)与启发式变量排序策略相结合，从而生成 PMS 的 BDD 模型。针对表示处于不同阶段中的相同元件的各个变量，可以采用两种类型的排序策略：正向和反向，相应地有两种类型的阶段依赖算子(phase dependent operation，PDO)。

正向 PDO，即变量的顺序与阶段的顺序相同，如对于一个 3 阶段组合系统故障树获得的元变量排序是 $A<B<C$，则前向 PDO 排序为 $A_1 < A_2 < A_3 < B_1 < B_2 < B_3 < C_1 < C_2 < C_3$。

反向 PDO，即变量的顺序与阶段的顺序相反，如对于一个 3 阶段组合系统故障树获得的元变量排序是 $A<B<C$，则后向 PDO 排序为 $A_3<A_2<A_1<B_3<B_2<B_1<C_3<C_2<C_1$。

采用反向 PDO 生成的 PMS BDD 中，0 分支始终连接两个隶属于不同元件的变量，而且在生成 BDD 的时候会自动约简，而不需要进行任何额外的操作。因此，在 PMS 分析中比较偏爱反向 PDO。

组合系统故障树结构特征刻画有很多方法，可以直接通过树结构特征参数来刻画，如与或门数目、门的子节点数目等；也可以采用间接的特征参数来刻画，如采用阶段排序之间的"一致性"关系。所谓的一致性指的是：任意不同部件 A,B 和不同阶段 i,j，$((A_i<B_i)\wedge(A_j<B_j))$ 不允许成立。在一致性定义的基础上，可以给出以下三种阶段排序关系。

(1) 强一致性：各个阶段排序中包含的元变量集合是相同的，变量的排序一致，如 $A_1<C_1$，$A_2<B_2$，$A_3<B_3$。

(2) 弱一致性：各个阶段排序中包含的元变量集合不相同但相交，而且共享变量的排序一致，如 $A_1<C_1$，$A_2<B_2$，$A_3<B_3$。

(3) 非一致性：阶段排序不满足一致性，即存在不同部件 A、B 和不同阶段 i，j，$(A_i<B_i)\wedge(A_j<B_j)$ 成立。

图 4-35 所示的 PMS 系统，按照前向 PDO 与后向 PDO，可以分别给出相应的 BDD 模型，如图 4-36 所示。其中，前向 PDO 的变量排序为 $A_1<A_2<A_3<B_1<B_2<B_3<C_1<C_2<C_3$，后向 PDO 的变量排序为 $A_3<A_2<A_1<B_3<B_2<B_1<C_3<C_2<C_1$。

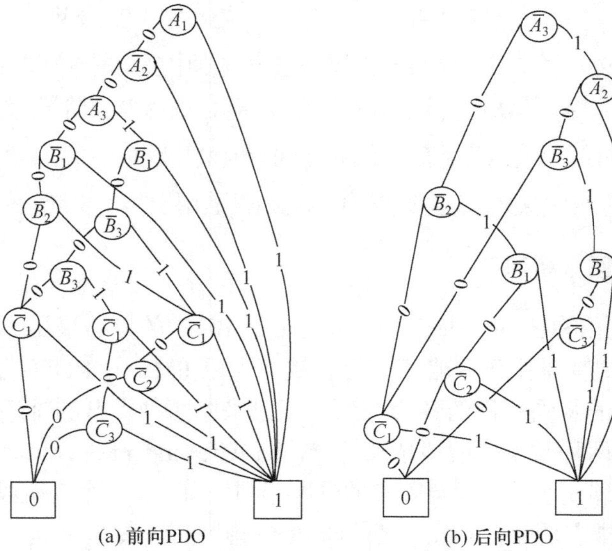

图 4-36　前向 PDO 和后向 PDO 生成的 BDD 模型

习　题　4

1. 图 4-37 为信号放大器并联系统，由两个信号放大器并联工作，只要其中任意一个放大器正常工作即可完成信号的放大功能。已知如下条件：$\lambda_A = \lambda_B = 1.0\times10^{-3}/\text{h}$，该系统的工作时间为 72h，放大器 A 和 B 均具有两种故障模式，即开路($\alpha = 0.9$)和短路($\alpha = 0.1$)。现要求完成该系统的 FMECA(故障影响“系统功能丧失”，严酷度类别为“Ⅰ”，“系统功能降级”，严酷度类别为“Ⅱ”)。

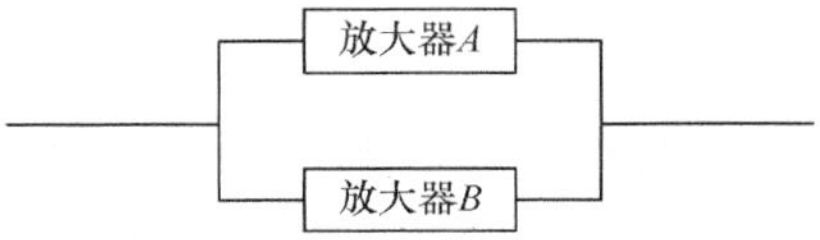

图 4-37　信号放大器并联系统

2. 具有双天线发射机的通信设备的可靠性逻辑图见图 4-38，其中，A 为发射机，B_1、B_2 为天线，C 为接收机。试画出相应的故障树，并写出故障函数。

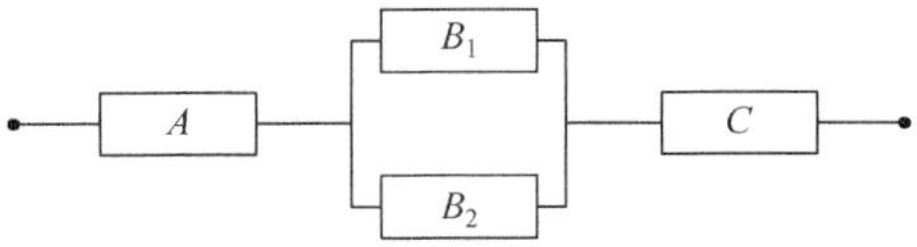

图 4-38　发射机可靠性逻辑框图

3. 系统可靠性逻辑框图如图 4-39 所示，求：

相应的故障树；

故障函数的最小割集表达式；

每个底事件(单元 A_i 事件失效)的结构重要度。

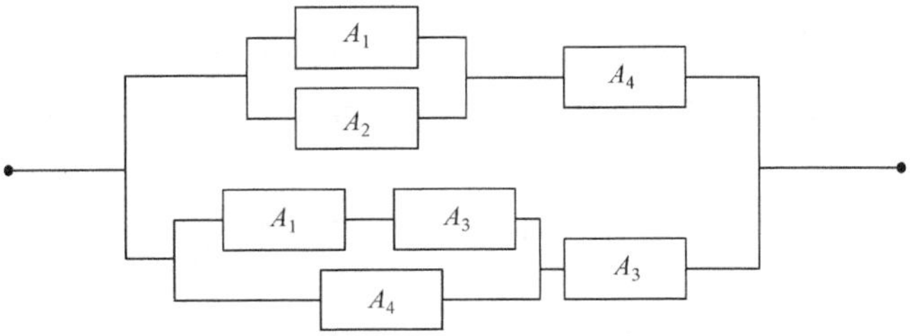

图 4-39　系统可靠性逻辑框图

4. 已知系统的可靠性框图 4-40，它的预计可靠度：$R_1 = 0.60$，$R_2 = 0.50$，$R_3 = 0.70$，$R_4 = 0.50$，给出对应故障树及最小割集。

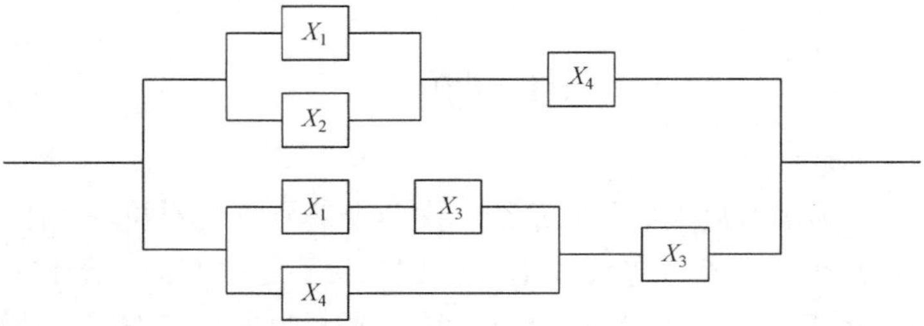

图 4-40　可靠性框图

5. 在机械中的承载轴中，假设承受拉伸力、承受能力和受到的应力载荷均为正态分布，承载能力为 $Q \sim N(853150, 10500)$，载荷 $F \sim N(480250, 100350)$，求其模糊失效概率。

6. 某 PMS 有三个阶段，包括三个元件：A、B 和 C。元件 B 存在三种故障模式，分别采用布尔变量 $B_{1,j}$、$B_{2,j}$ 和 $B_{3,j}$ 表示，其中 $i=1,2,3$。PMS 三个阶段系统故障树的结构如图 4-41 所示。全部三个阶段中的各阶段长度均为 10h。元件 A 和 C 的故障率为 $2.0\times10^{-4}\text{h}$。元件 B 的所有故障模式的故障率均为 $1.0\times10^{-4}\text{h}$，试求 PMS 的可靠性。

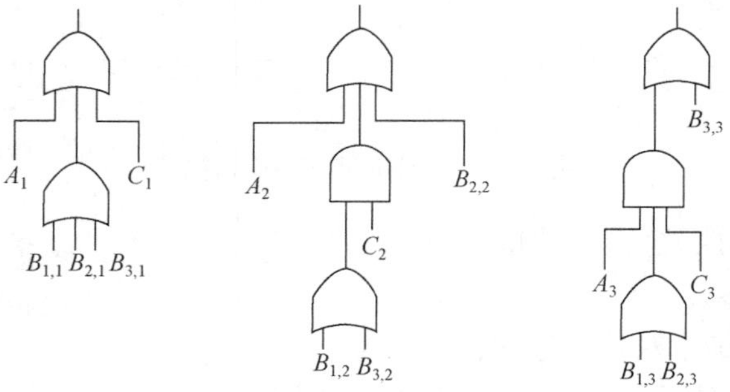

图 4-41　PMS 三个阶段系统故障树

7. 读电压表时，人读表的可靠度是 0.9940，而把读数记录下来的可靠度为 0.9971，若某个作业操作只需要读表和记录数据，那么这个作业操作中，人的失误率是多少?

8. 设 T 为顶事件，A、B、C、D、E、F、G 均为底事件，按下列逻辑关系建造故障树：

(1) $T=(A\cup B)\cap(C\cup D\cup E)\cap(F\cup G)$。

(2) $T=(A\cap B)\cup(C\cap D\cap E)\cup(F\cap G)$。

(3) $T=(A\cup B\cup C)\cap D\cup E\cup(F\cup G)\cup H$。

(4) $T=A\cup(B\cup C\cup D)\cap(E\cup F\cup G)\cap H$。

9. 如图 4-42 所示故障树结构图，请完成：

(1) 写出故障树的结构函数，并画出等价可靠性框图。

(2) 用上行法和下行法求该故障树的最小割集。

(3) 画出该故障树的对偶树，并求原树的最小路集。

(4) 若失效率 $\lambda_1 = 0.001$，$\lambda_2 = \lambda_3 = \lambda_4 = 0.00015$，$\lambda_5 = \lambda_6 = 0.0005$，$\lambda_7 = \lambda_8 = 0.00075$，单位均为 h^{-1}。试用最小割集法计算该系统工作 100h 时，顶事件发生的概率。

10. 根据图 4-43 所示故障树结构，写出其结构函数。

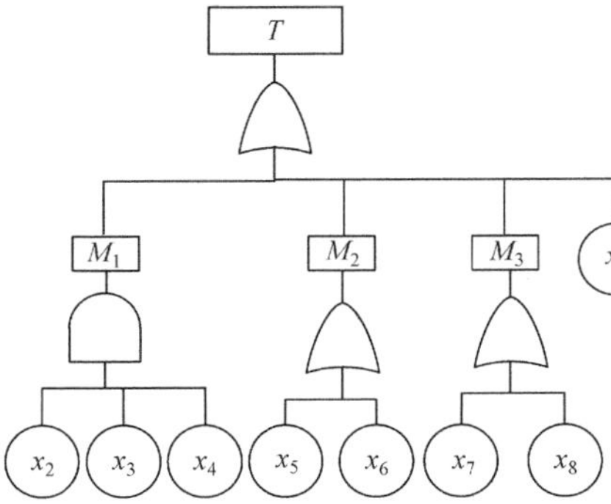

图 4-42　故障树

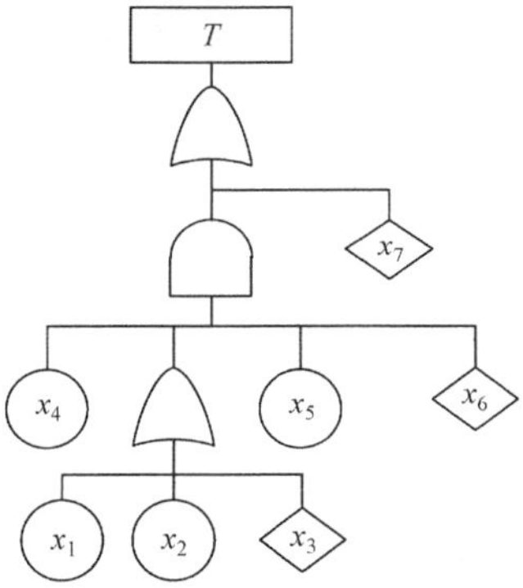

图 4-43　故障树

11. 根据图 4-44 和图 4-45 可靠性框图结构形式，完成：

(1) 画出等价故障树。

(2) 写出该故障树的结构函数。

(3) 画出其对偶树、成功树。

(4) 求该故障树的最小割集和最小路集。

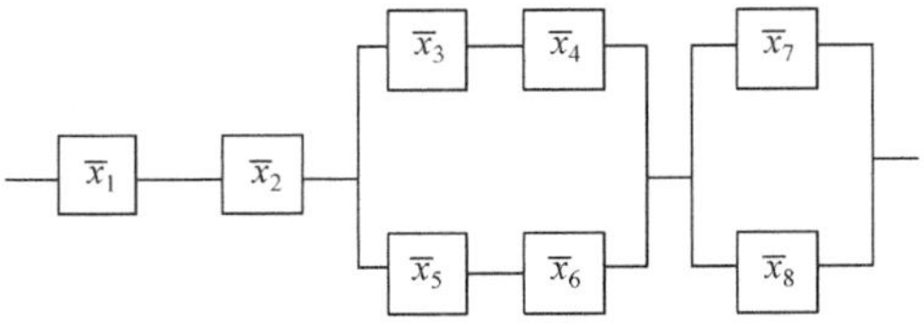

图 4-44　可靠性框图 1

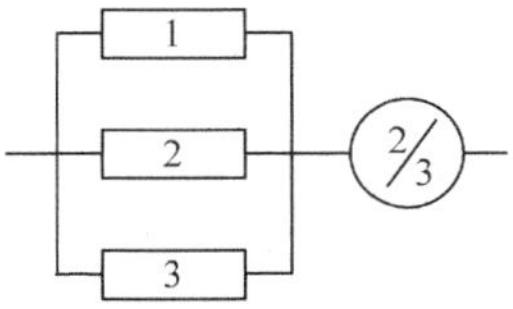

图 4-45　可靠性框图 2

12. 系统可靠性框图如图 4-46 所示，请画出相应的故障树，写出结构函数，并求出其所有最小割集。

13. 在图 4-47 中，$\lambda_1 = 0.0001h^{-1}$，$\lambda_2 = 0.00015h^{-1}$，$\lambda_3 = 0.0002h^{-1}$，$\lambda_4 = 0.00023h^{-1}$。试计算系统工作 50h 时各部件的概率重要度、结构重要度及相对比重要度。若要提高该系统的可靠性，应首先改进哪个部件。

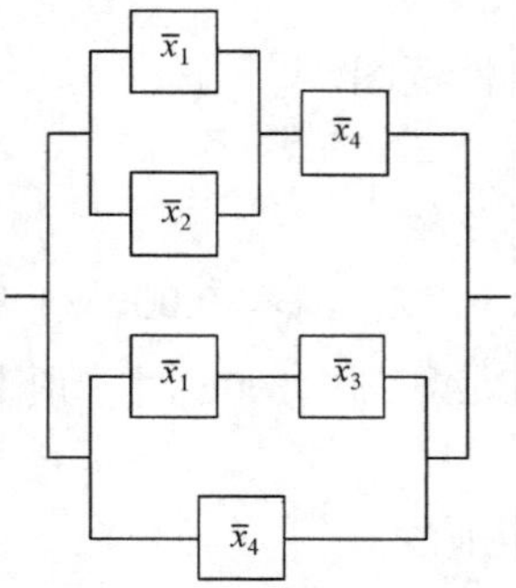

图 4-46　可靠性框图 3

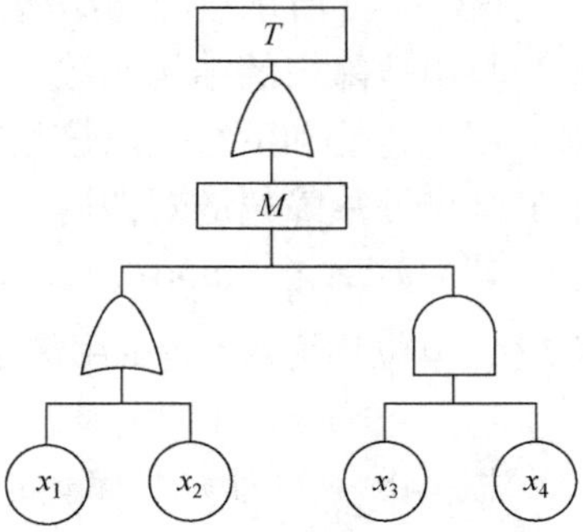

图 4-47　故障树

第 5 章 可靠性预计与分配

可靠性预计与分配本质是一个工程决策问题，是人力、物力的统一调度和合理运用的问题，需要考虑很多因素，如技术水平、复杂程度、重要程度、工作环境、生产费用、产品重量等，其分配与预计是逐步逼近真实水平的一个过程。可靠性预计是根据组成系统的元件、部件的可靠性来估计的，是一个自上而下的一种系统综合过程(元器件/零部件-组件-系统)，而可靠性分配是指在可靠性预计的基础上，将通过初步论证确定了的可靠性指标合理地分配给系统的各组成部分(系统-组件-元器件)。

本章将从总体上给出可靠性预计的一些经典理论与方法，然后介绍整机系统可靠性向低级系统或部件分配的一些基本理论和方法，为科研和工程设计人员提供基本参考。

5.1 可靠性预计方法

可靠性预计就是根据系统的可靠性框图和使用环境，用过去试验或现场使用所得到的系统元器件可靠性数据，来预测产品在规定的使用环境条件下可能达到的可靠性，预计本身不能提高产品的可靠性，但提供了系统各功能之间可靠性的相对量度，可以用来作为设计决策的依据[3]。

5.1.1 相似产品法

相似产品法适用于研制初期的方案设计阶段。它是将正在研制的产品与一个相似的成熟产品比较。把与新设备最相似的老设备作为新设备可靠性预计的依据，利用其被确定的可靠性对新产品进行预计，是一个简便、快捷的方法。所谓相似性应从以下几个方面进行比较。

(1) 产品的结构和性能比较。

(2) 设计的相似性。

(3) 制造的相似性。

(4) 产品寿命剖面的相似性(包括后勤、工作和环境的剖面等)。

(5) 程序和计划的相似性。

(6) 已达到的可靠性的证实。

采用相似产品法，其成熟产品的可靠性数据越周全，产品的相似程度越高，其预计的准确度越好。

采用相似产品法，产品的失效率按下式计算：

$$\begin{cases}\lambda_{新} = \lambda_{旧} \\ \mathrm{MTBF} = 1/\lambda_{新}\end{cases} \tag{5-1}$$

修正系数 $k=k_1k_2k_3k_4$，k_1 为原材料的差异系数，k_2 为设计结构差异系数，k_3 为工艺制造差异系数，k_4 为使用环境条件差异系数。系数 k_1、k_2、k_3、k_4 的确定可以对比仿制或改型的类似国内外产品在这几个方面的差异，通过专家综合权衡后以评分的形式给出。式(5-1)在应用中可根据实际情况对修正系数进行增补或删除。

5.1.2 元器件计数法

元器件计数法适用于电子设备的方案论证及初步设计阶段。该方法是根据产品中各种元器件的种类和数量，以及各种元器件的基本失效率、元器件的质量等级及设备的应用环境类别来估算产品可靠性的一种方法。其基本原理是对元器件“通用失效率”的修正。

其计算步骤是：先计算出系统中各种型号和各种类型的元器件数目，然后再乘以相应型号或相应类型元器件的通用故障率，最后把各乘积累加起来，即可得到部件、系统的故障率。其通用公式为

$$\lambda_{\mathrm{s}} = \sum_{i=1}^{n} N_i \left(\lambda_{\mathrm{G}i} \pi_{\mathrm{Q}i}\right) \tag{5-2}$$

式中，λ_{s} 为系统总的故障率(h^{-1})；$\lambda_{\mathrm{G}i}$ 为第 i 种元器件的通用故障率(h^{-1})；$\pi_{\mathrm{Q}i}$ 为第 i 种元器件的通用质量系数；N_i 为第 i 种元器件的数量；n 为系统所用元器件的种类数目。

例题 5.1 某一电子设备由 5 类元器件组成，各元器件有关数据如表 5-1 所列，该电子设备中任一元器件失效均导致电子设备失效，各元器件失效率均为指数分布，试应用元器件计数法进行可靠性预测。

表 5-1 某电子设备各类元器件数据

种类	*A*	*B*	*C*	*D*	*E*
数量	1	16	200	300	50
通用失效率	100	5	20	1.5	1
通用质量系数	1	1	1	1	1

解：各类元件的质量系数

$$\pi_{Qi}=1,\quad i=1,2,\cdots,5$$

$$\lambda_{设备}=\sum_{i=1}^{5}N_i\left(\lambda_G\pi_Q\right)_i=N_1\left(\lambda_G\pi_Q\right)_1+\cdots+N_1\left(\lambda_G\pi_Q\right)_5$$

$$=(100+16\times5+200\times20+300\times1.5+50)\times10^{-6}$$

$$=4.68\times10^{-3}\mathrm{h}^{-1}$$

$$\mathrm{MTBF}=1/4.68\times10^{-3}=213.7\mathrm{h}$$

5.1.3　应力分析法

基于概率统计的应力分析法用于对产品详细设计阶段的电子元器件的故障率预计。对某种电子元器件在实验室的标准应力与环境条件下，通过大量试验，并对其结果统计而得出该种元器件故障率，称为“基本故障率”。

不同类别的元器件工作故障率的计算模型不同，如《电子设备可靠性预计手册》(GJB/Z 299C—2006)中普通电子管的失效率预计模型为

$$\lambda_p=\lambda_b\left(\pi_E\pi_Q\pi_L\right)\tag{5-3}$$

式中，λ_p 为工作失效率；λ_b 为基本失效率；π_E 为环境系数；π_Q 为质量系数；π_L 为成熟系数。

例题 5.2　已知按《半导体集成电路总规范》(GJB 597 A—1996)的筛选要求进行筛选的质量等级为 B2 的 MOS 型 16 位微处理器，含晶体管数约 50 万个，有 40 个引出端的陶瓷扁平封装，用于平稳地面移动，是成熟产品，其实际工作电压 $V_s=5\mathrm{V}$，$P=1.5\mathrm{W}$，计算其工作失效率。

解：(1) 使用 GJB/Z 299C—2006 查其表 5.2.2-1，得失效率模型为

$$\lambda_p=\pi_Q\left[C_1\pi_T\pi_V+\left(C_2+C_3\right)\pi_E\right]\pi_L$$

(2) 按 GJB 597A—1996 的筛选要求进行筛选的质量等级为 B_2，查 GJB/Z 299C—2006 中表 5.2.2-3 得其质量等级应为 B_1，即质量系数 $\pi_Q=0.5$。

(3) 环境类别为平稳地面移动，按照 GJB/Z 299C—2006 的分类知其为 GM_1 类，查 GJB/Z 299C—2006 中表 5.2.2-2 的环境系数 $\pi_E=6.3$。

(4) 成熟产品，查 GJB/Z 299C—2006 中表 5.2.2-4 得成熟系数 $\pi_L=1.0$。

(5) 查 GJB/Z 299C—2006 中表 5.2.2-5a)和 5.2.2-5b)及 $T_j=T_c+PR_{\mathrm{th}(j-c)}$ 计算得 $T_j=93$，从而查表 5.2.2-10 得温度系数 $\pi_T=5.32$。

(6) 查 GJB/Z 299C—2006 中表 5.2.2-14，得电压应力系数 $\pi_V=1.0$。

(7) 查 GJB/Z 299C—2006 中表 5.2.2-21，得电路复杂度失效率 $C_1=3.7228$，

$C_2 = 0.1841$。

(8) 查 GJB/Z 299C—2006 中表 5.2.2-31，得封装复杂度 $C_3 = 0.4251$。

(9) 计算工作失效率

$$\lambda_{\mathrm{p}} = \pi_{\mathrm{Q}}\left[C_1\pi_{\mathrm{T}}\pi_{\mathrm{V}} + \left(C_2 + C_3\right)\pi_{\mathrm{E}}\right]\pi_{\mathrm{L}} = 11.822\times10^{-6}h^{-1}$$

5.1.4　故障率预计法

故障率预计法主要用于非电子产品可靠性预计，其原理与应力分析法相似，都是对基本故障率的修正以获得产品实际的故障率，即工作故障率，因此，该方法也可用于电子产品可靠性预计。

基本故障率指的是实验室常温条件下测得的故障率。对于非电子产品可考虑降额因子 D 和环境因子 K 对 λ 的影响。非电子产品工作故障率为

$$\lambda = \lambda_{\mathrm{b}}KD \tag{5-4}$$

式中，λ 为工作故障率(h^{-1})；λ_{b} 为基本故障率(h^{-1})；D 为降额因子；K 为环境因子。

D 和 K 的取值由工程经验确定，目前尚无正式数据手册可供查阅，但是，K 值可暂参考 GJB/Z 299C—2006 中所列的各种环境系数 π_{E}。

例题 5.3　用故障率法预计某液压操作系统各单元的可靠性。系统单元组成及故障率数据如表 5-2 所示。

解：(1) 根据相关统计资料获得单元基本故障率如表 5-2 所示。

(2) 根据系统的使用环境确定各单元的环境因子 K_i。

(3) 根据各单元的实际应力情况，确定降额因子 D_i。

(4) 根据式(5-4)计算得各单元的工作故障率，如表 5-2 所示。

表 5-2　系统单元组成及故障率数据

单元名称	K_i	D_i	基本故障率/(10^{-6}/h)	工作故障率/(10^{-6}/h)
液压油箱	1.5	1.0	34.0	51.0
节流阀	1.5	0.9	10.0	13.5
泵	2.0	0.7	1070.0	1498.0
快卸接头	1.5	1.0	80.0	120.0
止回阀	1.5	0.9	23.0	31.05
油滤	1.5	0.9	52.0	70.2
蓄压器	1.5	1.0	113.0	169.5
联轴节	2.0	0.8	120.0	192.0
伺服阀	1.5	0.8	300.0	360.0
作动筒	1.5	1.0	180.0	270.0

5.1.5　评分预计法

1. 评分预计法的基本思想

评分预计法用于各类产品的初步设计阶段和详细设计阶段，该方法是在产品可靠性数据十分缺乏，但可以得到个别产品可靠性数据的条件下，通过有经验的设计人员及专家进行评分，然后综合分析获得系统可靠度的方法。设计人员或专家针对影响系统可靠性的主要因素进行打分，通常考虑的主要因素包括系统的复杂程度、技术水平、工作时间和环境条件，由于系统各异，各因素可能存在差异，可根据系统实际情况进行增减。由于预计结果受人为主观因素影响较大，需尽可能多请几位设计人员及专家进行打分，以保证评分的客观性。

2. 评分原则

以产品故障率为预计参数说明评分原则，各种因素评分值范围为 1～10，评分越高，说明可靠性越差。评分原则如下。

(1) 复杂程度。它是根据组成系统的单元部件数量以及它们组装的难易程度来评定的，最简单的评为 1 分，最复杂的为 10 分。

(2) 技术水平。根据单元目前的技术水平的成熟程度来评定，水平最高的给 1 分，水平最低的给 10 分。

(3) 工作时间。根据单元工作的时间来评定。应用此方法预计是以系统工作时间为基准的，如果单元工作时间和系统工作时间相同，评为 10 分，而工作时间最短的评为 1 分。此处需要注意的是如果系统中所有单元故障率以单元自身工作时间为基准，则不考虑此因素。

(4) 环境条件。根据单元所处的环境来评定，如果单元在极其恶劣和严酷的环境条件下工作则评为 10 分，环境条件最好的评为 1 分。

3. 评分预计法计算步骤

设计人员及专家打分后，求 ω_i：

$$\omega_i = \prod_{j=1}^{4} r_{ij} \tag{5-5}$$

式中，ω_i 为第 i 个单元评分数；r_{ij} 为第 i 个单元第 j 个因素的评分数。此处，假设系统由 i 个单元组成，考虑了 4 个影响可靠性的主要因素。

求评分系数 C_i：

$$C_i = \omega_i / \omega^* \tag{5-6}$$

式中，ω^* 为故障率已知的单元的评分数。

求单元故障率 λ_i：

$$\lambda_i = \lambda^* C_i \tag{5-7}$$

式中，λ_i 为待求的某单元的故障率(h^{-1})；λ^* 为已知的某单元的故障率(h^{-1})。

例题 5.4 某飞行器由动力装置、控制装置、机体、辅助装置等 4 个单元组成。若已知动力装置故障率为 85.4×10^{-6} / h，试用评分法求其他单元的故障率。预计可用表 5-3 进行评分。

表 5-3 某飞行器的故障率预计评分表

序号	单元名称	复杂程度 r_{i1}	技术水平 r_{i2}	环境条件 r_{i3}	环境条件 r_{i4}	各单元评分数 ω_i	各单元评分系数 $C_i = \omega_i / \omega^*$	单元故障率 /(10^{-6} / h) $\lambda_i = \lambda^* C_i$
1	动力装置	8	6	10	10	4800	1.0	85.4
2	控制装置	8	8	10	7	4480	0.93	79.4
3	机体	4	2	10	8	640	0.13	11.1
4	辅助装置	6	5	2	5	300	0.0625	5.34

5.1.6 上下限法

系统可靠性预计在单元可靠性预计基础上进行，常用的系统可靠性预计方法通常有数学模型法、上下限法和蒙特卡罗法等。其中上下限方法适用于多种目的和阶段工作的系统可靠性预计，且便于用计算机求解。该方法在复杂系统，如“阿波罗”号宇宙飞船中已经得到过成功的应用。

1. 上下限法的基本思想

对于复杂系统，采用数学模型很难得到可靠性函数表达式。此时，不采用直接推导的办法，而是忽略某些次要因素，用近似的数值来逼近系统可靠度真值，这就是上下限法的基本思想，如图 5-1 所示。

若用 $R_{上限}^{(m)}$ 代表第 m 次简化的系统可靠度上限值，$R_{下限}^{(n)}$ 代表第 n 次简化的系统可靠度的下限值，则图 5-1 中 $R_{上限}^{(1)}$ 和 $R_{上限}^{(2)}$ 分别代表第一次和第二次简化的系统可靠度上限值，$R_{下限}^{(1)}$、$R_{下限}^{(2)}$、$R_{下限}^{(3)}$ 分别代表第一次、第二次和第三次简化的系统可靠度下限值。每次简化都是在前一次简化的基础上进行，因此，选定的 m 值和 n 值越大，得出的系统可靠度上限值和下限值就越逼近其可靠度真值。

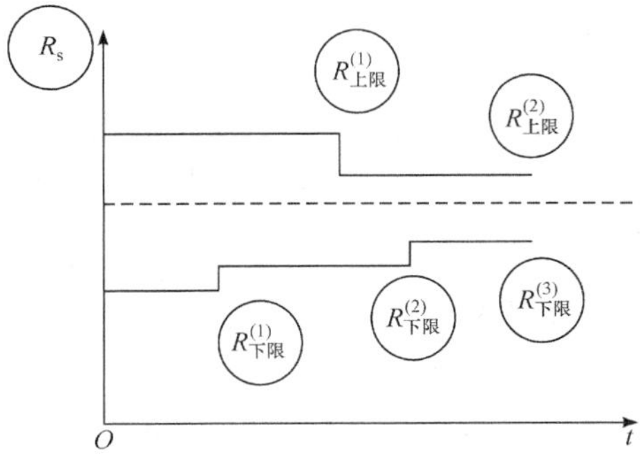

图 5-1　上下限法的图解表示

2. 上下限法的计算方法

综上所述，运用上下限法分三个步骤进行，即计算系统的可靠度上限值、下限值及上下限的综合值。

设有一个系统，它的可靠性框图由 k_1 个串联单元和 k_2 个非串联单元组成，各单元的可靠度为 $R_i(i=1-k_1+k_2)$ ，则其不可靠度(失效概率)为 $q_i=1-R_i$ 。

1) 计算系统的可靠度上限

第 m 次简化后系统的可靠度上限值可由式(5-8)求得：

$$R_{上限}^{(m)}=R_{上限}^{(1)}-Q_{上限}^{(2)}-Q_{上限}^{(3)}-\cdots-Q_{上限}^{(m)} \tag{5-8}$$

式中，$R_{上限}^{(1)}$ 为第一次假设简化后计算的可靠性上限值，即假设系统非串联部分可靠度为 1 时，系统的可靠度表达式为

$$R_{上限}^{(1)}=\prod_{i=1}^{k_1}R_i \tag{5-9}$$

$Q_{上限}^{(2)}$ 为一系统串联单元可靠性确定的情况下，在实际系统中非串联单元中任何 2 个单元同时失效引起系统失效的概率，设该种组合有 n_2 种，则

$$Q_{上限}^{(2)}=\prod_{i=1}^{k_1}R_i\prod_{j=1}^{k_2}R_j\left(\sum_{j,k=1}^{n_2}\frac{q_jq_k}{R_jR_k}\right) \tag{5-10}$$

$Q_{上限}^{(3)}$ 为系统串联单元可靠性确定的情况下，在实际系统中非串联单元中任何三个单元同时失效引起系统失效的概率，设该种组合有 n_3 种，则

$$Q_{上限}^{(3)}=\prod_{i=1}^{k_1}R_i\prod_{j=1}^{k_2}R_j\left(\sum_{j,k,n=1}^{n_3}\frac{q_jq_kq_n}{R_jR_kR_n}\right) \tag{5-11}$$

$Q_{上限}^{(m)}$ 为系统串联单元可靠性确定的情况下，在实际系统中非串联单元中任何 m

个单元同时失效引起系统失效的概率，设该种组合有 n_m 种，则

$$Q_{上限}^{(m)}=\prod_{i=1}^{k_1}R_i\prod_{j=1}^{k_2}R_j\left(\sum_{j,k,\cdots,m=1}^{n_m}\frac{q_jq_k\cdots q_m}{R_jR_k\cdots R_m}\right) \tag{5-12}$$

$Q_{上限}^{(m)}$ 中的 m 可取的数值范围是 $2\sim k_2$，当非串联单元的失效概率很小(如小于或等于 0.1)时，为简化计算过程并保证一定的精度，可取 $m=2$，则

$$R_{上限}^{(2)}=R_{上限}^{(1)}-Q_{上限}^{(2)}=\prod_{i=1}^{k_1}R_i\left[1-\prod_{j=1}^{k_2}R_j\left(\sum_{j=1}^{n_2}\frac{q_jq_k}{R_jR_k}\right)\right] \tag{5-13}$$

2) 计算系统的可靠性下限

第 n 次简化后系统的可靠度下限值为

$$R_{下限}^{(n)}=R_{下限}^{(1)}+\Delta R_{下限}^{(1)}+\Delta R_{下限}^{(2)}+\cdots+\Delta R_{下限}^{(n-1)} \tag{5-14}$$

式中，$R_{下限}^{(1)}$ 为第一次假设简化后计算的可靠性下限值，即假设系统非串联部分全部串联起来后系统的可靠度，则

$$R_{下限}^{(1)}=\prod_{i=1}^{k_1+k_2}R_i \tag{5-15}$$

式中，$\Delta R_{下限}^{(1)}$ 为在系统串联单元可靠性确定的情况下，在实际系统中非串联单元中任意一个单元失效系统仍可靠的概率，设非串联单元中第 j 个单元失效，系统仍工作，则该系统此时的工作概率为

$$R_1R_2\cdots R_{k_1}\cdots q_j\cdots R_{k_1+k_2}=R_{下限}^{(n)}=\prod_{i=1}^{k_1+k_2}R_i\frac{q_j}{R_j} \tag{5-16}$$

设第 j 个单元失效系统仍工作的情况共有 n_1 种，则

$$\Delta R_{下限}^{(1)}=\prod_{i=1}^{k_1+k_2}R_i\left(\sum_{j=1}^{n_1}\frac{q_j}{R_j}\right) \tag{5-17}$$

$\Delta R_{下限}^{(2)}$ 为在系统串联单元可靠性确定的情况下，在实际系统中非串联单元中任意两个单元失效系统仍可靠的概率，设非串联单元中第 j 个和第 k 单元失效，系统仍在工作，此时有 n_2 种组合，则

$$\Delta R_{下限}^{(2)}=\prod_{i=1}^{k_1+k_2}R_i\left(\sum_{j=1}^{n_2}\frac{q_jq_k}{R_jR_k}\right) \tag{5-18}$$

$\Delta R_{下限}^{(n-1)}$ 为在系统串联单元可靠性确定的情况下，在实际系统中非串联单元中任意 $n-1$ 个单元同时失效系统仍可靠的概率，设此时有 n_{n-1} 种组合，则

$$\Delta R_{下限}^{(n-1)} = \prod_{i=1}^{k_1+k_2} R_i \left(\sum_{j,k,\cdots,n-1=1}^{n_{n-1}} \underbrace{\frac{q_j q_k \cdots q_{n-1}}{R_j R_k \cdots R_{n-1}}}_{n-1个} \right) \tag{5-19}$$

将式(5-15)～式(5-19)代入式(5-14)，得

$$R_{下限}^{(n)} = \prod_{i=1}^{k_1+k_2} R_i \left(1 + \sum_{j=1}^{n_1} \frac{q_j}{R_j} + \sum_{j,k=1}^{n_2} \frac{q_j q_k}{R_j R_k} + \cdots + \sum_{j,k,\cdots,n-1=1}^{n_{n-1}} \underbrace{\frac{q_j q_k \cdots q_{n-1}}{R_j R_k \cdots R_{n-1}}}_{n-1个} \right) \tag{5-20}$$

$n-1$ 的数值只可能为 $1\sim k_2-1$，当非串联单元的失效概率很小(如小于或等于 0.1)时，为简化计算过程，同时保证一定的精度，可取 $n=3$，则

$$R_{下限}^{(3)} = R_{下限}^{(1)} + \Delta R_{下限}^{(1)} + \Delta R_{下限}^{(2)} = \prod_{i=1}^{k_1+k_2} R_i \left(1 + \sum_{j=1}^{n_1} \frac{q_j}{R_j} + \sum_{j,k=1}^{n_2} \frac{q_j q_k}{R_j R_k} \right) \tag{5-21}$$

3. 上下限综合计算

在求得 $R_{上限}^{(m)}$ 和 $R_{下限}^{(n)}$ 后，可用下式进行综合，求得系统的可靠度预计值，即

$$R_s = 1 - \sqrt{\left(1 - R_{上限}^{m}\right)\left(1 - R_{下限}^{n}\right)} \tag{5-22}$$

式中，$m = 2,3,\cdots,k_2$；$n = 1,2,3,\cdots,k_2-1$。

用上下限法求系统的可靠度，随着 m 值和 n 值的不同，精确程度也不同。应当注意，为了使预计值在真值附近并逐渐逼近它，在计算上下限时，为了提高可靠度精度，可以适当加大 m 和 n 的数值，且要求 m 值和 n 值应尽可能接近，即 $m=n$ 或 $m=n-1$。

例题 5.5　系统可靠性逻辑框图如图 5-2 所示，其中系统的 8 个组成单元的可靠度分别为 $R_A=0.9753$，$R_B=0.9656$，$R_C=0.9380$，$R_D=0.9512$，$R_E=0.9021$，$R_F=0.9560$，$R_G=0.9627$，$R_H=0.9315$，不可靠度分别用 F_A，F_B，F_C，F_D，F_E，F_F，F_G，F_H 表示，试用上下限方法求系统可靠度。

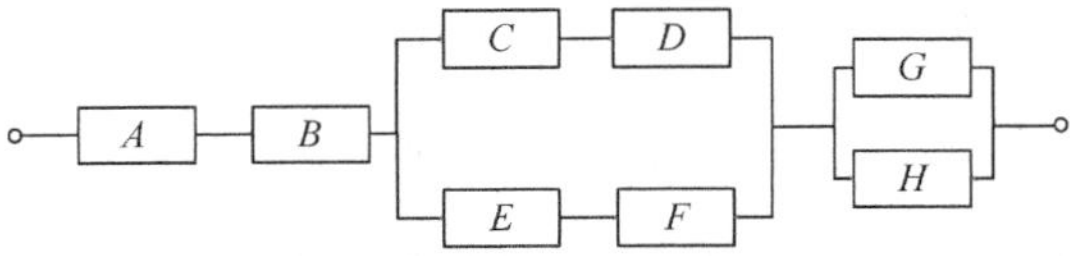

图 5-2　系统可靠性逻辑框图

解：(1) 上限值预测：

$$R_{上}^{(1)} = R_A R_B = 0.94175$$

$$\begin{aligned} R_{上}^{(2)} &= Q_{上}^{(2)} - R_{上}^{(2)} \\ &= R_A R_B \big[1 - R_C R_D R_E R_F R_G R_H \big(F_C F_E / R_C R_E + F_D F_E / R_D R_E \\ &\quad + F_C F_F / R_C R_F + F_D F_F / R_D R_F + F_G F_H / R_G R_H \big) \big] \\ &= 0.92841 \end{aligned}$$

$$\begin{aligned} R_{上}^{(3)} &= Q_{上}^{(2)} - R_{上}^{(3)} \\ &= R_{上}^{(2)} - R_A R_B R_C R_D R_E R_F R_G R_H (F_C F_E F_F / R_C R_E R_F + F_C F_D F_E / R_C R_D R_E \\ &\quad + F_C F_E F_G / R_C R_E R_G + F_C F_E F_H / R_C R_E R_H + F_D F_E F_F / R_D R_E R_F \\ &\quad + F_D F_E F_G / R_D R_E R_G + F_D F_E F_H / R_D R_E R_H + F_C F_D F_F / R_C R_D R_F \\ &\quad + F_D F_F F_G / R_D R_F R_G + F_D F_F F_H / R_D R_F R_H + F_C F_F F_G / R_C R_F R_G \\ &\quad + F_C F_F F_H / R_C R_F R_H + F_C F_G F_H / R_C R_G R_H + F_D F_G F_H / R_D R_G R_H \\ &\quad + F_E F_G F_H / R_E R_G R_H + F_D F_F F_H / R_D R_F R_H) \\ &= 0.92586 \end{aligned}$$

(2) 下限值预测：

$$R_{下}^{(1)} = R_A R_B R_C R_D R_E R_F R_G R_H = 0.64983$$

$$\begin{aligned} R_{下}^{(2)} &= R_{下}^{(1)} + \Delta R_{下}^{(1)} \\ &= R_{下}^{(1)} + R_A R_B R_C R_D R_E R_F R_G R_H (F_C / R_C + F_D / R_D \\ &\quad + F_E / R_E + F_F / R_F + F_G / R_G + F_H / R_H) \\ &= 0.899051 \end{aligned}$$

$$\begin{aligned} R_{下}^{(3)} &= R_{下}^{(2)} + \Delta R_{下}^{(2)} \\ &= R_{下}^{(2)} + R_A R_B R_C R_D R_E R_F R_G R_H (F_C F_D / R_C R_D + F_E F_F / R_E R_F \\ &\quad + F_C F_G / R_C R_G + F_C F_H / R_C R_H + F_D F_G / R_D R_G + F_D F_H / R_D R_H \\ &\quad + F_E F_G / R_E R_G + F_E F_H / R_E R_H + F_F F_G / R_F R_G + F_F F_H / R_F R_H) \\ &= 0.92480 \end{aligned}$$

(3) 上下限综合计算：

$$R_s = 1 - \sqrt{\left(1 - R_{上限}^{(2)}\right)\left(1 - R_{下限}^{(3)}\right)} = 0.9266$$

$$R_s = 1 - \sqrt{\left(1 - R_{上限}^{(3)}\right)\left(1 - R_{下限}^{(3)}\right)} = 0.9253$$

如果，此例用数学模型法求系统可靠度，则可求得精确解为

$$\begin{aligned} R_s &= R_A R_B \left[1 - (1 - R_C R_D)(1 - R_E R_F) \right] \left[1 - (1 - R_G)(1 - R_H) \right] \\ &= 0.9753 \times 0.9656 \times 0.9852 \times 0.9974 = 0.9254 \end{aligned}$$

5.2　可靠性分配

可靠性分配(reliability allocation)是将工程设计规定的系统可靠度指标，按照一定的分配原则和方法，合理地分配给组成该系统的各分系统、设备、单元和元器件，确定系统各组成单元的可靠性指标定量要求，从而使整个系统可靠性指标得到保证。事实上，可靠性分配也是一个综合优化问题，其最基本模型为

$$f\left(R_1,R_2,\cdots,R_n\right)\geqslant R_s$$

式中，R_s 为系统的可靠性指标；R_i 为分配给第 i 个子系统的可靠性指标；$f(\cdot)$ 为子系统可靠性与整机系统可靠性之间的函数关系。可靠性分配需要遵循以下四条基本原则。

(1) 技术水平：对技术成熟的单元，能够保证实现较高的可靠性，或预期投入使用时可靠性有把握增加到较高水平，则可分配较高的可靠性指标。

(2) 复杂程度：对较简单的单元，组成该单元的零部件数量少，组装容易保证质量或发生故障后易于维修，则分配给较高的可靠性指标。

(3) 重要程度：对重要的单元，该单元失效将产生严重的后果，或该单元失效常会导致系统失效，则分配给较高的可靠性指标。

(4) 任务情况：对整个任务时间内均需连续工作或工作环境恶劣，难以保证较高可靠性的单元，则分配给较低的可靠性指标。

可靠性指标分配的方法很多，无论采用哪一种方法，应从设计者，实用、简便、经济等方面全盘考虑，选择最佳的分配方法，下面简单介绍几种不同的可靠性指标分配方法。

5.2.1　等分配法

对系统中的全部单元分配以相等的可靠度的方法称为等分配法或等同分配法(equal apportionment technique)。

1. 串联系统可靠度分配

当系统中 n 个单元具有近似的复杂程度、重要性以及制造成本时，则可用等分配法分配系统各单元的可靠度。这种分配法的另一出发点是考虑串联系统的可靠度往往取决于系统中的最弱单元，因此，对其他单元分配以高的可靠度无实际意义。

当系统的可靠度为 R_s，各单元分配的可靠度为 R_i 时，由式知：

$$R_s = \prod_{i=1}^{n} R_i = R_i^n$$

因此，单元可靠度为

$$R_i = R_s^{1/n}, \quad i = 1, 2, \cdots, n \tag{5-23}$$

2. 并联系统可靠度分配

当系统的可靠度指标要求很高(如 $R_i > 0.99$)而选用已有的单元又不能满足要求时，则可选用 n 个相同单元的并联系统，这时单元的可靠度 R_i 可大大低于系统的可靠度 R_s 。

$$R_s = 1 - \left(1 - R_i\right)^n$$

R_i 应分配为

$$R_i = 1 - \left(1 - R_s\right)^{1/n} \tag{5-24}$$

3. 串并联系统可靠度分配

利用等分配法对串并联系统进行可靠性分配时，可先将串并联系统化简为等效串联系统和等效单元，再给同级等效单元分配以相同的可靠度。

例如，对于图 5-3(a)所示的串并联系统作两步化简后，则可先从最后的等效串联系统[图 5-3(c)]开始按等分配法对各单元分配可靠度：

$$R_1 = R_{S_{234}} = R_S^{1/2}$$

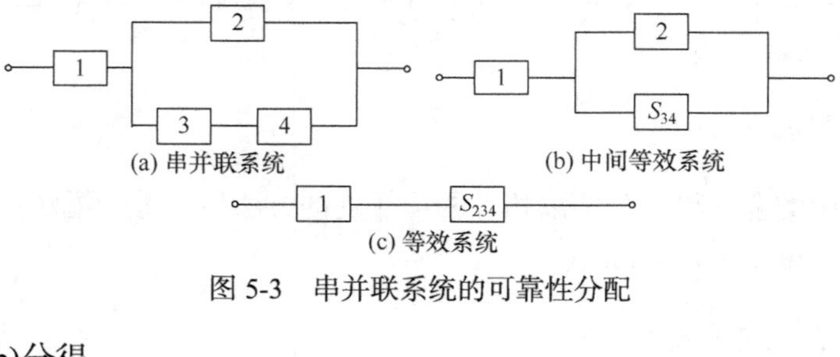

图 5-3　串并联系统的可靠性分配

再由图 5-3(b)分得

$$R_2 = R_{S_{34}} = 1 - \left(1 - R_{S_{234}}\right)^{1/2}$$

最后再求图 5-3(a)中的 R_3 及 R_4

$$R_3 = R_4 = R_{34}^{1/2}$$

5.2.2　再分配法

如果已知串联系统(或串并联系统的等效串联系统)各单元的可靠度预测值为 $\hat{R}_1, \hat{R}_2, \cdots, \hat{R}_n$，则系统的可靠度预测值为

$$\hat{R}_s = \prod_{i=1}^{n} \hat{R}_i, \quad i = 1, 2, \cdots, n$$

若设计规定的系统可靠度指标 $R_s > \hat{R}_s$，表示预测值不能满足要求，需改进单元的可靠度指标并按规定的 R_s 值作再分配计算。显然，提高低可靠性单元的可靠度，效果要好些且容易些，因此，可提高低可靠性单元的可靠度并按等分配法进行再分配。为此，先将各单元的可靠度预测值按由小到大的次序排列，则有

$$\hat{R}_1 < \hat{R}_2 < \cdots < \hat{R}_m < \hat{R}_{m+1} < \cdots < \hat{R}_n$$

令

$$R_1 = R_2 = \cdots = R_m = R_0 \tag{5-25}$$

并找出 m 值使

$$\hat{R}_m < R_0 = \left(R_s \Big/ \prod_{i=m+1}^{n} \hat{R}_i \right)^{1/m} < \hat{R}_{m+1} \tag{5-26}$$

则单元可靠度的再分配可按下式进行:

$$\begin{cases} R_1 = R_2 = \cdots = R_m = \left(R_s \Big/ \prod_{i=m+1}^{n} \hat{R}_i \right)^{1/m} \\ R_{m+1} = \hat{R}_{m+1}, R_{m+2} = \hat{R}_{m+2}, \cdots, R_n = \hat{R}_n \end{cases} \tag{5-27}$$

例题 5.6　设串联系统 4 个单元的可靠度预测值由小到大顺序排列为 $\hat{R}_1 = 0.9507$，$\hat{R}_2 = 0.9570$，$\hat{R}_3 = 0.9856$，$\hat{R}_4 = 0.9998$。若设计规定串联系统的可靠度 $\hat{R}_s = 0.9560$，试进行可靠度再分配。

解：由于系统的可靠性预测值 ($\hat{R}_s = 0.8965$) 不能满足设计指标，因此需提高单元的可靠度，并进行可靠度再分配。

设 $m = 1$，则由式得

$$R_0 = \left(R_s / \hat{R}_2 \hat{R}_3 \hat{R}_4 \right)^{1/1} = \left(\frac{0.9560}{0.9570 \times 0.9856 \times 0.9998} \right)^1 = 1.01$$

因此需另设 m 值。设 $m = 2$，则有

$$R_0 = \left(\frac{R_s}{\hat{R}_3 \hat{R}_4}\right)^{1/2} = \left(\frac{0.9560}{0.9856 \times 0.9998}\right)^{1/2} = 0.9850$$

$$\hat{R}_2 = 0.9570 < R_0 = 0.9850 < \hat{R}_3 = 0.9856$$

因此，分配有效，再分配的结果为

$$R_1 = R_2 = 0.9850, \quad R_1 = \hat{R}_3 = 0.9856, \quad R_4 = \hat{R}_4 = 0.9998$$

5.2.3 相对失效率与相对失效概率法

相对失效概率法是根据使系统中各单元的容许失效概率正比于该单元的预计失效概率的原则来分配系统中各单元的可靠度。因此，它与相对失效率法的可靠度分配原则十分类似。两者统称为比例分配法。实际上如果单元的可靠度服从指数分布，从而系统的可靠度也服从指数分布时则有

$$R(t) = \mathrm{e}^{-\lambda t} \approx 1 - \lambda t$$
$$F(t) = 1 - R(t)$$

所以按失效率成比例地分配可靠度，可以近似地按失效概率(不可靠度)成比例地分配可靠度所代替。下面对这两种方法一起进行讨论。

1. 串联系统可靠度分配

串联系统的任一单元失效都将导致系统失效。假定各单元的工作时间与系统的工作时间相同并取为 t，λ_i 为第 i 个单元的预计失效率($i = 1, 2, \cdots, n$)，λ_s 为由单元预计失效率算得的系统失效率，根据公式 $R(t) = \mathrm{e}^{-\lambda t}$ 则有

$$\mathrm{e}^{-\lambda_1 t} \cdot \mathrm{e}^{-\lambda_2 t} \cdot \cdots \cdot \mathrm{e}^{-\lambda_i t} \cdot \cdots \cdot \mathrm{e}^{-\lambda_n t} = \mathrm{e}^{-\lambda_s t}$$
$$\lambda_1 t + \lambda_2 t + \cdots + \lambda_i t + \cdots + \lambda_n t = \lambda_s t$$

$$\sum_{i=1}^{n} \lambda_i = \lambda_s \tag{5-28}$$

由上式可见，串联系统的可靠度为单元可靠度之积，而系统的失效率则为各单元失效率之和。因此，在分配串联系统各单元的可靠度时，往往不是直接对可靠度进行分配，而是把系统允许的失效率或不可靠度(失效概率)合理地分配给各单元。因此，按相对失效率的比例或按相对失效概率的比例进行分配比较方便。

各单元的相对失效率则为

$$\omega_1' = \frac{\lambda_i}{\sum_{i=1}^{n} \lambda_i}, \quad i = 1, 2, \cdots, n \tag{5-29}$$

显然有

$$\sum_{i=1}^{n}\omega_i = 1$$

各单元的相对失效概率亦可表达为

$$\omega_1' = \frac{F_i}{\sum_{i=1}^{n} F_i}, \quad i = 1, 2, \cdots, n \tag{5-30}$$

若系统的可靠度设计指标为 R_{sd}，系统失效率设计指标(即容许失效率)为 λ_{sd}，可求得系统失效概率设计指标 F_{sd} 分别为

$$R_{\text{sd}} = \frac{-\ln R_{\text{sd}}}{t} \tag{5-31}$$

$$F_{\text{sd}} = 1 - R_{\text{sd}} \tag{5-32}$$

则系统各单元的容许失效率和容许失效概率(即分配给它们的指标)分别为

$$\lambda_{i\text{d}} = \omega_i \lambda_{\text{sd}} = \frac{\lambda_i}{\sum_{i=1}^{n} \lambda_i} \lambda_{\text{sd}} \tag{5-33}$$

$$F_{i\text{d}} = \omega_i' F_{\text{sd}} = \frac{F_i}{\sum_{i=1}^{n} F_i} F_{\text{sd}} \tag{5-34}$$

式中，λ_i, F_i 分别为单元失效率和失效概率的预计值。

从而求得各单元分配的可靠度 $R_{i\text{d}}$ 为

按相对失效率法：

$$R_{i\text{d}} = \exp\left(-\lambda_{i\text{d}} t\right) \tag{5-35}$$

按相对失效概率法：

$$R_{i\text{d}} = 1 - F_{i\text{d}} \tag{5-36}$$

通过例题可了解其计算步骤。

例题 5.7　一个串联系统由三个单元组成，各单元的预计失效率分别为 $\lambda_1 = 0.005\text{h}^{-1}$，$\lambda_2 = 0.003\text{h}^{-1}$，$\lambda_3 = 0.002\text{h}^{-1}$，要求工作 20h 时系统可靠度为 $R_{\text{sd}} = 0.980$，试问应给各单元分配的可靠度为何值?

解：可按相对失效率法为各单元分配可靠度，其计算步骤如下。

(1) 预计失效率的确定。

多根据统计数据或现场使用经验给出各单元的预计失效率 λ。本题已给出为：

$\lambda_1 = 0.005\text{h}^{-1}$， $\lambda_2 = 0.003\text{h}^{-1}$， $\lambda_3 = 0.002\text{h}^{-1}$ 。按式(5-28)，可求出系统失效率的预计值为

$$\lambda_s = \sum_{i=1}^{3} \lambda_i = 0.005 + 0.003 + 0.002 = 0.01\text{h}^{-1}$$

(2) 校核 λ_s 能否满足系统的设计要求。

由 $R(t) = \text{e}^{-\lambda t}$ 知，由预计失效率 λ_s 所决定的工作 20h 的系统可靠度为

$$R_s = \text{e}^{-\lambda_s t} = \text{e}^{-0.01\times 20} = \text{e}^{-0.2} = 0.8187 < R_{sd} = 0.980$$

因 $R_s < R_{sd}$，故需提高单元的可靠度并重新进行可靠度分配。

(3) 计算各单元的相对失效率 ω_i：

$$\begin{cases} \omega_1 = \dfrac{\lambda_1}{\lambda_1 + \lambda_2 + \lambda_3} = \dfrac{0.005}{0.005 + 0.003 + 0.002} = 0.5 \\ \omega_2 = \dfrac{\lambda_2}{\lambda_1 + \lambda_2 + \lambda_3} = 0.3 \\ \omega_3 = \dfrac{\lambda_3}{\lambda_1 + \lambda_2 + \lambda_3} = 0.2 \end{cases}$$

(4) 计算系统的容许失效率 λ_{sd}：

$$\lambda_{sd} = \frac{-\ln R_{sd}}{t} = \frac{-\ln 0.980}{20} = \frac{0.0202027}{20} = 0.001010\text{h}^{-1}$$

(5) 计算各单元的容许失效率 λ_{id}：

$$\lambda_{1d} = \omega_1 \lambda_{sd} = 0.5 \times 0.001010\text{h}^{-1} = 0.000505\text{h}^{-1}$$
$$\lambda_{2d} = \omega_2 \lambda_{sd} = 0.3 \times 0.001010\text{h}^{-1} = 0.000303\text{h}^{-1}$$
$$\lambda_{3d} = \omega_3 \lambda_{sd} = 0.2 \times 0.001010\text{h}^{-1} = 0.000202\text{h}^{-1}$$

(6) 计算各单元分配的可靠度 $R_{id}(20)$：

由式(5-35)可得

$$R_{1d}(20) = \exp(-\lambda_{1d} t) = \exp(-0.000505 \times 20) = 0.98995$$
$$R_{2d}(20) = \exp(-\lambda_{2d} t) = \exp(-0.000303 \times 20) = 0.99396$$
$$R_{3d}(20) = \exp(-\lambda_{3d} t) = \exp(-0.000202 \times 20) = 0.99597$$

(7) 检验系统可靠度是否满足要求：

$$\begin{aligned} R_{sd}(20) &= R_{1d}(20) \cdot R_{2d}(20) \cdot R_{3d}(20) \\ &= 0.98995 \times 0.99396 \times 0.99597 = 0.9800053 > 0.980 \end{aligned}$$

故系统的设计可靠度 $R_{sd}(20)$ 大于给定值 0.980，即满足要求。

2. 冗余系统可靠度分配

对于具有冗余部分的串并联系统，要想把系统的可靠度指标直接分配给各个单元，计算比较复杂。通常是将每组并联单元适当组合成单个单元，并将此单个单元看成是串联系统中并联部分的一个等效单元，这样便可用上述串联系统可靠度分配方法，将系统的容许失效率或失效概率分配给各个串联单元和等效单元。然后再确定并联部分中每个单元的容许失效率或失效概率。

如果作为代替 n 个并联单元的等效单元在串联系统中分到的容许失效概率为 F_B，则

$$F_B = F_1 F_2 \cdots F_n = \prod_{i=1}^{n} F_i \tag{5-37}$$

式中，F_i 为第 i 个并联单元的容许失效概率。

若已知各并联单元的预计失效概率 $F_i'(i = 1,2,\cdots,n)$，则可以取 $n-1$ 个相对关系式：

$$\begin{cases} \dfrac{F_2}{F_2'} = \dfrac{F_1}{F_1'} \\ \dfrac{F_3}{F_3'} = \dfrac{F_1}{F_1'} \\ \vdots \\ \dfrac{F_n}{F_n'} = \dfrac{F_1}{F_1'} \end{cases} \tag{5-38}$$

求解式(5-37)和式(5-38)，就可以求得各并联单元应该分配到的容许失效概率值 F_i。这就是相对失效概率法对冗余系统可靠性分配的分配过程。

例题 5.8　图 5-4 所示的并联子系统由三个单元组成，已知它们的预计失效概率分别为：$F_1' = 0.04$，$F_2' = 0.06$，$F_3' = 0.12$。如果该并联子系统在串联系统中的等效单元分得的容许失效概率 $F_B = 0.005$，试计算并联子系统中各单元所容许的失效概率值。

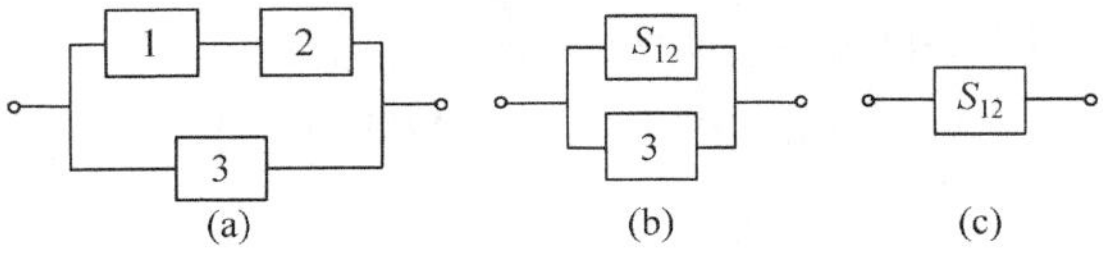

图 5-4　并联子系统及其简化过程

解：可按相对失效概率法为各单元分配可靠度，其计算步骤如下。

(1) 列出各单元的预计失效概率 F_i，计算预计可靠度：

$$F_1' = 0.04, \quad R_1' = 1 - F_1' = 0.96$$
$$F_2' = 0.06, \quad R_2' = 1 - F_2' = 0.94$$
$$F_3' = 0.12, \quad R_3' = 1 - F_3' = 0.88$$

(2) 将并联子系统化简为一个等效单元，并画出化简过程图，如图 5-4(a)～(e)所示。

(3) 求各分支的预计失效概率和预计可靠度。

第 I 分支：

$$R_{\text{I}} = R_1'R_2' = 0.96 \times 0.94 = 0.9024 \approx 0.90$$
$$F_{\text{I}}' = 1 - R_{\text{I}}' = 1 - 0.90 = 0.10$$

第 II 分支：

$$R_{\text{II}}' = R_3' = 0.88$$
$$F_{\text{II}}' = 1 - R_{\text{II}}' = 0.12$$

(4) 求并联子系统等效单元的预计失效概率和预计可靠度。

由式(5-37)得并联子系统的预计失效概率：

$$F_B' = F_{\text{I}}'F_{\text{II}}' = 0.10 \times 0.12 = 0.012$$
$$R_B' = 1 - F_B' = 1 - 0.012 = 0.988$$

(5) 按并联子系统的等效单元所分得的总容许失效概率 F_B，求各分支的容许失效概率。

若 $F_B = 0.005$，则按式(5-36)、式(5-37)得

$$\begin{cases} F_B = F_{\text{I}}F_{\text{II}} = 0.005 \\ \dfrac{F_{\text{II}}}{F_{\text{II}}'} = \dfrac{F_{\text{I}}}{F_{\text{I}}'}, \quad 即 F_{\text{II}} = \dfrac{F_{\text{II}}'}{F_{\text{I}}'} F_{\text{I}} = \dfrac{0.12}{0.10} F_{\text{I}} \end{cases}$$

解上面联立方程式可得

$$\begin{cases} F_{\text{I}} = 0.0645 \\ F_{\text{II}} = 0.0775 \end{cases}$$

(6) 将分支的容许失效概率分配给该分支的各单元。

第一分支为两个串联单元，故应将 $F_{\text{I}} = 0.0645$ 再分配给该两单元(单元 1 及 2)。得

$$\begin{cases} F_1 = \dfrac{F_1'}{F_1' + F_2'} F_{\text{I}} = \dfrac{0.04}{0.04 + 0.06} \times 0.0645 = 0.0258 \\ F_2 = \dfrac{F_2'}{F_1' + F_2'} F_{\text{I}} = \dfrac{0.06}{0.04 + 0.06} \times 0.0645 = 0.0387 \end{cases}$$

(7) 列出最后的分配结果：

$$F_1 = 0.0258, \quad R_1 = 1 - F_1 = 0.9742$$
$$F_2 = 0.0387, \quad R_2 = 1 - F_2 = 0.9613$$
$$F_3 = 0.0775, \quad R_3 = 1 - F_3 = 0.9225$$

当冗余单元一级套一级如图 5-5 所示比较复杂时，用此法分配可靠度先要由内到外逐级简化组合。如图 5-5(a)所示，经过第一次组合得到图 5-5(b)，图中 S_{45} 代表并联单元 4 与 5 的等效单元；经过第二次组合得到图 5-5(c)，其中 S_{23} 代表串联单元 2 与 3 的等效单元，S_{456} 代表串联的 S_{45} 与 6 等效单元；最后组合成串联图 5-5(d)。等效单元 S_{23456} 的容许失效概率确定以后，便可用上述方法按与简化组合过程相反的次序逐级进行可靠度分配。从而求得各单元分配到的可靠度指标。

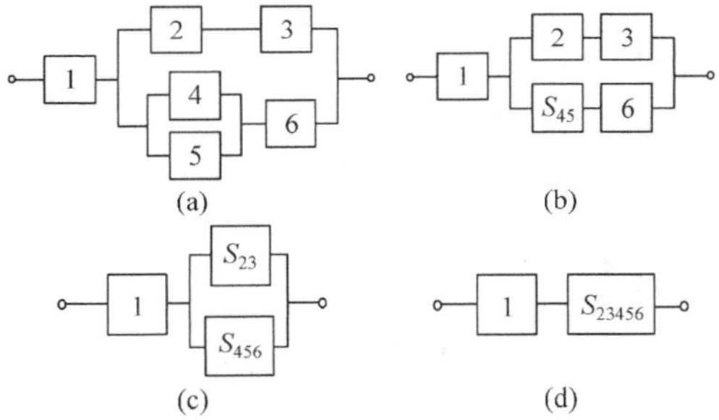

图 5-5　复杂冗余系统逻辑图的简化组合过程

5.2.4　AGREE 分配法

该方法由美国 AGREE 提出，是一种比较完善的综合方法。因为考虑了系统的各单元或各子系统的复杂度、重要度、工作时间，以及它们与系统之间的失效关系，故又称为“按单元的复杂度及重要度的分配法”。适用于各单元工作期间失效率为常数的串联系统。

单元或子系统的复杂度定义为：单元中所含的重要零件、组件(其失效会引起单元失效)的数目 $N_i (i = 1, 2, \cdots, n)$ 与系统中重要零、组件的总数 N 之比，即第 i 个单元的复杂度为

$$\frac{N_i}{N} = \frac{N_i}{\sum_{i=1}^{n} N_i}, \quad i = 1, 2, \cdots, n \tag{5-39}$$

单元或子系统的重要度定义为：该单元的失效而引起系统失效的概率。按照 AGREE 分配法，系统中第 i 个单元分配的失效率和分配的可靠度 $R_i(t)$ 分别为

$$\lambda_i = \frac{N_i\left[-\ln R_{\mathrm{s}}(T)\right]}{NE_i t_i}, \quad i = 1,2,\cdots,n \tag{5-40}$$

$$R_i\left(t_i\right) = 1 - \frac{1-\left[R_{\mathrm{s}}(T)\right]^{N_i/N}}{E_i}, \quad i = 1,2,\cdots,n \tag{5-41}$$

式中，N_i 为单元 i 的重要零件、组件数；$R_{\mathrm{s}}(T)$ 为系统工作时间 T 时的可靠度；N 为系统的重要零件、组件总数，$N = \sum N_i$；E_i 为单元 i 的重要度；t_i 为 T 时间内单元 i 的工作时间，$0 < t_i < T$。

例题 5.9　一个四单元的串联系统，要求在连续工作 48h 期间内系统的可靠度为 0.96。而单元 1、单元 2 的重要性为 $E_1 = E_2 = 1$；单元 3 工作时间为 10h，重要度 $E_3 = 0.90$；单元 4 的工作时间为 12h，重要度 $E_4 = 0.85$，问应怎样分配它们的可靠度？已知它们的零件、组件数分别为 10，20，40，50。

解：系统的重要零件、组件总数为

$$N = \sum_{i=1}^{4} N_i = 10 + 20 + 40 + 50 = 120$$

按式可得到各单元的容许失效率为

$$\lambda_1 = \frac{10 \times (-\ln 0.96)}{120 \times 1 \times 48} = 0.00007\mathrm{h}^{-1}$$

$$\lambda_2 = \frac{20 \times (-\ln 0.96)}{120 \times 1 \times 48} = 0.00014\mathrm{h}^{-1}$$

$$\lambda_3 = \frac{40 \times (-\ln 0.96)}{120 \times 0.90 \times 48} = 0.00151\mathrm{h}^{-1}$$

$$\lambda_4 = \frac{50 \times (-\ln 0.96)}{120 \times 0.85 \times 48} = 0.00167\mathrm{h}^{-1}$$

按式可得分配给各单元的可靠度为

$$R_1(48) = 1 - \frac{1 - 0.96^{10/120}}{1} = 0.96^{0.0833} = 0.99660$$

$$R_2(48) = 1 - \frac{1 - 0.96^{20/120}}{1} = 0.99322$$

$$R_3(10) = 1 - \frac{1 - 0.96^{40/120}}{0.90} = 0.98498$$

$$R_4(12) = 1 - \frac{1 - 0.96^{50/120}}{0.85} = 0.98106$$

系统可靠度为：$R_{\mathrm{s}} = 0.99660 \times 0.99322 \times 0.98498 \times 0.98016 = 0.9556$

此值比规定的系统可靠度略低，是公式的近似性质以及单元 3、4 的重要度小于 1 的缘故。

5.2.5　评分分配法

当缺乏有关产品的可靠性数据时，可按照几种因素进行评分，这种评分可以由有经验的工程师用投票方法给出。根据评分情况给每个分系统分配可靠性指标。

这种方法主要考虑四个因素——复杂程度、技术水平、环境条件和工作时间。每一个因素的分数为 1～10。

(1) 复杂程度：它是根据组成分系统的元器件数量以及组装它们的难易程度来决定的。最简单的评 1 分，最复杂的评 10 分。

(2) 技术水平：根据分系统目前的技术水平和成熟程度来决定。水平最低的评 10 分，水平最高的评 1 分。

(3) 环境条件：根据分系统所处的环境条件来评定。分系统在工作过程中经受极其恶劣而严酷的环境条件的评 10 分，环境条件最好的评 1 分。

(4) 工作时间：根据分系统工作的时间来决定。系统工作时，分系统一直工作的评 10 分，工作时间最短的评 1 分。

这样分配给每个分系统的故障率 λ_i^* 为

$$\lambda_i^* = C_i \lambda_{\mathrm{s}}^* \tag{5-42}$$

式中，λ_{s}^* 为系统规定的故障率指标；C_i 为第 i 个分系统的评分因数，即

$$C_i = \frac{\omega_i}{\omega} \tag{5-43}$$

式中，ω_i 为第 i 个分系统的评分数；ω 为分系统的评分数。

$$\omega_i = \prod_{i=1}^{4} r_{ij} \tag{5-44}$$

式中，r_{ij} 为第 i 个分系统，第 j 个因素的评分数，$j=1$ 为复杂程度，$j=2$ 为技术水平；$j=3$ 为环境条件；$j=4$ 为工作时间。

$$\omega = \sum_{i=1}^{n} \omega_i , \quad i = 1,2,\cdots \tag{5-45}$$

式中，n 为分系统个数。

例题 5.10　假设某水下航行器由结构系统、动力系统、控制系统、导航系统、电路系统、推进系统和监测系统等七个系统组成，各系统之间构成可靠性串联模型。该水下航行器航行时间定为 10h，工作可靠度为 0.80。

按照上述评分准则，专家评分结果如表 5-4 所示。根据表中的各系统综合评

分，各系统可靠性指标分配结果如表 5-5 所示。

表 5-4　专家评分结果

分系统名称	评分结果					
	复杂程度 r_{i1}	技术水平 r_{i2}	环境条件 r_{i3}	工作时间 r_{i4} /h	各系统评分数 ω_i	各系统评分因素 C_i
结构系统	8.06	3.5	7.06	9.56	1903.9945	0.1548
动力系统	7.29	3.82	6.65	9.65	1787.063	0.1453
控制系统	8.15	4.12	6.06	9.5	1933.0855	0.1572
导航系统	9.15	4.65	6.29	9.59	2566.512	0.2087
电路系统	7.41	4.21	5.76	9.59	1723.223	0.1401
推进系统	7.62	5.18	6.44	3.82	971.033	0.079
监测系统	7	4	6	8.41	1414.88	0.1149
总计	—	—	—	—	12297.79045	1

表 5-5　各系统可靠性指标分配结果

可靠性指标		可靠性指标分配						
		总体结构	动力系统	控制系统	导航系统	电路系统	推进系统	监测系统
可靠度	0.80	0.966047	0.968097	0.96553	0.954498	0.969221	0.982526	0.974687
失效率	0.022314	0.003454	0.003242	0.003508	0.004657	0.003126	0.001763	0.002564

5.2.6　工程加权法

组成系统的各个单元所处的环境并不一定相同，各单元所采用的元器件质量，标准件的程度和维修的难易也有所不同。工程加权分配法就是除了考虑各单元重要性和复杂性以外，还应考虑多种因素，并将各种因素的影响用不同的加权因子来反映的一种分配方法。

对于服从指数分布的串联结构模型，系统的可靠性分配指标公式为

$$\mathrm{MTBF}_j=\frac{\sum_{j=1}^{N}\prod_{i=1}^{n}K_{ji}}{\prod_{i=1}^{n}K_{ji}}\mathrm{MTBF}_\mathrm{s} \tag{5-46}$$

式中，MTBF_j 为第 j 个单元平均故障时间间隔；MTBF_s 为系统平均故障时间间隔；K_{ij} 为第 j 个单元第 i 个分配加权因子。

通常考虑的加权因子有重要因子、复杂因子、环境因子、标准化因子、维修因子和元器件的质量因子等，根据研制产品的具体情况，还可以引进其他一些因

子。但因子的种类也不宜过多，应选取那些对系统可靠性有重大影响的，且便于定量表示的项目。

其中，重要性因子、复杂因子的定义和确定方法与 AGREE 方法中的相同，并分别以 K_{j1}，K_{j2} 表示第 j 个单元的重要因子和复杂因子。

还要考虑的是环境因子，除了温度、气候条件以外，还有一些机械的环境条件，如振动、冲击等。不同的环境条件，对可靠性的影响也是不同的。显然，恶劣环境条件的设备，分配的可靠性指标应该低一些，若用 K_{j3} 表示环境因子，则 K_{j3} 应该大一些。

下面通过一个实例来说明工程加权分配的方法。

例题 5.11 假设某系统由电源、发射、接收、显示、反馈及伺服六个分机组成，可靠性指标 MTBF 为 40h。按总的指标要求，采用工程加权分配法对各分机进行可靠性分配。分配中以电源作为标准单元，其各项分配加权因子取为 1，其他部分与电源分机比较，各加权因子取值见表 5-6。按分配公式和表中列出的加权因子取值，可得分配结果为

$$\text{电源：}\ \mathrm{MTBF}=11.435\div 1\times 40\mathrm{h}\approx 457\mathrm{h}$$
$$\text{发射：}\ \mathrm{MTBF}=11.435\div 1.125\times 40\mathrm{h}\approx 407\mathrm{h}$$
$$\text{接收：}\ \mathrm{MTBF}=11.435\div 4.8\times 40\mathrm{h}\approx 95\mathrm{h}$$
$$\text{显示：}\ \mathrm{MTBF}=11.435\div 3.6\times 40\mathrm{h}\approx 127\mathrm{h}$$
$$\text{反馈：}\ \mathrm{MTBF}=11.435\div 0.16\times 40\mathrm{h}\approx 2859\mathrm{h}$$
$$\text{伺服：}\ \mathrm{MTBF}=11.435\div 0.75\times 40\mathrm{h}\approx 610\mathrm{h}$$

表 5-6 某系统各分机分配加权因子取值表

项目	分配加权因子取值					
	电源	发射	接收	显示	反馈	伺服
复杂因子	1	0.5	2	3	0.2	0.5
重要因子	1	1	1	1	1	1
环境因子	1	1	2	2	2	1.5
标准化因子	1	3	2	2	2	1
维修因子	1	0.5	0.6	0.6	0.4	0.5
元器件质量因子	1	1.5	1	1	0.5	2
$\prod_{i=1}^{6}$	1	1.125	4.8	3.6	0.16	0.75
$\sum_{i=1}^{6}$	11.435					

5.2.7 阿林斯分配法

阿林斯分配法是考虑产品中单元重要度的一种分配方法。该方法假设系统是由 n 个单元组成的串联系统，且它们的失效分布均为指数分布。

阿林斯分配法的具体分配步骤如下。

(1) 根据过去积累、观察和估计得到的数据，确定单元失效率 λ_i。

(2) 根据分配前系统失效率 λ_s，确定各单元的重要度分配因子 W_i：

$$W_i = \lambda_i / \lambda_s \tag{5-47}$$

式中，λ_s 为系统的失效率(h^{-1})。

(3) 计算分配的单元失效率 λ_i^*：

$$\lambda_i^* = W_i \lambda_s^* \tag{5-48}$$

式中，λ_s^* 为系统要求的失效率(h^{-1})。

(4) 计算分配单元的可靠度 R_i^*：

$$R_i^* = R_s^{*W_i} \tag{5-49}$$

式中，R_s^* 为系统要求的可靠度。

例题 5.12 某串联系统由五个单元组成，现已知各单元的失效率分别为 $\lambda_1 = 7\times10^{-6}/\text{h}$，$\lambda_2 = 10^{-6}/\text{h}$，$\lambda_3 = 2\times10^{-6}/\text{h}$，$\lambda_4 = 2.5\times10^{-6}/\text{h}$，$\lambda_5 = 1.5\times10^{-6}/\text{h}$，现要求该系统失效率降低到$10^{-6}/\text{h}$，各单元的失效率应为多少？如果希望系统工作到 1000h 的可靠度达到 0.99，各单元的可靠度又为多少？

解：(1) $\lambda_s = \sum_{i=1}^{5} \lambda_i = (7+1+2+2.5+1.5)\times10^{-6} = 1.4\times10^{-5}\,\text{h}^{-1}$

(2) 求各单元的重要度分配因子 W_i：

$$W_1 = \lambda_1/\lambda_s = 0.5$$

同理，可求得 $W_2 = 0.0714$，$W_3 = 0.1429$，$W_4 = 0.1786$，$W_5 = 0.1071$。

(3) 计算分配的单元失效率 λ_i^*：

$$\lambda_i^* = W_1 \lambda_s^* = 0.5\times10^{-6}\,\text{h}^{-1}$$

同理，可求得

$$\lambda_2^* = 7.14\times10^{-8}\,\text{h}^{-1}, \quad \lambda_3^* = 1.429\times10^{-7}\,\text{h}^{-1}$$

$$\lambda_4^* = 1.786\times10^{-7}\,\text{h}^{-1}, \quad \lambda_5^* = 1.071\times10^{-7}\,\text{h}^{-1}$$

(4) 计算分配单元的可靠度 R_i^*：

$$R_1^* = R_s^{*W_1} = 0.99^{0.5} = 0.9950$$

同理，可求得 $R_2^*=0.9993$, $R_3^*=0.9986$, $R_4^*=0.9982$, $R_5^*=0.9989$ 。

(5) 检验分配结果：

$$\begin{aligned}\lambda_s &= \sum_{i=1}^{5}\lambda_i^* \\ &= (0.5+0.0714+0.1429+0.1786+0.1071)\times 10^{-6} \\ &= 10^{-6}\,\mathrm{h}^{-1}\end{aligned}$$

$$R_s=\sum_{i=1}^{5}R_i=\sum_{i=1}^{5}R_i^*>0.99$$

经检验满足要求。

5.2.8　最优化方法

1. 花费最小的最优化分配方法

若串联系统 n 个单元的预计可靠度(现有可靠度水平)按非减序列排列为 $R_1,R_2,\cdots,R_n$ ，则系统的预计可靠度为

$$R_s=\sum_{i=1}^{n}R_i$$

如果要求的系统可靠度指标 $R_{sd}>R_s$ ，则系统中至少有一个单元的可靠度必须提高，即单元的分配可靠度 R_{id} 要大于单元的预计可靠度 R_i 。为此，必须花费一定的研制开发费用。令 $G(R_i,R_{id})$ ， $i=1,2,\cdots,n$ ，表示费用函数，即为使第 i 个单元的可靠度由 R_i 提高到 R_{id} 需要的花费总量。显然， $R_{id}-R_i$ 值越大，即可靠度值提高的幅度越大，则费用函数 $G(R_i,R_{id})$ 值也就越大，费用也就越高；另外， R_i 值越大，则提高 $(R_{id}-R_i)$ 值所需的费用也越高。要使系统的可靠度由 R_s 提高到 R_{sd} 的总花费则为

$$\sum_{i=1}^{n}G\left(R_i,R_{id}\right),\quad i=1,2,\cdots,n$$

希望总花费最小，于是构成一个最优化设计问题，其数学模型如下。

目标函数为

$$\min\sum_{i=1}^{n}G\left(R_i,R_{id}\right)\tag{5-50}$$

约束条件为

$$\prod_{i=1}^{n}R_{id}\geqslant R_{id}$$

令 j 表示系统中需要提高可靠度的单元序号，显然应从可靠度最低的单元开

始提高其可靠度，即 j 从 1 开始，按需要可递次增大。

令

$$R_{0j}=\left(R_{\mathrm{sd}}\bigg/\prod_{i=j+1}^{n+1}R_i\right)^{1/j},\quad j=1,2,\cdots,n \tag{5-51}$$

式中，$R_{n+1}=1$，则有

$$R_{0j}=\left(R_{\mathrm{sd}}\bigg/\prod_{i=j+1}^{n+1}R_i\right)^{1/j}>R_j \tag{5-52}$$

上式表明，想要获得所要求的系统可靠度指标 R_{sd}，则 $j=1,2,\cdots,n$ 各单元的可靠度均应提高到 R_{0j}。若继续增大 j，当达到某一值(如 $j+1$)后使得：

$$R_{0,j+1}=\left(R_{\mathrm{sd}}\bigg/\prod_{i=j+2}^{n+1}R_i\right)^{1/j+1}<R_{j+1} \tag{5-53}$$

即第 $j+1$ 号单元的预计可靠度 R_{j+1} 比提高到 $R_{0,j+1}$ 值大，因此，j 为需要提高可靠度的单元序号的最大值，令命它为 k_0。则说明：为使系统可靠度指标达到 R_{sd}，令 $j=k_0$，$i=1,2,\cdots,k_0$ 的各单元的分配可靠度 $R_{i\mathrm{d}}$ 均应提高到

$$R_{k_0}=\left(R_{\mathrm{sd}}\bigg/\prod_{i=k_0+1}^{n+1}R_i\right)^{1/k_0}=R_{\mathrm{d}} \tag{5-54}$$

即序号为 $i=1,2,\cdots,k_0$ 的各单元的分配可靠度皆为 R_{d}，而序号为 $i=k_0+1,\cdots,n$ 的各单元的分配可靠度可各自保持原预计可靠度值 $(i=k_0+1,k_0+2,\cdots,n)$ 不变，即最优化问题的唯一最优解为

$$R_{i\mathrm{d}}=\begin{cases}R_{\mathrm{d}}, & i\leqslant k_0\\ R_i, & i>k_0\end{cases} \tag{5-55}$$

提高有关单元的可靠度后，系统的可靠度指标为

$$R_{\mathrm{sd}}=R_{\mathrm{d}}^{k_0}\prod_{i=k_0+1}^{n+1}R_i \tag{5-56}$$

例题 5.13　汽车驱动桥双级主减速器第一级螺旋锥齿轮主从动齿轮的预计可靠度为：$R_A=0.85$，$R_B=0.85$；第二级斜齿圆柱齿轮的预计可靠度为：$R_C=0.96$，$R_D=0.97$，若它们的费用函数相同，要求齿轮系统的可靠度指标为 $R_{\mathrm{sd}}=0.80$，试用花费最小的原则对四个齿轮作可靠度分配。

解：(1) 系统的预计可靠度为

$R_{\mathrm{s}}=R_AR_BR_CR_D=0.85\times0.85\times0.96\times0.97=0.67279<0.8$，故应提高系统的可靠度，为此必须重新分配齿轮的可靠度。

(2) 将各单元(齿轮)的预计可靠度按非减顺序排列为

$$R_1 = R_A = 0.85\,,\quad R_2 = R_B = 0.85\,,\quad R_3 = R_C = 0.96\,,\quad R_4 = R_D = 0.97$$

(3) 求 j 的最大值 k_0。

当 $j=1$ 时：

$$R_{01} = \left(R_{sd} \Big/ \prod_{i=1+1}^{4+1} R_i \right)^{1/1} = \left(\frac{0.80}{0.85 \times 0.96 \times 0.96 \times 1} \right)^1 = 1.01071 > 0.85 = R_1$$

当 $j=2$ 时：

$$R_{02} = \left(R_{sd} \Big/ \prod_{i=2+1}^{4+1} R_i \right)^{1/2} = \left(\frac{0.80}{0.96 \times 0.97 \times 1} \right)^{1/2} = 0.92688 > 0.85 = R_2$$

当 $j=3$ 时：

$$R_{03} = \left(R_{sd} \Big/ \prod_{i=3+1}^{4+1} R_i \right)^{1/3} = \left(\frac{0.80}{0.97 \times 1} \right)^{1/3} = 0.93779 > 0.96 = R_3$$

因此，$k_0 = 2$，而以上各式中取 $R_s = 1$。

(4) 由式(5-52)，得

$$R_d = \left(R_{sd} \Big/ \prod_{i=k_0+1}^{n+1} R_i \right)^{1/k_0} = \left(\frac{0.80}{0.96 \times 0.97 \times 1} \right)^{1/2} = 0.92688$$

故四个齿轮的分配可靠度分别为

$$R_{1d} = R_d = R_{Ad} = 0.92688\,,\quad R_{2d} = R_d = R_{Bd} = 0.92688$$

$$R_{3d} = R_3 = R_{Cd} = 0.96\,,\quad R_{4d} = R_4 = R_{Dd} = 0.97$$

(5) 验算系统可靠度指标 R_{id}：

$$\begin{aligned} R_{sd} &= R_d^{k_0} \prod_{i=k_0+1}^{n+1} R_i = 0.92688^2 \times 0.96 \times 0.97 \times 1 \\ &= 0.800000004 > 0.80 \end{aligned}$$

2. 拉格朗日(Lagrange)乘子法

拉格朗日乘子法是一种将约束最优化问题转换为无约束最优化问题的求优方法。由于引进了一种待定系数——拉格朗日乘子，则可利用这种乘子将原约束最优化问题的目标函数和约束条件组合成一个称为拉格朗日函数的新目标函数，使新目标函数的无约束最优解就是原目标函数的约束最优解。

当约束最优化问题为

$$\begin{cases}\min f(X) = f\left(x_1, x_1, \cdots, x_n\right) \\ \text{s.t.} \quad h_v(X) = 0, \quad v = 1, 2, \cdots, p\end{cases}$$

时，则可构造拉格朗日函数为

$$L(X, \lambda) = f(X) - \sum_{v=1}^{p} \lambda_v h_v(X) \tag{5-57}$$

式中，$X = \left[x_1, x_1, \cdots, x_n\right]^{\mathrm{T}}$；$\lambda = \left[\lambda_1, \lambda_2, \cdots, \lambda_n\right]^{\mathrm{T}}$。

即把 p 个待定乘子 $\lambda_v (v = 1, 2, \cdots, p < n)$ 亦作为变量。此时拉格朗日函数 $L(X, \lambda)$ 的极值点存在的必要条件为

$$\begin{cases}\dfrac{\partial L}{\partial x_i} = 0, \quad i = 1, 2, \cdots, n \\ \dfrac{\partial L}{\partial \lambda_v} = 0, \quad v = 1, 2, \cdots, p\end{cases} \tag{5-58}$$

求解上式，即可求得原问题的约束最优解：

$$\begin{cases}X^* = \left[x_1^*, x_1^*, \cdots, x_n^*\right]^{\mathrm{T}} \\ \lambda^* = \left[\lambda_1^*, \lambda_1^*, \cdots, \lambda_n^*\right]^{\mathrm{T}}\end{cases}$$

而 $\lambda^* = \left[\lambda_1^*, \lambda_2^*, \cdots, \lambda_n^*\right]^{\mathrm{T}}$ 是个向量，其分量为

$$\lambda_v = \frac{\partial f(X^*)}{\partial h_v(X^*)}, \quad v = 1, 2, \cdots, p \tag{5-59}$$

当拉格朗日函数高于二次函数时，式难于直接求解，这是拉格朗日乘子法在应用上的局限性。

例题 5.14 某系统由 n 个子系统串联而成，子系统的可靠度 $R_i (i = 1, 2, \cdots, n)$ 和制造费用 $x_i (i = 1, 2, \cdots, n)$ 之间的关系为

$$R_i = 1 - \mathrm{e}^{-\alpha_i \left(x_i - \beta_i\right)}, \qquad i = 1, 2, \cdots, n$$

式中，α_i, β_i 为常数。试用拉格朗日乘子法将系统的可靠度指标 R_{s} 分配给各子系统，并使系统的费用最小。

解：这是一个在 $R_{\mathrm{s}} = \prod_{i=1}^{n} R_i$ 的约束条件下求使 $f(X) = \sum_{i=1}^{n} x_i$ 为最小的问题。

引入拉格朗日乘子 λ，构造拉格朗日函数：

$$L(X, \lambda) = \sum_{i=1}^{n} x_i - \lambda \left(R_{\mathrm{s}} - \prod_{i=1}^{n} R_i \right)$$

若将费用 x_i 表达成显式，则有

$$x_i = \beta_i - \frac{\ln(1-R_i)}{\alpha_i}, \quad i = 1,2,\cdots,n$$

将上式代入拉格朗日函数，并用设计变量 R_i 代替 x_i 则拉格朗日函数又可改写为

$$L(R,\lambda) = \sum_{i=1}^{n}\left[\beta_i - \frac{\ln(1-R_i)}{\alpha_i}\right] - \lambda\left(R_s - \prod_{i=1}^{n} R_i\right)$$

求解方程组：

$$\begin{cases} \dfrac{\partial L}{\partial R} = 0 \\ \dfrac{\partial L}{\partial \lambda} = 0 \end{cases}, \quad i = 1,2,\cdots,n$$

即可求得系统费用为最小时各子系统的分配可靠度

$$R^* = \left[R_1^*, R_2^*, \cdots, R_n^*\right]^{\mathrm{T}}$$

习 题 5

1. 某系统可靠性逻辑框图如图 5-6 所示，图中各单元的可靠度为 R_A， R_B， R_C， R_D， R_E， R_F，试用上下限法预计该系统的可靠度表达式。

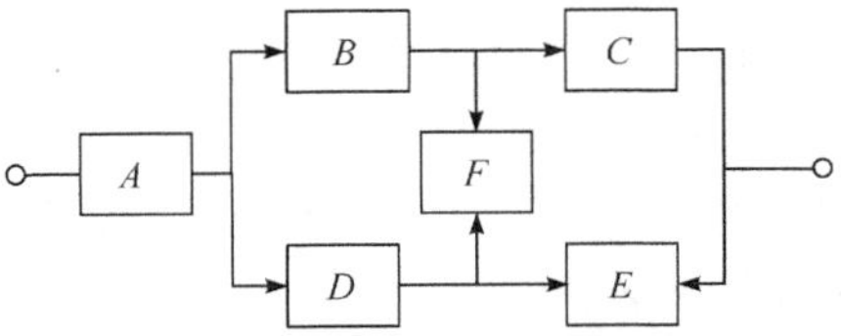

图 5-6 系统可靠性逻辑框图

2. 飞行器由动力装置、武器、制导装置、飞行控制装置、机体及辅助动力装置 6 个分系统组成，已由专家进行评分，数据见表 5-7。系统的可靠性指标 $R_s^* = 0.95$ 工作时间为 150h，试按评分法给各系统分配可靠性指标。

表 5-7 评分法专家打分数据表

单元名称	复杂程度	技术水平	工作时间/h	环境条件
动力装置	5	6	5	5
武器	7	6	10	2
制导装置	10	10	5	5

续表

单元名称	复杂程度	技术水平	工作时间/h	环境条件
飞行控制装置	8	8	5	7
机体	4	2	10	8
辅助动力装置	6	5	5	5

3. 某一电子系统由五个分系统串联组成，电子系统各分系统数据如表 5-8 所列，若要求该电子设备工作 4h 的可靠度为 0.923，试用代数分配法对各分系统进行可靠性分配。

表 5-8　电子系统各分系统数据

分系统	元件数 n_i	工作时间 t_i / h	重要度 W_i
A	102	4	1.0
B	95	3	0.3
C	242	4	1.0
D	91	4	1.0
E	40	4	1.0

4. 各串联系统由四个单元组成，现已知各单元的失效率分别为 $\lambda_1 = 6\times10^{-6}\text{h}^{-1}$，$\lambda_2 = 2\times10^{-6}\text{h}^{-1}$，$\lambda_3 = 3\times10^{-6}\text{h}^{-1}$，$\lambda_4 = 1.5\times10^{-6}\text{h}^{-1}$，现要求该系统失效率降低到$1\times10^{-6}\text{h}^{-1}$，各单元的失效率应为多少？如果希望系统工作到 1000h 的可靠度达到 0.98，各单元的可靠度又为多少？

5. 某型号电视机有 1000 个焊点，工作 1000h 后，检查 100 台电视机发现 2 个焊点脱焊，试问焊点的失效率多少？

6. 一个机械电子系统包括一部雷达、一台计算机、一个辅助设备，其 MTBF 分别为 83h、167h 和 500h，求系统的 MTBF 及 5h 的可靠性？

7. 比较两个相同部件组成的系统在任务时间 24h 的可靠性，已知部件的 $\lambda = 0.01\text{h}^{-1}$：① 并联系统；② 串联系统；③ 理想开关条件下的储备系统：$\lambda_{\text{SW}} = 1$，储备部件失效率 $\lambda^* = \lambda = 0.01\text{h}^{-1}$。

8. 如果要求系统的可靠度为 99%，设每个单元的可靠度为 60%，需要多少单元并联工作才能满足要求？

9. 一个系统由五个单元组成，其系统可靠性逻辑框图如图 5-7 所示，每个单元的可靠度均为 0.9，求该系统可靠度并画出故障树？

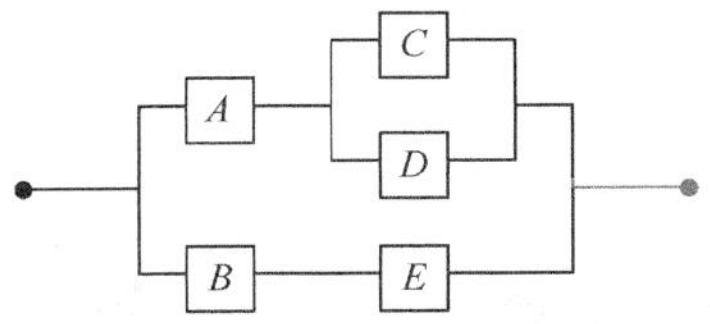

图 5-7　系统可靠性逻辑框图

10. 抽五个产品进行定时截尾的可靠性寿命试验，截尾时间定为 100h，已知在试验期间产品试验结果如下：$t_1 = 50\text{h}$ 和 $t_2 = 70\text{h}$ 产品失效，$t_3 = 30\text{h}$ 有一产品停止试验，计算该产品的点平均寿命值？

11. 喷气式飞机有三台发动机，至少需两台发动机正常才能安全飞行和起落，假定飞机单台发动机平均寿命为 10000h，且事故由发动机引起，求飞机分别飞行 10h 和 100h 的可靠性？

12. 一台无冗余计算机，主要由下列几类元器件组成，其数量的失效率见表 5-9。

表 5-9　不同种类元器件的失效率

种类	失效率/h^{-1}	数量
A	10^{-7}	10000
B	5×10^{-7}	1000
C	10^{-6}	100
D	2×10^{-5}	10
E	10^{-4}	2

试求当 $t = 10\text{h}$ 时的计算机可靠度是多少？并计算 MTBF？

13. 由 20 个元件组成的串联系统，如果系统可靠度要求达到 $R_s = 0.99999$，求各元件的可靠度？

14. 一种设备的寿命服从参数为 λ 的指数分布，假如其平均寿命为 3700h，求其连续工作 300h 的可靠度和要达到 $R^* = 0.9$ 的可靠寿命是多少？

15. 如果要求系统的可靠度为 99%，设每个单元的可靠度为 60%，需要多少单元并联工作才能满足要求？

第 6 章　可靠性试验、验证与评定

可靠性试验是对产品的可靠性进行调查、分析和评价的一种模拟试验手段，而可靠性验证则通过对试验结果的统计分析和故障分析，找出可靠性的薄弱环节，确认产品是否符合可靠性定量或定性要求，推荐改进意见，以便提高产品的可靠性，最后进行产品的可靠性水平的鉴定，即可靠性评定，它是根据可靠性试验数据，对产品可靠性进行评估，以判定产品可靠性是否满足研制合同要求，评价产品的可靠性水平的过程，为产品研制、使用和保障提供信息。

本章根据装备系统可靠性工作需要及 GJB 450A《装备可靠性工作通用要求》的规定，重点介绍可靠性试验、可靠性研制试验、可靠性增长试验、可靠性验证及评定等内容。

6.1　可靠性试验

6.1.1　可靠性试验概述

1. 试验目的

可靠性试验是产品可靠性验证与评定的前提，其主要目的如下。

(1) 探索：确定产品在各种应力条件下的可靠性特征及寿命分布类型，给出产品各种可靠性特征量指标，如平均寿命、故障率、可靠度等。

(2) 发现：发现产品在设计方案、元器件、原材料、零部件和工艺方面的各种缺陷，鉴定产品的可靠性薄弱环节，为改进产品质量提供依据。

(3) 鉴定：对新产品或已经投入生产的产品设计进行可靠性鉴定，判断产品设计和生产工艺是否符合可靠性要求，是否可以通过设计、生产定型鉴定，跟踪产品的故障原因，提出改进措施。

(4) 验收：确认产品的可靠性是否符合合同或任务书要求，即是否达到了规定的指标，以供用户决定是否接受该批产品。

(5) 发布：为评估产品的战备完好性、任务成功性、维修人力费用优化和后勤保障资源费用提供发布信息，实现资源查询与共享。

由此可见，可靠性试验的目的就是对产品的可靠性各种特征指标进行测量、验证和评定，并发现产品的薄弱环节，提出改进依据，为了得到预期试验结果，在进行可靠性试验时，采用的工作条件、试验方法和程序等应尽量模拟实际使用条件，选择的试验方案要合理，抽取的试件数要有保证，子样要具有一定的代表性，生产过程要稳定且管理良好。

2. 试验分类

可靠性试验涉及内容相当广泛，根据试验对象、地点、目的及方法等可以分为不同种类，具体如下。

(1) 按试验地点，分为现场试验和实验室试验。

(2) 按产品过程，分为设计阶段的可靠性研制试验、定型阶段的可靠性鉴定试验、生产阶段的可靠性验收试验和使用阶段的可靠性评定试验。

(3) 按照试验目的，分为环境应力试验，可靠性增长试验，可靠性鉴定试验，可靠性验收试验，可靠性评定试验，寿命试验(储存、工作、加速寿命试验)，环境试验。

(4) 按试验结束方式，分为完整试验和截尾试验(有无替换的定时截尾和有无替换的定数截尾试验)。

当然这些分类并不是按照试验的本质进行的，而是随着可靠性工作的进展，根据产品的材料、技术水平及试验目的进行的分类。

3. 试验要素

在进行可靠性试验时，需要考虑以下要素。

(1) 试验条件，要考虑尽快激发出产品中存在的设计、材料和工艺等方面的缺陷，因而一般采用的加速应力不能引起实际环境下的没有的失效机理与故障。

(2) 试验时间，它是受试样品能否保证持续完成规定功能期限的一种度量，包括工作次数，周期和距离等，不同样品试验时间是不同的。

(3) 故障判据，确定故障判据的原则是试验样品在规定的工作条件下运行时，任何机械、电子器件、零部件的破坏，以及样品丧失规定功能或参数超出所要求的性能指标范围，都作为故障计数，但是由试验设备、测试仪器或工作条件的人为改变而引起的故障，则不应计入故障。

(4) 试验数目，可靠性试验中，样品的抽取一般应根据国家标准，并确定生产方、使用方风险及受试样品数和合格的判据。

6.1.2　环境应力筛选试验

一个产品，即使设计得很好，在加工生产时，其可靠性也常常会有某种程度的下降，这是由在生产过程中人和机器、有缺陷的元器件、零部件和粗劣的工艺等因素所导致的早期失效而引起的。为了使产品尽可能达到设计的固有可靠性水平，应在产品交付前将导致早期失效的这些因素查清楚，并解决好。否则，产品在服役期间频繁发生故障，将会带来严重的后果和经济损失。

通过环境应力筛选对产品施加应力，使其暴露潜在的缺陷，剔除产品的早期失效，这是产品在研制和整个生产过程中的一道十分有效的生产工序。实际上，它是采用模拟方法强制性激发由潜在的元器件和工艺缺陷引起的早期失效，将在现场使用时出现的故障提前在出厂前暴露出来。环境应力的效果是累积的，所以应认真选择施加应力的大小和时间的长短。环境应力筛选可以在元器件、电路板、组合件和整机等不同组装级别的硬件上进行。组装级别越低，所激发故障的费用越少。环境应力筛选发现缺陷所需的费用比在现场使用中发现缺陷的费用要少得多。

1. 环境应力和筛选参数

筛选试验可以使用多种环境应力，如温度循环、随机振动、热冲击、机械冲击、加速度等。大量的实践证明，不同环境应力的筛选效果不同，如图 6-1 所示，其中最有效的筛选环境应力是温度循环和随机振动。在一般情况下，如果没有特殊要求，主要采用温度循环和随机振动两种应力。选用这两种应力筛选的突出优点是经济、有效，且时间短。

1) 温度循环

温度循环是利用高变温率的高低温循环方法，检查电子产品不同结构材料之间的热匹配性能是否良好，使有潜在缺陷的产品得以激发，这类故障模式包括以下几点。

(1) 电子元器件的开路、短路。

(2) 由不同材料膨胀因数不同所造成的零(部)件的变形、断裂和破裂。

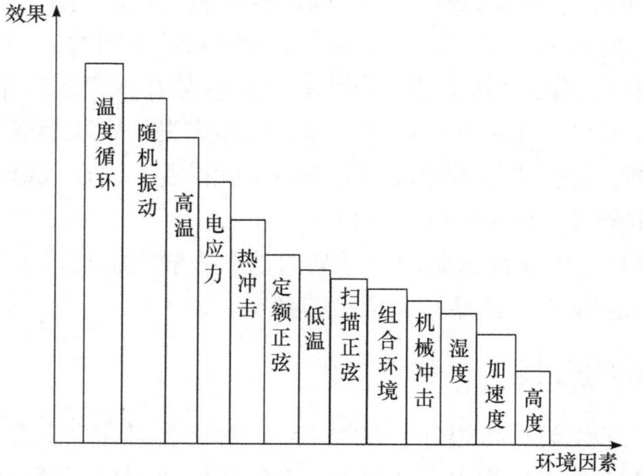

图 6-1　环境应力筛选有效性的比较

(3) 焊接不良。

(4) 封装、密封不良。

(5) 产品性能的漂移或工作不稳定等。

温度循环的筛选参数包括：温度范围、变温率、循环次数、试样工作与否。

2) 随机振动

宽带随机振动筛选比正弦扫描振动和正弦定频振动有效，这是由于正弦扫描在任一共振带宽上停留的时间短，许多共振点得不到足够时间的激励而激不起共振。与此相反，随机振动试验在整个试验期间，对每一个频率都进行激励，有充分的时间对有缺陷的元器件激起共振，促使其暴露缺陷。因此，相对于单频正弦振动能更有效地暴露工艺缺陷。典型的正弦振动和随机振动效果的比较如图 6-2 所示。

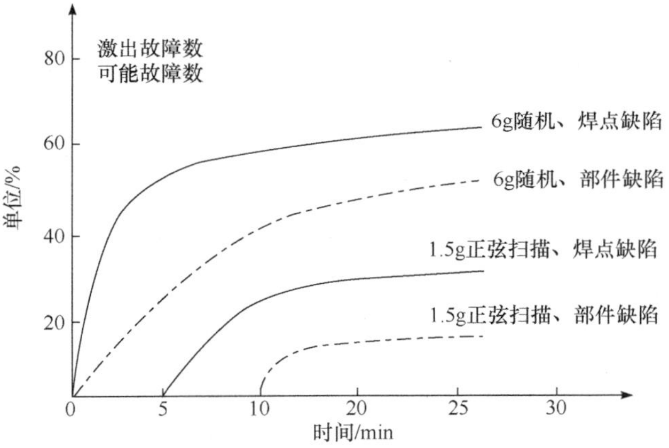

图 6-2　典型的正弦振动和随机振动效果比较

随机振动对不同级别电子产品可以暴露的故障模式包括：①电路板、接插件连接不良；②焊接不良；③机械缺陷、安装松动；④装置内部存在多余物；⑤布线不良；⑥元器件引出线有伤痕等。

随机振动的筛选参数包括：①谱形；②持续时间；③施振轴向数等。

环境应力筛选参数量级的确定应遵循如下原则：能迅速、经济地使产品的各种潜在缺陷激发出来，又不会使正常的产品出现故障，在筛选应力去掉以后，不会使产品留下残余应力或严重影响产品的使用寿命。概括起来就是，在保证筛选后不出现性能退化的前提下，具有最优的筛选效率。美国空军 R&M2000“可靠性和维修性工作计划”1 号政策文件推荐的系统和设备所进行的环境应力筛选方案内容如表 6-1 所示。

表 6-1 目前的环境应力筛选规范(最主要部分)

	级别	筛选参数	设备代号 陆军 AMC702-25	海军 NAVMATP-9429& Best Practices	空军 R&M2000	ESSEHI1984
热循环	组装件	范围/℃	–50～75	—	–54～85	–65～100
		变化速率/(℃/min)	15	无专门规定	30	5/35
		无故障次数	1	—	未提到	未提到
		加电	否	—	否	否
		监控	否	—	否	否
	系统	范围/℃	–40～70	–54～70	–40～55	–55～85
		变化速率/(℃/min)	10	20	5	5/10
		循环次数	12	10	10	8/20
		无故障次数	1	1	未提到	未提到
		加电	是	是	是	是
		监控	是	是	是	是
随机振动	组装件	频率/Hz	20～2000	无专门规定	只针对在盒式模型机中的设备	10～1000
		g^2/Hz	0.04			0.02～0.07
		轴向数	3			1/3
		持续时间/min	10			10/45
		加电	否			任选
		监控	否			任选
	系统	频率/Hz	20～2000	20～2000	20～2000	20～2000
		g^2/Hz	0.04	0.04	0.045	0.02～0.07
		轴向数	3	3	2	1/3
		持续时间/min	10	5	10	10/45
		加电	是	任选	是	任选
		监控	是	任选	是	任选

2. 环境应力筛选试验的工作要求

在型号研制过程中，对电子产品环境应力筛选的要求应在型号的可靠性保证大纲中加以明确，并应规定环境应力筛选试验(environmental stress screening test，ESS)选用的标准，制订 ESS 计划，落实试验所必需的条件。

在有关的产品设计文件中，应对元器件、电路板、组合件、整机等不同组装级别电子产品的 ESS 项目、条件、筛选参数及量级、是否加电测试等做出具体规定。

在筛选过程中，应不断分析筛选效果，优化筛选试验方案，达到最佳费效比。考虑的主要因素应包括筛选成本、筛选级别、试验时的故障检测能力和实施筛选的可行性等。环境应力筛选完成后，应编写产品筛选报告，以便对产品质量进行跟踪，对筛选效果做出评价，并为改进产品设计，完善筛选试验提供依据。筛选报告的内容主要包括：①筛选产品型号、批次、生产日期；②筛选项目、顺序、试验地点；③筛选条件和施加的环境应力量级；④筛选试验测试记录；⑤筛选试验设备和设施以及测试仪器；⑥故障报告、分析和纠正措施；⑦筛选效果的统计分析和结论等。

6.2　可靠性研制试验

可靠性研制试验(reliability development test，RDT)的目的是通过对产品施加适当的环境应力、工作载荷，将产品中存在的材料、元器件、设计和工艺缺陷激发成为故障，进行故障分析定位后，采取纠正措施加以排除。它实际上是一个试验、分析、改进(test analysis and fix，TAAF)过程，主要有可靠性强化试验和可靠性增长摸底试验两种方法。

6.2.1　可靠性强化试验

可靠性强化试验(reliability enhancement test，RET)是一种采用加速应力的可靠性研制试验，亦称高加速寿命试验(highly accelerated life test，HALT)。共有三个目的：第一个目的是尽可能发现产品中的设计和工艺缺陷、薄弱环节和性能参数的变化趋势，并不断地采取纠正措施，使其在投入批生产之前就达到设计成熟阶段，以得到在使用中不出故障的“健壮”产品；第二个目的是找出产品耐应力的极限，包括工作应力极限和破坏应力极限，如图 6-3 所示，并确定产品的工作应力裕度和破坏应力裕度，为确定高加速应力筛选(highly accelerated stress screen, HASS)的应力水平提供依据；第三个目的是使设计和研制时间保持最短，使产品及早地交付使用。事实上，该试验也是一种激发试验，在试验中不断提高施加于产品上的环境应力，它解决了传统的可靠性模拟试验的试验时间长、效率低及费用高等问题。产品通过可靠性强化试验，发现存在的缺陷加以设计改进后，可以获得更快的增长速度、更高的固有可靠性水平、更低的使用维护成本、更好的环境适应能力和更短的研制周期。

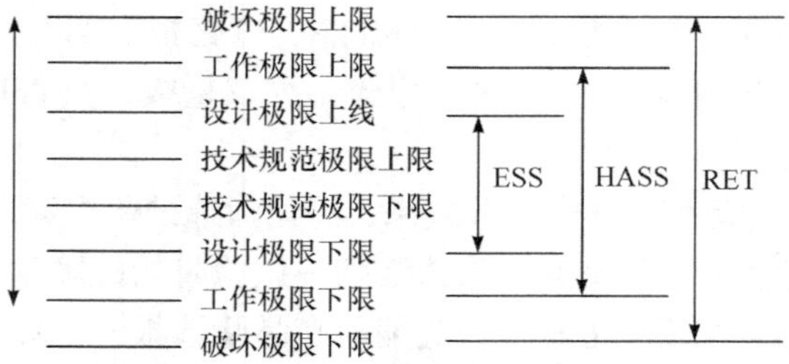

图 6-3　产品的各种应力极限的定义

1. 技术特点

可靠性强化试验有如下技术特点。

(1) 它不要求模拟环境的真实性，而是强调环境应力的激发效应，从而实现研制阶段产品可靠性的快速增长。

(2) 它是一种加速应力试验，采用步进应力方法，施加的环境应力是变化的、递增的，可以超出规范极限甚至到破坏极限。

(3) 对产品可利用三轴六自由度振动台(也可用一般电磁振动台)施加振动应力和高温变率。

(4) 通过可靠性强化试验可以找出产品承受应力的极限，而不是评估产品的可靠性指标。

2. 受试产品

受试产品至少有两个(除非另有规定)，并应具备产品规范要求的功能和性能。受试产品在设计、材料、结构与布局及工艺等方面应能基本反映将来生产的产品。可以不经环境试验，直接进入可靠性强化试验。但是它必须经过全面的功能、性能试验，以确认产品已经达到技术规范规定的要求。

3. 试验时间

总试验时间包括低温步进应力试验、高温步进应力试验、快速温变循环步进应力试验、振动步进应力试验和综合应力试验的时间。具体试验时间取决于试验的实际情况。

4. 试验剖面

试验剖面包括低温步进应力、高温步进应力、快速温变循环步进应力、振动步进应力和温度加振动综合应力校核。

6.2.2 可靠性增长摸底试验

可靠性增长摸底试验是根据我国国情开展的一种可靠性研制试验，它是一种以可靠性增长为目的，但没有增长模型，也不确定增长目标值的短时间可靠性摸底试验。其试验的目的是在模拟实际使用的综合环境应力条件下，用较短的时间、较少的费用，暴露产品的潜在缺陷，并及时采取纠正措施，使产品的可靠性得到增长。由于试验时间较短，一般不用于评估产品的可靠性指标，但能为产品以后的可靠性工作提供信息。

(1) 受试产品。受试产品应具备产品规范要求的功能和性能。它在设计、材料、结构和布局及工艺等方面应能基本反映将来生产的产品。事先经过环境应力筛选。

(2) 试验时间。根据我国目前产品可靠性水平及工程经验，通常可靠性增长摸底试验时间取 100～200h 较为合适。亦可根据产品的特点，确定试验时间。

(3) 试验剖面。应尽量模拟产品实际使用条件制定试验剖面，包括环境条件、工作条件和使用维护条件。

可靠性强化试验和可靠性增长摸底试验的目的是暴露产品的设计、工艺、生产中的缺陷，而不是评估其可靠性水平。应尽早制订可靠性研制试验计划和方案，确定须进行 RDT 的产品。根据产品特点、重要度、研制进度和经费等条件，选择 RDT 方法。可靠性增长摸底试验在我国航空界用得较多，可靠性强化试验在我国部分产品中已得到应用。同时，在有了产品样件后，应尽早进行，以便及时采取改进措施。还应建立健全的故障报告及分析和纠正措施系统，以便实施闭环管理。

6.3 可靠性增长试验

可靠性增长试验是有计划地实施试验、分析及解决问题以提高产品可靠性的一种方法，它包含了对产品的性能监测、故障检测、故障分析及其对减少故障再现的设计改进措施的检验。可靠性增长大纲实际是通过消除足够数量的系统固有故障模式，使系统的可靠性增长到规定的要求值。试验并不能提高产品的可靠性，只能发现故障，通过分析找出故障机理，采取改进措施，防止或减小故障的出现概率，产品的可靠性才能真正得到提高。

6.3.1　试验准则

1. 试验前准备

(1) 产品的可靠性设计。按型号可靠性保证大纲的规定进行，预计的 MTBF 小于要求的 MTBF 时，不做可靠性增长试验，而应当改进产品设计。

(2) 产品的故障模式、影响和危害度分析。通过分析，对系统产品的可靠性增长试验提供分析的依据。

(3) 制订试验大纲并通过评审。可靠性增长试验大纲应包括以下内容：①试验的目的和要求；②试验的项目和程序；③试验条件的环境、使用状况、性能要求、工作周期和故障判据；④试验进度；⑤试验装置、设备的说明和要求；⑥需用的时间和资源；⑦数据的收集和记录要求；⑧增长的数学模型、分析和计算要求；⑨对试品的要求等。

2. 试验任务

作为研制阶段的组成部分，可靠性增长试验的任务是通过可靠性增长，保证产品定型前的可靠性达到预期的目标。为此，可靠性增长试验通常安排在产品研制阶段的方案阶段。在这个时机，产品的性能与功能、产品的结构与布局已接近产品鉴定时的结构与布局，所以故障信息的确定性较高。由于产品尚未进入批量生产，因此，来得及对产品设计做必要的、较重大的变更。

3. 适用范围

可靠性增长试验耗费的资源和时间巨大，仅试验总时间通常为产品预期 MTBF 目标值的 5～25 倍，所以并不是任何一个产品都适宜于安排可靠性增长试验，新研制的复杂产品，尤其是那些引入较多当代高新技术的产品，宜于安排可靠性增长试验。如果该产品又是关键产品，那么更应当安排可靠性增长试验。这类产品应当安排严格的可靠性设计与相应的管理。只有严格的可靠性设计，对潜在故障有较深刻的认识与分析，才能保证有效地实施可靠性增长试验。

4. 受试产品的要求与处理

可靠性增长试验要求受试产品具有“最新”的结构与布局，即要求在此之前所有规定要实施的产品设计与制造的更改都已实施；要求受试设备具备技术要求的性能和功能，并通过了环境试验；如果产品中选用的材料与元器件还有早期故障，那么在进行可靠性增长试验之前应实施早期故障筛选予以排除。

经过可靠性增长试验的受试产品，原则上不能再用于别的试验，如可靠性鉴定试验等，更不能作为生产产品交付订购方。因为在可靠性增长试验中产品的结构有可能变更较大，试验时间又较长，受试产品很可能已带有较大的残余应力和耗损。应当指出，可靠性增长试验达到预期目标后，应把可靠性增长试验过程中实施的设计更改纳入产品的设计与技术要求中。

5. 增长试验与鉴定试验的关系

可靠性鉴定试验是作为产品工程研制阶段全部可靠性工作成果的考核，虽不能直接提高产品可靠性，但在可靠性工作项目要求中，应将可靠性鉴定试验作为一个重要工作项目列入可靠性工作计划中。当产品可靠性工作计划中有可靠性增长试验时，由于它能使产品可靠性得到提高，并能用数理统计方法进行评估。因此，在可靠性增长试验成功后，经订购方同意，可用可靠性增长试验代替可靠性鉴定试验。

6. 试验成功的判定标准

判定可靠性增长试验获得成功至少应满足下列条件。

(1) 可靠性增长试验具有可靠性鉴定试验所规定的环境条件。

(2) 可靠性增长过程的跟踪应是严格的，且故障记录完整。

(3) 有完善的试验方案，并对故障纠正过程有详细可追溯的记录。

(4) 可靠性增长试验的最终结果的评估应是可信的，即评估用的数学方法恰当，置信水平选取符合要求，评估结果产品可靠性高于或等于计划的可靠性增长目标。

6.3.2　可靠性增长试验的基本方法

1. 试验、分析与纠正试验(即 TAAF 试验)

它是工程研制中普遍采用的有效方法。可靠性增长试验吸收了 TAAF 试验，并构成可靠性增长试验基本方法的核心部分。TAAF 试验以纠正故障为目标，其工作步骤如下。

(1) 借助模拟实际使用条件的试验诱发故障，充分暴露产品的问题和缺陷。

(2) 对故障定位，进行故障分析，找出故障机理。

(3) 根据故障分析结果，设计并制订改正产品设计和制造中缺陷的纠正措施。

(4) 制造新设计的有关硬件。

(5) 对新硬件继续试验，一面暴露产品的新问题和缺陷，一面验证纠正措施的有效性。

TAAF 试验就是这样一种反复试验、分析和纠正故障的过程，并达到逐步提高产品可靠性和目标。

2. 计划、跟踪与控制

由于预期的可靠性增长应都有相应的增长目标值。因此，应制订一个完整的可靠性增长试验计划，以对预期的增长目标、增长规律与所需资源做出明确的规定与估算，有一套与此相关的技术和方法，并能按试验程序跟踪监测进展情况。这种跟踪过程是指导 TAAF 试验中每一次故障与故障纠正所反映出来的产品可靠性水平量化的表达，以使产品可靠性增长便于安排进度和订购方的监督与评审。

可靠性增长试验计划应包括：试验的目的和要求；受试产品及每台产品应进行的试验项目；试验条件、环境、使用状况、性能和工作周期；试验进度安排；试验装置、设备的说明及要求；用于改进设计所需工作时间和资源的要求；数据的收集和记录要求；故障报告、分析和纠正措施；试验产品的最后处理等。

应特别指出，在可靠性增长试验过程中，应把关联故障分为 A 类故障和 B 类故障两类。

(1) A 类故障：不予以纠正，或早期故障可采取环境应力筛选消除。

(2) B 类故障：应予以纠正故障，指故障率超过了容许水平，经权衡纠正措施的费效比后，应予以纠正。

6.3.3 可靠性增长的数学模型

可靠性增长的数学模型是根据以往同类系统或设备的信息以及使用方的要求而确定的，它是可靠性增长试验的一部分，用来确定可靠性周期的长度，并为可靠性管理提供信息。本节主要介绍杜安(Duane)和 AMSAA 增长模型。

1. 杜安增长模型

早在 1962 年，在美国通用电气公司的电机与发动机部门工作的 Duane 发表了一份报告，对 5 种不同的电机设备系统在研制过程中的失效数据进行分析，找出了累积失效率与累积工作时间的关系为

$$\lambda_{\Sigma} = KT_{\Sigma}^{-\alpha} \tag{6-1}$$

式中，λ_{Σ} 为到 T_{Σ} 时刻的累积失效率；T_{Σ} 为累积工作时间；K 为常数；α 为增长率。

对式(6-1)两边取对数为

$$\ln\lambda_{\Sigma} = \ln K - \alpha\ln T_{\Sigma}$$

记在 T_{Σ} 时刻观察到的总失效数 r，则有

$$\lambda_{\Sigma} = \frac{r}{T_{\Sigma}} = KT_{\Sigma}^{-\alpha}$$

$$r = KT_{\Sigma}^{1-\alpha}$$

因为瞬时失效率

$$\lambda = \frac{\mathrm{d}r}{\mathrm{d}T_{\Sigma}} = (1-\alpha)KT_{\Sigma}^{1-\alpha} = (1-\alpha)\lambda_{\Sigma}$$

从而有

$$M = \frac{1}{\lambda} = \frac{M_{\Sigma}}{1-\alpha}$$

式中，M 为瞬时的 MTBF；M_{Σ} 为累积的 MTBF。

利用线性回归方法，可得到α、K 的估计式为

$$\alpha = \frac{n\sum_{i=1}^{n}(\ln T_{\Sigma i}\ln\lambda_{\Sigma i}) + \left(\sum_{i=1}^{n}\ln T_{\Sigma i}\sum_{i=1}^{n}\ln\lambda_{\Sigma i}\right)}{n\sum_{i=1}^{n}(\ln T_{\Sigma i})^2 - \sum_{i=1}^{n}(\ln T_{\Sigma i})^2} \tag{6-2}$$

$$K = \exp\left(\frac{\sum_{i=1}^{n}\ln\lambda_{\Sigma i} + \alpha\sum_{i=1}^{n}\ln T_{\Sigma i}}{n}\right) \tag{6-3}$$

式中，$T_{\Sigma i}$ 为观察到第 i 次的失效时间；$\lambda_{\Sigma i}$ 为 $T_{\Sigma i}$ 时刻的累积失效率；n 为试验次数。

例题 6.1　设某电子产品从模样到试样，经过不断试验，共完成了 7 次试验，数据如下(T_1, r_1)=(8, 4)，(T_2, r_2)=(19, 1)，(T_3, r_3)=(13, 1)，(T_4, r_4)=(42, 1)，(T_5, r_5)=(37, 1)，(T_6, r_6)=(21, 0)，(T_7, r_7)=(18, 0)，T_i 为通电时间，r_i 为失效数，试分析该系统的可靠性增长情况。

解：计算得出基本数据如表 6-2 所示。

表 6-2　基本计算数据

累积失效次数 r	累积试验时间 $T_{\Sigma i}$	累积失效率 $\lambda_{\Sigma i}$
4	8	0.5
5	27	0.185185
6	40	0.15
7	82	0.0856
8	119	0.06726
8	140	0.05714
8	158	0.0506327

根据表 6-2 中的数据，相应数据计算如下：

$$\sum_{i=1}^{7}\ln T_{\Sigma i}=28.254238\ ,\quad \sum_{i=1}^{7}\ln\lambda_{\Sigma i}=-15.282544$$

$$\sum_{i=1}^{7}\left(\ln T_{\Sigma i}\ln\lambda_{\Sigma i}\right)=-66.930233\ ,\quad \sum_{i=1}^{7}\left(\ln T_{\Sigma i}\right)^2=121.1077436$$

从而根据式(6-2)及式(6-3)得

$$a=0.7515\ ,\quad K=2.33978$$

故有

$$\lambda=0.2485\times 2.333978\times T_{\Sigma}{}^{-0.7515}$$

$$\text{MTBF}=\frac{T^{0.7515}}{0.2485\times 2.333978}$$

可见，当 T_{Σ} 为 158h 时，产品的 MTBF 为 77.2h，进一步预测累积通电 1000h 时，产品的 MTBF 为 309h。对照研制周期和可靠性最终目标，如预期不可能达到，则应提前选择可靠性增长措施。

2. AMSAA 增长模型

AMSAA 是一个连续型的模型，是威布尔模型的一种修改形式，这种模型的特点是可以直接使用原始数据，它适用于一个相关失效较为复杂的系统的统计分析。该模型的数学表达式为

$$N(T)=aT^{b} \tag{6-4}$$

式中，$N(T)$ 为观察到的累积故障数；a 为尺度参数；b 为增长率；T 为试验的持续时间。

若系统在研制过程中连续记录失效数，则可完成它的拟合优度检验，从而确定 AMSAA 模型的适用性。

6.3.4 模型的分析与评定

1. AMSAA 模型可靠性增长分析

(1) 试验趋势分析：将观测到发生故障的时间 t 按从小到大依次排列，并利用公式计算 μ 值。

对于定时截尾试验，有

$$\mu=\left(\frac{1}{Nt_0}\sum_{i=1}^{N}t_i-\frac{1}{2}\right)\sqrt{12N} \tag{6-5}$$

对于定数截尾试验，有

$$\mu=\left(\frac{1}{Mt_0}\sum_{i=1}^{M}t_i-\frac{1}{2}\right)\sqrt{12M} \tag{6-6}$$

式中，μ 为试验趋势统计量；N 为观测到的故障总数，$M=N-l$；t_i 为第 i 次故障发生时的累积试验时间；t_i 为定数截尾试验的总时间；t_0 为定时截尾试验的总时间。

趋势分析统计判断如下。

如果 $\mu<-1.645$，则以 10%的显著水平表明(双边)有明显的可靠性增长，可以用 AMSAA 模型来估计有关的参数。

如果 $\mu>1.645$，则以 10%的显著水平表明(双边)有明显的可靠性降低，从而要采取相应的技术纠正措施。

如果 $-1.645<\mu<1.645$，则以 10%的显著水平表明(双边)没有明显的可靠性变化，从而要收集附加数据，或考虑做追加试验。

对于接近−1.645 的产值，表明可靠性有一定的增长；对于接近 1.645 的 μ 值，表面可靠性有一定的降低；对于接近于零的 μ 值，则不表明任何趋势。

试验趋势统计量 μ 的其他临界值如表 6-3 所示。实际上，较高的临界值会导致较长的试验时间，但可得到较高的可靠性增长置信水平。

表 6-3　试验趋势统计量 μ 的其他临界值

数值 μ	−3.090	−2.576	−2.326	−1.960	−1.645	−1.282
显著水平/%	0.2	1.0	2.0	5.0	10.0	20.0

(2) 拟合优度检验：拟合优度检验采用克莱默-冯 · 梅赛斯统计量，首先利用排序的试验数据 $t_1<t_2<\cdots<t_i$，按下述公式计算命值：

$$c_M^2=\frac{1}{12M}+\sum_{i=1}^{M}\left[\left(\frac{t_i}{t_0}\right)^{\bar{b}}-\frac{2i-1}{2M}\right]^2 \tag{6-7}$$

$$c_M^2=\frac{1}{12M}+\sum_{i=1}^{M}\left[\left(\frac{t_i}{t_N}\right)^{\bar{b}}-\frac{2i-1}{2M}\right]^2 \tag{6-8}$$

式中，c_M^2 为拟合优度检验统计量；$\bar{b}$ 为参数 b 的无偏估计。

然后，选择拟合优度检验的显著水平 α，并根据表 6-4 查出与 M 及 α 相应的检验统计量的临界值 $c_{M,\alpha}^2$。如果 $c_M^2\leqslant c_{M,\alpha}^2$，则接受 AMSAA 模型；反之，则拒绝 AMSAA 模型。

表 6-4 克莱默-冯 · 梅赛斯统计量的 c_M^2 形式参数的临界值

M	显著水平/%				
	0.20	0.15	0.10	0.05	0.01
2	0.138	0.149	0.162	0.175	0.186
3	0.121	0.135	0.154	0.184	0.231
4	0.121	0.136	0.155	0.191	0.279
5	0.121	0.137	0.160	0.199	0.295
6	0.123	0.139	0.162	0.204	0.307
7	0.124	0.140	0.165	0.208	0.316
8	0.124	0.141	0.165	0.210	0.319
9	0.125	0.142	0.167	0.212	0.323
10	0.125	0.142	0.167	0.212	0.324
15	0.126	0.144	0.169	0.215	0.327
20	0.128	0.146	0.172	0.217	0.333
30	0.128	0.146	0.172	0.218	0.333
60	0.128	0.147	0.173	0.221	0.333
100	0.129	0.147	0.173	0.221	0.336

(3) 增长率b和参数a估计：若经分析表明有明显的增长趋势，且接受AMSAA模型，则应对可靠性增长方程计算相应的参数。如果用$(\hat{a},\hat{b})$表示(a,b)的极大似然估计，用$(\overline{a},\overline{b})$表示$(a,b)$的无偏估计，那么，当前的MTBF值可以用它们来估计，当观察到的总失效数$N<20$时，则只用a和b的无偏估计值$\overline{a}$和$\overline{b}$来估计MTBF。

对于定数截尾试验，有

$$\overline{a}=\frac{N}{t_N^{\overline{b}}}\,,\quad \overline{b}=\frac{N-2}{N}b\,,\quad b=\frac{N}{N\ln t_N-\sum_{i=1}^{M}t_i} \tag{6-9}$$

对于定时截尾试验，有

$$\overline{a}=\frac{N}{t_0^{\overline{b}}}\,,\quad \overline{b}=\frac{N-2}{N}\hat{b}\,,\quad \hat{b}=\frac{N}{N\ln t_N-\sum_{i=1}^{M}t_i} \tag{6-10}$$

(4) MTBF 的估计。因为瞬时故障率为$\lambda=abT^{b-1}$，所以在以上两种截尾试验下，λ的值分别为

$$\lambda=\overline{a}\overline{b}T^{\overline{b}-1}\,,\quad \lambda=\hat{a}\hat{b}T^{\hat{b}-1}$$

当前的 MTBF 值分别为

$$\overline{\text{MTBF}}=\left(\bar{a}\bar{b}T^{\bar{b}-1}\right)^{-1},\quad \overline{\text{MTBF}}=\left(\hat{a}\hat{b}T^{\hat{b}-1}\right)^{-1}$$

为此，可以求得产品工作 T(h)之后 MTBF 的估计值。

需要进行区间估计时，根据故障数为 N 及置信水平为γ的置信水平上限系数为$U_{N,\gamma}$ 和置信下限系数为$L_{N,\gamma}$ 值，则 MTBF 的下限值为

$$\overline{(\text{MTBF})_{\text{L}}}=\overline{\text{MTBF}}\times L_{N,\gamma},\quad \overline{(\text{MTBF})_{\text{U}}}=\overline{\text{MTBF}}\times U_{N,\gamma} \tag{6-11}$$

如果试验特性曲线出现突变点或不连续点，可分段使用 AMSAA 模型，在这种情况下，在 $T=D$ 前面的数据按定时截尾试验数据来处理，而在 $T=D$ 后面的数据，则从每次观察的失效时间中减去 D 后再单独处理即可。

2. 可靠性增长试验的最终评定

当累积试验时间达到计划的 T 时，可靠性增长试验结束。此时，跟踪过程提供了全部故障时间序列，通常是时间截尾数据，可以以此对可靠性增长试验做出评定。

1) 用杜安模型进行最终评定

(1) 参数估计。

用全部 30 个故障数据，按

$$\begin{cases} m=\dfrac{\sum\limits_{i=1}^{n}\ln t_i\ln M_i-t_n\sum\limits_{i=1}^{n}\ln M_i-M_n\sum\limits_{i=1}^{n}\ln t_i+nt_nM_n}{\sum\limits_{i=1}^{n}(\ln t_i)^2-2t_n\sum\limits_{i=1}^{n}\ln t_i+n(\ln t_n)^2} \\ a=\exp(\ln M_n-m\ln t_n) \end{cases} \tag{6-12}$$

进行最小二乘法拟合，得到参数估计值

$$m=0.508,\quad a=1.07$$

(2) 产品最终达到的 MTBF(瞬时)的估计。

用 $t=T=1200\text{h}$ 代入

$$\text{MTBF}(t)=\frac{1}{a(1-m)}t^m$$

得

$$\text{MTBF}(1200)=69.6\text{h}$$

(3) 最终评定。

实际增长率高于计划增长率，产品可靠性已超过预期增长目标 $M_{abj}=62\text{h}$，可靠性增长试验成功。

2) 用 AMSAA 模型进行最终评定

(1) 增长趋势检验。

采用 U 检验法。

统计量 $U=-3.107$。取显著性水平 $\alpha=0.1$，通过查表可以得到 $U_{0.95}=1.65$。由于 $U<-U_{1-\alpha/2}$，在显著性水平 0.1 下，实际增长过程有明显的可靠性增长。

(2) 参数点估计。

用

$$\overline{b}=\frac{M-1}{\sum_{i=1}^{M}\ln\frac{t_s}{t_i}},\quad \overline{a}=\frac{M}{t_s^{\overline{b}}} \tag{6-13}$$

得

$$\overline{b}=0.51,\quad \overline{a}=0.82$$

这里的点估计值与用杜安模型的点估计值不相等，$1-\overline{b}=0.49$ 与 m 的估计值 0.508，稍有差异。由于最小二乘法比较粗糙，应当采用这里的估计值。

(3) 拟合优度检验。

由式(6-7)算出克莱默-冯·梅赛斯统计量 $C_{30}^2=0.0128$。取显著性水平 0.1，则有临界值 0.172。统计量观察值小于临界值，所以在 0.1 显著性水平下不能拒绝 AMSAA 模型。前面的参数点估计有效。

(4) 尺度参数的区间估计。

选置信度 $\gamma=0.9$，查下分位点 χ^2 分布表，得

$$\chi_{0.05}^2(60)=43.188,\quad \chi_{0.95}^2(60)=79.082$$

由

$$b_L=\frac{\overline{b}\,\chi_{(1-\gamma)/2}^2(2M)}{2(M-1)},\quad b_U=\frac{\overline{b}\,\chi_{(1+\gamma)/2}^2(2M)}{2(M-1)}$$

式算出 b 的置信区间

$$b_L=0.3784,\quad b_U=0.6928$$

换算成杜安模型的增长率，得出置信度为 0.9 时增长率的置信区间为(0.31，0.62)。

(5) 最终瞬时 MTBF 的估计。

用 $t_s=T=1200\text{h}$ 及点估计值 $\overline{a}$ 、$\overline{b}$ 代入

$$\overline{\theta(t_s)} = \left(\overline{ab}t_s^{\bar{b}-1}\right)^{-1}$$

求得最终 MTBF 的点估计

$$\overline{\theta(1000)} = 77.2\text{h}$$

现在来求置信度为 0.9 的最终 MTBF 的单侧置信下限，这相当于置信度为 0.8 的双侧区间估计的置信下限。查表可得 $\pi_1 = 0.687$，由 $\theta_L = \pi_1\overline{\theta(t_s)}$，$\theta_U = \pi_2\overline{\theta(t_s)}$ 得出

$$\theta_L(\text{单侧}) = 54.1\text{h}$$

(6) 最终评定。

可靠性增长试验成功，增长率比计划的高，产品通过增长试验后的 MTBF，有 90%把握不低于 54.1h。

6.4　可靠性验证试验与评定

可靠性鉴定与验收试验(reliability qualification test/reliability acceptance test，RQT/RAT)都属于统计验证试验，即验证产品是否达到了规定的可靠性要求。可靠性鉴定试验是为了确定产品的设计与要求的一致性，由订购方选择有代表性的产品是在规定的条件下在第三方实验室所做的试验，并以此作为批准定型的依据。可靠性验收试验是用以验证批量生产产品经过批量生产期间的工艺、工装、工作流程变化后的可靠性是否保持在规定的水平。

6.4.1　统计试验方案及主要参数

1. 统计试验方案类型

统计试验方案类型，如图 6-4 所示。

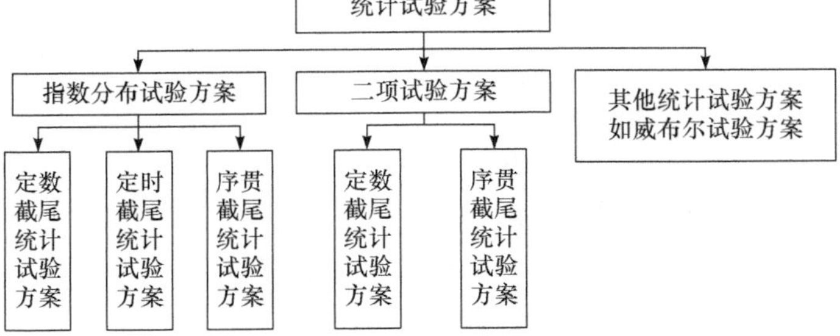

图 6-4　统计试验方案类型

2. 指数分布试验方案

1)试验方案

当产品的寿命为指数、威布尔、正态、对数正态等分布时，可采用连续型统计试验方案。目前国内外颁发的标准试验方案都属于指数分布的，如 GJB899。本书仅介绍指数分布的试验方案。它可以分为全数试验、定时截尾试验、定数截尾试验、序贯截尾试验几种。

(1) 全数试验是指对生产的每台产品都做试验。仅在极特殊情况(如出于安全或完成任务的需要)时才采用。

(2) 定时截尾试验是指事先规定试验截尾时间 t_0。利用试验数据评估产品的可靠性特征量。定时截尾试验方案的优点是事先已确定了最大的累积试验时间，便于计划管理并能对产品 MTBF 的真值做出估计，所以得到广泛的应用。

(3) 定数截尾试验是指事先规定试验截尾时的故障数。利用试验数据评估产品的可靠性特征量。由于事先不易估计所需试验时间，所以实际应用较少。

(4) 序贯截尾试验是按事先拟定的接收、拒收及截尾时间线，在试验期间，对受试产品进行连续地观测，并将累积的相关试验时间和故障数与规定的接收、拒收或继续试验的判据做比较的一种试验如图 6-5 所示。这种方案的主要优点是做出判断所要求的平均故障数和平均累积试验时间最少，因此常用于可靠性验收试验。但其缺点是随着产品质量不同，其总的试验时间差别很大，尤其对某些产品，由于不易做出接收或拒收的判断，最大累积试验时间和故障数可能会超过相应的定时截尾试验方案。

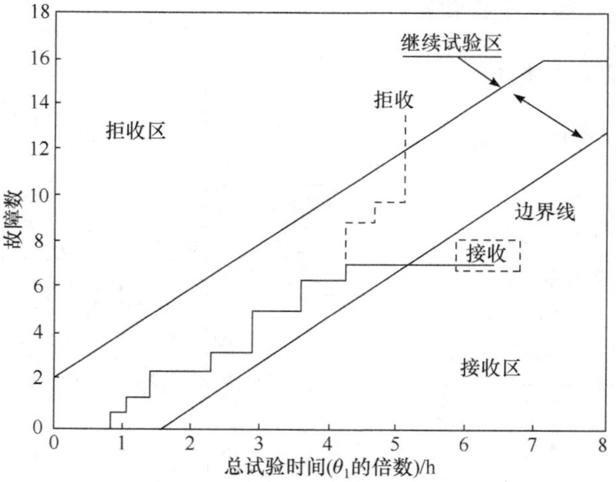

图 6-5　序贯截尾试验

2) 统计试验方案的主要参数

寿命为指数分布产品的统计试验方案中共有五个参数。

(1) MTBF 假设值的上限值θ_0，它是可以接收的 MTBF 值。当受试产品的 MTBF 真值接近θ_0时，标准试验方案以高概率接收该产品。要求受试产品的可靠性预计值$\theta_p > \theta_0$才能进行试验。

(2) MTBF 假设值的下限值θ_1。它是最低可接收的 MTBF 值。当受试产品的 MTBF 真值接近θ_0时，标准试验方案以高概率拒收该产品。按照国军标 GJB450 的规定，θ_1应等于电子产品最低可接收的 MTBF 值。

(3) 鉴别比 $d_0 d = \theta_0/\theta_1$，$d$ 越小，则做出判断所需的试验时间越长，所获得的试验信息也越多，一般取 1.5、2 或 3。

(4) 生产方风险α。当产品的 MTBF 真值等于θ_0时被拒收的概率，即本来是合格的产品被判为不合格而拒收，使生产方受损失。

(5) 使用方风险β。当产品的 MTBF 真值等于θ_1时被接收的概率，即本来是不合格的产品被判为合格而接收，使用方受损失。α、β一般在 10%～30%范围内。

3. 标准定时截尾试验方案

标准定时截尾试验方案见表 6-5。

表 6-5　标准定时截尾试验方案

方案号	判决风险/%				鉴别比 $d=\theta_0/\theta_1$	试验时间θ_1的倍数	判决故障数	
	名义值		实际值				拒收数 (⩾)R_e	接受数 (⩽)A_c
	α	β	α'	β'				
0	10	10	12.0	9.9	1.5	45	37	36
11	10	20	10.9	21.4	1.5	29.9	26	25
12	20	20	19.7	19.6	1.5	21.5	18	17
13	10	10	9.6	10.6	2.0	18.8	14	13
14	10	20	9.8	20.9	2.0	12.4	10	9
15	20	20	19.9	21.0	2.0	7.8	6	5
16	10	10	9.4	9.9	3.0	9.3	6	5
17	10	20	10.9	21.3	3.0	5.4	4	3
	20	20	17.5	19.7	3.0	4.3	3	2

注：R_e为拒收数；A_c为接受数。

4. 二项分布试验方案

(1) 试验方案。对于以可靠度或成功率为指标的重复使用或一次使用的产品，可以选用二项分布试验方案。成功率是指产品在规定的条件下试验成功的概率。

观测的成功率可以定义为在试验结束时，成功的试验次数与总试验次数的比值。成功率试验方案是基于假设每次试验在统计意义上是独立的。因此对于重复使用的产品，在两次试验之间应按规定的维护要求进行合理的维护，以保证每次试验开始时的状况和性能都相同。按照国标 GB 5080.5—85 规定。成功率试验方案有以下两种：序贯截尾和定数截尾试验。

(2) 统计试验方案的主要参数。成功率试验方案共有五个参数：①可接收的成功率 R_0，当产品的成功率真值等于 R_0 时，以高概率接收；②不可接收的成功率 R_1，当产品的成功率真值等于 R_1 时，以高概率拒收；③鉴别比 D_R，$D_R = (1-R_1)/(1-R_0)$。一般为 1.5、2、3；④生产方风险α；⑤使用方风险β，α、β一般在 10%～30%范围内。

(3) 典型的定数截尾成功率试验方案如表 6-6 所示。表中 n_f 为试验次数 r_{RE} 为拒收的失败次数。

表 6-6　定数截尾成功率试验方案

R_0	D_R	$\alpha=0.05,\beta=0.05$		$\alpha=0.10,\beta=0.10$		$\alpha=0.20,\beta=0.20$		$\alpha=0.30,\beta=0.30$	
		n_f	r_{RE}	n_f	r_{RE}	n_f	r_{RE}	n_f	r_{RE}
0.9900	1.50	5320	66	3215	40	1428	18	540	7
	1.75	2581	35	1607	22	714	10	272	4
	2.00	1567	23	945	14	453	7	180	3
	3.00	521	10	308	6	142	3	81	2
0.9800	1.50	2620	65	1605	40	713	18	270	7
	1.75	1288	35	770	21	356	10	136	4
	2.00	781	23	471	14	226	7	90	3
	3.00	259	10	153	6	71	3	40	2
0.9700	1.50	1720	64	1044	29	450	17	180	7
	1.75	835	34	512	21	237	10	90	4
	2.00	519	23	313	14	150	7	60	3
	3.00	158	9	101	6	47	3	27	2

5. 选择试验方案的原则

(1) 如果必须通过试验对 MTBF 的真值进行估计或需要预先确定试验总时间和费用，宜选用定时截尾试验方案。所以一般可靠性鉴定试验较多选用此种方案。

(2) 如仅需以预定的判决风险率(α、β)对假设的 MTBF 值(θ_0 或/θ_1)作判决，不需要事先确定总试验时间时，则可选用序贯截尾试验方案。因此一般可靠性验收试验选用此种方案。

(3) 如果试验时间(或经费)限制，且生产方和使用方都愿意接受较高的风险率，可采用高风险率定时截尾或序贯截尾试验方案。

(4) 当必须对每台产品进行判决时，可采用全数试验方案。

(5) 对以可靠度或成功率为指标的产品，可采用成功率试验方案。该方案不受产品寿命分布的限制。

6.4.2　可靠性鉴定与验收试验的通用程序

1. 制订试验大纲和工作计划

制订试验大纲和工作计划主要包括：受试产品的说明和要求；统计试验方案的选取；试验剖面设计；故障判据、分类与统计原则；试验设备和测试仪器要求；受试产品的检测项目；试验前有关工作要求；试验过程中的监测和记录要求；数据收集和处理方法；故障处理方法；试验结束方式；试验报告要求等，并据此制订试验工作计划，明确试验进度、参试人员的分工及职责、所需试验经费等。

2. 试验的实施

(1) 开始试验。检查试验箱内是否有多余物，各出线孔是否堵好。检查完毕后，封闭箱门，按试验程序中的规定，启动试验设备。

(2) 施加试验应力。按程序施加试验剖面中规定的应力。

(3) 试验过程中的测试和监测。按试验大纲中规定的受试产品检测项目和监测、记录要求进行监测和记录。

(4) 试验中受试产品故障的判定和分类。按试验大纲规定的故障判据、分类原则进行。

(5) 试验中故障的处理。按试验大纲规定的故障处理方法进行处理。

(6) 试验结束。

3. 试验结果的评定

按试验大纲规定的故障判据和统计原则及数据处理方法，对产品的可靠性做点估计和区间估计。

(1) 寿命服从指数分布的产品。

① 点估计：

$$\hat{\theta}=\frac{T}{r} \tag{6-14}$$

式中，$\hat{\theta}$ 为 MTBF 的点估计值，h；T 为累积试验时间，h；r 为累积故障数。

② 区间估计(定时截尾试验)：

$$\theta_{\mathrm{L}}=\frac{2T}{\chi^2_{\alpha/2,2(r+1)}}，\quad \theta_{\mathrm{U}}=\frac{2T}{\chi^2_{1-\alpha,2r}} \tag{6-15}$$

式中，θ_{L} 为 MTBF 的置信下限值，h；θ_{U} 为 MTBF 的置信上限值，h；T 为累积

试验时间，h；r 为累积故障数；α为显著性水平，置信度 $C=1-\alpha$。

(2) 寿命服从二项分布的产品。

① 点估计：

$$\hat{R}=\frac{n_{\mathrm{f}}-r}{n_{\mathrm{f}}} \tag{6-16}$$

式中，$\hat{R}$ 为成功率或可靠度的点估计值；n_{f} 为试验次数；r 为失败次数。

② 区间估计：

$$\sum_{i=o}^{r} C_{n_{\mathrm{f}}}^{i}\left(1-R_{\mathrm{L}}\right)^{i} R_{\mathrm{L}}^{n-i}=\alpha \tag{6-17}$$

式中，R_{L} 为成功率或可靠度的单侧置信下限值；n_{f} 为试验次数；r 为失败次数；α为显著性水平，置信度 $C=1-\alpha$。

从式(6-17)可见，在 n_{f} 中有 r 个失败时，用迭代法计算产品成功率或可靠度置信下限是相当烦琐的，现已有表格可查。

4. 注意事项

(1) 试验方案中的θ_1或R_1应等于合同中规定的最低可接受的MTBF值或可靠度(成功率)值。

(2) 在做可靠性鉴定试验前应做可靠性预计，且预计值θ_{P}或 R_{P}，应大于试验方案中的θ_0或R_0。

(3) 对可靠性高的产品，可靠性鉴定试验所花时间和经费是相当高的，因此一般仅对关键和重要产品做鉴定试验。

(4) 受试产品应从所有产品中随机地抽取。做鉴定试验时，受试产品数一般不应小于 2 台。且事先应通过功能试验、环境试验及环境应力筛选试验。

(5) 试验剖面正确与否直接影响试验结果的可信性，应根据产品的任务剖面制定环境剖面，进而制定试验剖面。该剖面应尽量模拟产品真实的环境条件(即应采用温度、湿度和随机振动的综合应力)、工作条件及现场使用时的维护程序，即在试验期间可按规定的使用维护程序进行调整、润滑、清洗等工作。

(6) 寿命服从指数分布的产品，在可靠性鉴定或验收试验结束后，对受试产品进行整修，更换有故障的或性能降级的零部件，使其恢复到规定的技术状态并通过有关的验收程序后，仍可出厂交货。

习 题 6

1. 说出环境应力筛选试验中的温度循环和随机振动可以使潜在缺欠的产品

暴露哪些故障模式，主要筛选参数有哪些？

2. 说明可靠性增长的杜安模型使用特点。

3. 说明可靠性统计与鉴定的一般程序及可靠性统计试验的分类。

4. 键合金丝的失效一般和集成电路的金铝键合有关。当集成电路中使用金铝键合时，碳杂质可能会引起键合开裂。这常出现在高温环境中的功率晶体管和模拟电路中。针对一个新型晶体管设计一个加速寿命试验以加速键合金丝的失效。应力水平(主要是温度)是 s_1,s_2,s_3 ，其中 $s_1 > s_2 > s_3$ ，对应的样本数分别为 22、18 和 22。假设最低应力水平和正常工作条件之间的加速因子为 30，具体失效数据如表 6-7 所示。正常工作条件下的 MTTF 是多少？ $r = 1000\text{min}$ 时的晶体管可靠度是多少？

表 6-7　具体失效数据

应力等级	失效次数
s_1	428，631，725，951，1132，1235，1374，1400，1419，1510，1606，1743，1920，2066，2100，2438，2599，3352，3565，3590，4465
s_2	422，732，1430，2345，3324，3244，3345，3354，3430，3840，3959，4100，4462，4999，5320，6244，6867，8100
s_3	1267，2456，2566，3393，3824，4100，4180，4330，5177，5778，5866，6211，7010，7355，7590，7690，8244，8830，9755，10245，10401，15545

5. 对 12 个产品在 300℃进行了温度加速试验，失效时间数据如下(单位：h)：

200，240，300，360，390，450，490，550，590，640，680，730

(1) 假设可用艾林模型描述平均寿命和温度之间的关系，则温度为 40℃时预期寿命是多少？

(2) 假设产品材料的激活能是 $E_\text{a} = 0.04\text{eV}$ ，采用阿伦尼斯模型估计 40℃下的平均寿命。

6. 硅和砷化稼基片失效是加工集成电路时发生微裂纹和位错的最主要原因。基片的热疲劳裂纹扩展降低了很多电子产品的可靠性水平。集成电路制造商将 15 个样本置于 200℃下，以分钟为单位记录它们的失效时间(单位：h)为

2000，3000，4100，5000，5200，7100，8400，9200，10000，11500，12600，13400，14000+，14000+，14000+

其中的加号表示截尾时间。假设加速应力和工作条件之间的加速因子是 20，且失效时间服从瑞利分布。正常工作条件下元器件平均失效时间是多少？ $r = 20000\text{min}$ 时的可靠度是多少？

7. 表 6-8 为对某一电子器件样本在不同加速应力条件下进行试验获得的实际

失效时间子集(单位：s)。采用多元线性模型建立失效时间、温度和电压之间的关系。计算正常工作条件下(30℃和 5V)的失效时间，$E_a = 0.08\text{eV}$ 。

表 6-8　实际失效时间子集

失效时间	温度/℃	电压/V	失效时间	温度/℃	电压/V	失效时间	温度/℃	电压/V	失效时间	温度/℃	电压/V
1			1			1212			567		
2			4			1334			579		
2			5			1356			623		
73			12			1467			689		
134			17			1789			756		
145	25	26	23	234	25	1890	124	24	801	86	20
156			34			2341			891		
178			45			2445			901		
201			56			2678			998		
222			67			2987			1010		
245			79			3456			1176		

第 7 章　人机系统可靠性

7.1　人机系统概述

人机系统作为一个完整的概念，表达了人机系统设计的对象和范围，从而建立解决劳动主体和劳动工具之间矛盾的理论和方法。人机系统的关键不在于“人”或“机”本身，而在于从系统的角度，把人、机、环境因素作为一个整体来研究。人、机、环境之间的关系是人机系统研究的重点。

7.1.1　人机系统组成和发展特点

1. 概念和组成

系统是指由相互作用和相互依赖的若干组成部分组合而成的具有特定功能的有机整体。人机系统即是由人和机两个子系统构成的一个整体系统。在这个系统中，人和机相互联系、相互作用，共同完成特定的目标；同时，这个系统还受到外界环境的影响和作用。人机系统中的人是指机器的操纵者和使用者；机是指人所操纵或使用的各种机器、设备、工具或各种产品等的总称。在研究人机系统时还应当把环境看成一个重要的因素来加以考虑，即人机系统实际上是人-机-环境系统的简称。这里所说的环境是一个广义概念，不仅指纯粹的自然环境，还指人类在自然环境中，通过技术手段创造出来的作业(生活)环境。例如，在茫茫宇宙中飞行的载人飞行器内的环境等。

任何一个人机系统都应在满足“安全、高效、经济”的基础上，尽可能使人健康、舒适，实现系统的综合效能。安全是指人机系统运行中对人体不产生生理、心理危害或伤害，避免发生严重事故。人在人机系统中处于主导地位，能完成各种作业，是最灵活的积极因素。然而，人也是系统中最脆弱的，尤其在各种特殊的环境下作业，人的安全问题更为突出。因此，在考虑人机系统的综合效能时，理所当然地把安全放在第一位。高效是指人机关系的工作效率最佳，这是最根本的要求，也是人机关系应追求的目标。经济就是指人机系统在满足技术要求和确保安全、高效的条件下，尽量节约资金，保证系统整体的经济性。

人机系统包括的范围相当广泛，凡是与人发生联系的系统都属于人机系统的范畴。人机系统有简单和复杂之分，简单的人机系统如人骑自行车、木工用锯锯木等；复杂的人机系统如飞行员驾驶飞机等。人机系统可大可小，而且任何一个人机系统通常又是它所从属的一个更大的人机系统的组成部分。

在一定环境条件下，人机系统的基本架构是由人子系统、机子系统和人机交互界面组成，图 7-1 为人机系统模型。从图中可以看出，人机之间存在着信息环路，人机互相联系。这个系统是否正常工作，取决于信息传递过程能否持续有效地进行。在人机系统中，人起着主导作用。这主要反映在人的决策功能上，而人的决策错误也是导致事故发生的主要原因之一。

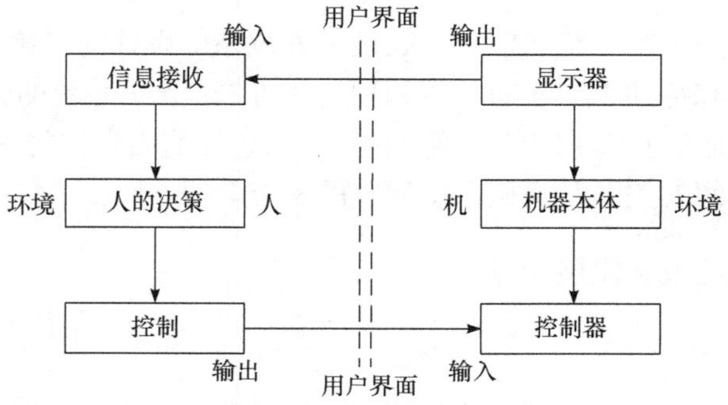

图 7-1　人机系统模型

2. 人机系统的发展特点

研究人机系统发展的主要目的是归纳总结人机系统的变化特点，以便使系统设计能符合人的生理和心理特点，提高系统的可靠性和有效性。

随着科学技术的发展进步和现代化生产系统的广泛应用，人机系统的发展变化具有如下一些特点。

(1) 科学技术进步以机器取代人的体力，这不仅延长了人的体力，也使体力消耗降低了，但是人的精神负担加重了。为了重新估计管理复杂系统对操作人员的工作负荷，必须制定新的劳动定额标准。

(2) 机器由单机作业逐渐向多功能联动机组发展，机器结构也越来越复杂，使作业者了解其运行状况和掌握操作技术的难度增加了，而且人对机器运行状态的了解需要常用编码方式。因此需要研究采取什么样的编码方式更便于操作者监控。

(3) 机械化和自动化的发展，使管理对象、监控对象及其参数的数量增加了，致使作业者对系统状态的分析复杂化。因此，需要确定人的功能限度问题。

(4) 现代生产过程使作业者直接参与和观察加工对象、控制加工过程的机会减少了，取而代之的是人与被控对象之间“插入”了一套信息传递装置。信息通常以编码方式提供，要求作业者译码，同时也以编码方式对机械系统进行控制，改变了作业者的活动方式。因此，必须研究译码和作业者的训练问题。

(5) 信息传递在时间和空间上渐趋密集化，不仅使作业者的信息接收能力、存储能力和处理能力产生较大差别，而且还使作业者对技术装备的依赖性增加。因此，必须研究相应的对策。

(6) 现代技术装备的使用，对作业者的工作速度和准确性的要求越来越高。所以，必须研究人的感知特征和限度，采取必要的应对措施。

(7) 高度自动化使作业者的作业负荷很低。人在低负荷条件下，缺少足够的信息刺激，使人产生烦躁感，警觉性降低，注意力分散，一旦出现异常信号，又会感到惊慌失措。为此，必须采取对策，保持警惕性。

(8) 航天和深海技术的发展应用，促使人们必须研究人在系统中失重与超重条件下的行为和能力问题。

7.1.2　人机系统的分类

人机系统的分类方式多种多样，根据人机的不同作用和人的参与方式不同，可将人机系统分类如下。

(1) 从反馈作用上可分为闭环系统和开环系统两种类型。闭环人机系统也称反馈控制人机系统，如图 7-2 所示，其特点是，系统的输出直接作用于系统的控制；开环人机系统如图 7-3 所示，其特点是，系统的输出不对系统的控制发生作用，所提供的反馈信息不能控制下一步的操作。

(2) 从自动化程度上可分为人工操作人机系统、半自动化人机系统及自动化人机系统三种类型。人工操作人机系统中，由人供给系统所需动力并控制整个操作过程，是以人力为动力源的人机系统；半自动化人机系统中，人作为生产过程的控制者，在操作过程中感知信息和处理信息，操纵具有动力的机具设备，它主要是以电能、机械能等作为动力的主要来源；自动化人机系统中，人通过显示器对生产过程进行监督，很少或没有干预到系统中，生产过程中的信息接收及处理全部由机械完成。

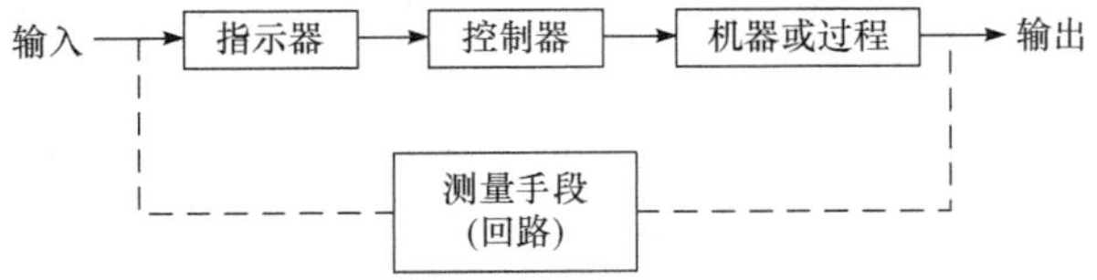

图 7-2　闭环人机系统

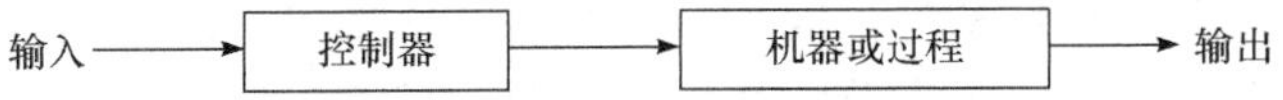

图 7-3　开环人机系统

7.1.3　人机系统的功能

人和机器在人机系统工作中所表现的功能，概括起来可分为四大部分，即接收信息、信息储存、信息处理和执行功能，如图 7-4 所示。

(1) 接收信息。信息是由人或机器的感觉功能接受的。信息的接收是通过人的感觉器官，如视觉、听觉和触觉等来完成的；对机器来说，信息的接收则是通过机器的感觉装置，如电子、光学或机械的传感装置等来完成。当某种信息从外界输入系统时，系统内部就对信息进行加工处理，这些处理后的信息可能被储存或被输出，也可能反馈回到输入端而被重新输入，使人或机器接受新的反馈信息。接收的信息也可不经处理，而直接储存起来。

(2) 信息储存。对人来说，信息储存是靠人的记忆能力或借助于照相、录像、文字记录等方式来完成的；而对机器来说，信息储存可以用纸带、磁盘、录音带等不同载体来完成。

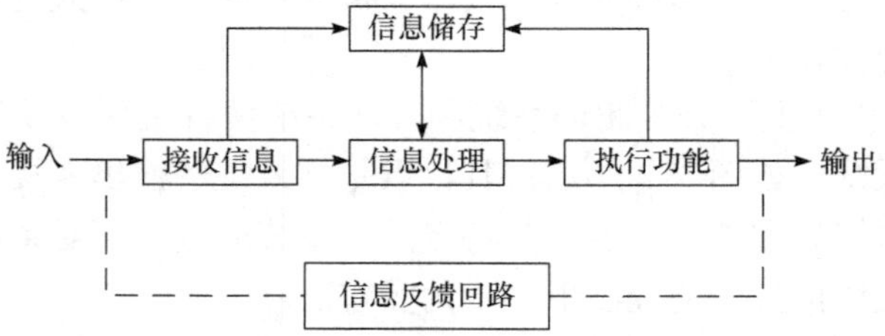

图 7-4　人机系统的功能

(3) 信息处理。信息处理即信息加工，把接收的信息，通过一定的过程(如分析、比较、演绎、推理和运算等)形成决定的功能称信息处理。信息处理的结果，是决定下一步是否行动(执行)的依据，它是人机系统的重要功能之一。

(4) 执行功能。执行功能即执行人脑或机器的指令。这种功能一般有两种：一种是由人直接操纵控制器或由机器本身产生控制作用，如操作者转动手轮、车床自动增加等；另一种是传送指令，即借助于声、光等信号，将指令从一个环节送到另一个环节。

(5) 输入与输出。被加工的信息、物体或其他形式的东西从输入端输入，经过系统过程改变了输入时的状态，形成系统的成果而输出。

(6) 信息反馈回路。在人机系统中，把系统输出端的信息重新返回输入端的功能称为信息反馈，它是系统功能的一个重要组成部分。返回的信息是继续控制的基础，也是促使机器自行调节的基础；同时，反馈可以弥补系统的不足和纠正偏离标准作业等情况。

7.1.4 系统中人、机的特点

1. 机器的特点

(1) 操作速度快，无论是机械动作还是电子运算，机器在速度上均超过人的速度。

(2) 精确度高。由于机器受自动控制，精确度高，操作误差明显比人低。

(3) 放大倍数高，运算能力强。

(4) 能量大。

(5) 能同时完成各种操作。

(6) 不会感到疲劳。

(7) 感受和反应能力一般比人要高。在受到外界干扰的条件下，人的感受和反应能力下降，而机器很少受外界影响。

(8) 能在恶劣环境下工作。

(9) 信息传递能力强。

(10) 记忆速度快、记忆容量大、保持能力强。

(11) 能进行短暂的信息储存且信息抹掉后不留任何“记忆”。

2. 人的特点

(1) 能进行归纳、推理和判断，自动维修能力强。就人脑而言，其可靠度远远超过机器，但在疲劳及紧急事态下，则会变得不可靠。

(2) 人最重要的特点是有感情、意识和个性，具有能动性，能继承历史、文化和精神遗产。人接受社会的影响，有明显的社会性。

(3) 人能长期大量储存信息，随时综合利用记忆信息进行分析和判断，有创新能力。

(4) 某些感受器官目前还优于机器，如人的听觉对音色的分辨力优于机器。

(5) 学习、适应和应付突发事件的能力比机器强，人具有高度的灵活性和可塑性，能根据情境改变工作方法，应对意外事件并排除故障。

(6) 人能运用多种通道接受信息。当一种信息通道有障碍时，可用其他通道补偿，而机器只能按设计的固定结构和方法输入信息。

3. 人在人机关系中的主体地位及关系

在人类社会进入机器时代之后，原来必须由人执行的许多操作逐步被机械所代替，这就构成了更为复杂的人机关系。影响人机关系的因素又是多方面的，主要是随着科学技术的进步，因劳动条件、形式和内容等的变化而不同，如手工业为主是人为主体，人的作用是发挥技能，能源是人的体力；机械化是人机共动，人的作用是控制监督，能源是人与外部动力；半自动化则是机为主体，人的作用是强制性作业，能源全是外部动力；自动化也是机为主体，人的作用主要是监控管理，能源也全是外部动力。

人们在生产活动中，始终追求较高的劳动生产率和自身安全。为人类不断地创造各种各样的机械来代替人的劳动，则是必然趋势。然而任何机器生产系统的设计、制造、调试、控制和维修都是由人来完成的，因此要求人与机器更适当配合，以提高功效，减少事故，确保安全。即使在高度机械化、自动化的将来，人机关系中人的作用还是很重要的。在以人为主体和以机械为劳动工具的人机关系中，主要体现在机宜人和人适机的关系上。

(1) 机宜人。供人使用的机械应尽量满足人的生理、心理特征，符合人的审美观和价值观，尤其要满足人的安全需要，让人能够最大限度地发挥其功能。而现代化的机械趋于高速化、精密化和复杂化，对人的注意力和技术水平提出更高的要求。因此，设计者必须明确操纵机械的人是人机关系的主体，而不是机械的奴隶。设计者必须考虑人的身心特性，并尽量使操作者的作业条件和环境对人无害，且安全舒适。

(2) 人适机。机械的功能、结构和对作业环境的影响等，受多重因素的制约，如经济条件、技术水平以及国家法规和有关政策等，不可能也不应该要求机械设备完全适宜人的所有特性，如在单调的作业线上工作就不太宜于性格外向的人。为了安全和高效的作业，就必须对作业者进行人适机的选拔和培养。机宜人和人适机的关系是相互影响、相互促进、相互制约的，只有在经济、技术高度发达的情况下，才能使人机关系逐步达到协调和完善。

情感、意识与个性是人的最大特点，人能凭借其无限创造性和主观能动性继承人类历史的文化遗产，这是机器所不能比拟的。机器由人来设计，是为人服务的，它可以替代人的一部分劳动和思维，但永远不能代替人的一切劳动和思维。在人机系统中，机器适于承担笨重、单调、快速、规律性强等工序的操作；指令和程序的安排、系统的监督、维修、设计、创造、故障排除和应付突发事件则由人来完成。

7.2 影响人机系统可靠性的因素

人机系统的可靠性既取决于机器设备本身的可靠性，又取决于操作者的可靠性，而机器或人在工作时都会出现预想不到的故障或差错，可能引起系统故障或人身事故，影响人机系统的安全性，这是不可能完全避免的。人机系统的安全性与机器和人的可靠性密切相关。机器的可靠性不仅是评价其性能好坏的质量指标，也是衡量人机系统安全性的重要依据，为人机系统安全提供了必要的物质条件；而人的可靠性也直接影响人机系统的安全性，而且往往起主导作用。总之，人机系统是由人、机(含环境)等子系统组成，它的可靠性取决于其各个子系统的可靠性。人机系统，作为人和机器的有机结合，在充分发挥个体优势的同时，个体间只有配合，取长补短，才能使整个系统处于最佳状态，而这也正是构成人机系统时所期望的。因而，下面将从人、机两个角度分别探索影响人机系统可靠性的因素。

7.2.1　影响人员可靠性的因素

人的可靠性可定义为人在规定的最小时间限度内，系统工作的任何阶段，成功地完成工作或任务的概率。人的可靠性不仅直接影响着人机系统的安全性，而且在人机系统安全可靠性中起着主导作用，是否能充分发挥人的能动性和积极性，将直接影响到人机系统的成败。机器在人们规定的约束条件下运转，自由度较少；而人的行为受各自思想的支配，有较大的行为自由性。也就是说，机的可靠性要比人的可靠性好，所以在生产、生活活动中尤其要注意控制人的不稳定性，提高人员的可靠性。

1. 人的可靠性与压力

压力是影响人的行为及其可靠性的一个重要因素。压力是人在某种条件刺激的作用下，所产生的生理变化和情绪波动，使人在心理上所体验到的一种压迫感或威胁感。显然，一个承受过重压力的人会有较高的可能性操作失误。但实际上，压力并不完全是一种消极因素。研究表明，适度的压力对于提高工作效率、改善人的可靠性是有益的。压力过轻，任务简单且单调，反而会使人精神涣散，缺乏动力和积极性；相反，当人承受过重压力时，发生人为差错的概率比其在适度压力下工作时要高，工作效率下降。

人员工作中的压力与以下几种因素有关(也可以按它们对压力进行分类)。

(1) 与脑力工作负荷有关。当工作负荷过重时，任务要求超过了人满足这些要求的能力，会带给人很大的心理压力；同样，在低负荷的情况下，缺乏有意义的刺激，难以调动人的工作积极性，如不需动脑的工作、单调的工作、无法发挥自己的专长和技能的工作等。

(2) 与工作变动有关。职业变动的形式有机构的改组、职务的升降、重新安置等，这会破坏个人行为上、心理上和认识上的功能模式。

(3) 与工作中的挫折有关，如任务不明确、缺乏联系、官僚主义、分工不明确等导致人难以达到预定的目标。

(4) 不良的工作环境，如光线太强或太暗、气温太高或太低、振动、噪声等。

2. 人的可靠性与人的意识水平

影响人可靠性的因素极为复杂，但人为差错总是人的内在状态与外部因素相互作用的结果。人的内在状态可以用人的意识水平或大脑觉醒水平来衡量，日本的桥本邦卫将人的大脑的觉醒水平分为五个等级，如表 7-1 所列。由该表可知，人处于不同觉醒水平时，其行为的可靠性是有很大差别的。人处于睡眠状态，即 0 等级状态时，大脑的觉醒水平极低，不能从事任何作业活动，一切行为都失去了可靠性。处于第 I 等级状态时，大脑活动水平低下，反应迟钝，易于发生人为失误或差错。处于第Ⅱ、Ⅲ等级状态时，均属于正常状态。等级Ⅱ是意识的松弛阶段、大脑大部分时间处于这一状态，是人进行一般作业时大脑的觉醒状态，并应以此状态为准，设计仪表、信息显示装置等。等级Ⅲ是意识的清醒阶段，在此状态下，大脑处理信息的能力、准确决策能力、创造能力都很强，此时，人的可靠性比等级 I 时高 10 万倍，因此，重要的决策应在此状态下进行。但该状态不能持续很长时间。第Ⅳ等级为超常状态，如工厂大型设备出现故障时，操作人员的意识水平处于异常兴奋、紧张状态，此时，人的可靠性明显降低，因此，应预先设计紧急状态时的对策，并尽可能在重要设备上设置自动处理装置。

表 7-1 大脑意识水平的等级划分

等级	意识状态	注意状态	生理状态	工作能力	可靠度
0	无意识，神智丧失	无	睡眠、发呆	无	0
I	常态以下，意识模糊	不注意	疲劳、困倦、单调、醉酒(轻度)	低下，易出事故	0.9 以下
Ⅱ	正常意识的松弛阶段	无意注意	休息时、安静时或反射性活动	可进行熟练性的、重复性的或常规性的操作	0.99～0.9999
Ⅲ	正常意识的清醒阶段	有意注意	精力充沛、积极活动状态	有随机处理能力，有准确决策能力	0.999999 以上
Ⅳ	超常态，极度紧张、兴奋	注意力过分集中于某一点	惊慌失措、极度紧张	易出差错，易造成事故	0.9 以下

3. 影响人操作可靠性的因素

人的操作可靠度是把人作为研究对象，研究人在操作过程中完成规定作业的量度，即操作者在规定条件下和规定时间内正确地完成操作的概率，用 R 表示。与人的操作可靠度相对应的是人的操作不可靠度(人为失误率)F，两者为一完备事件组，有

$$R + F = 1 \tag{7-1}$$

系统设计时，应对人的操作可靠性进行分析研究，提高人的操作可靠度。影

响人的操作可靠性的因素如表 7-2 所列。

表 7-2　影响人的操作可靠性的因素

因素类型		因素
人的因素	心理因素	反应速度、信息接受能力、信息传递能力、记忆、意志、情绪、觉醒程度、注意、压力、心理疲劳、社会心理、错觉、单调性、反射条件等
	生理因素	人体尺寸、体力/耐力、视力/听力、运动机能/身体健康状况/生理疲劳状况、年龄等
	个体因素	文化水平、训练程度、熟练程度、经验、技术能力、应变能力、感觉阈限、责任心、个性、动机、生活条件、家庭关系、文化娱乐、社交、刺激、嗜好等
	操作能力	操作难度、操作经验、操作习惯、操作判断、操作能力限度、操作频率和幅度、操作连续性、操作反复性、操作准确性等
外部因素	机械因素	机械设备的功能、信息显示、信息强弱、信息识别、显示器与控制器的匹配、控制器的灵敏度、控制器的可操作性、控制器的可调性等
	环境因素	环境与作业的适应程度、气温、照明、噪声、振动、粉尘、作业空间
	管理因素	安全法规、操作规程、技术监督、检验、作业目的和作业标准、管理、教育、技术培训、信息传递方式、作业时间安排、人际关系等

7.2.2　人因失误

1. 人因失误的定义与特点

人因失误(也称人为失误)定义：人在执行规定任务时发生失误(或做了禁止的动作)而可能导致预定操作中断或引起人员伤亡和财产损坏。例如，仪表读取数字失误、操作失误等。

人因失误发生的方式如下。

(1) 人没有实现某一必要的功能任务。

(2) 实现了某一不应该实现的任务。

(3) 对某一任务做出了不适当的决策。

(4) 对某一意外事故的反应迟钝和笨拙。

(5) 没有觉察到某一危险情况。

人因失误与人的特性、机的设计质量和人机所处的环境因素有关，也与管理、教育和训练密不可分。与此同时，人因失误对系统产生的影响随不同的系统而不同，造成的后果也是不一样的，因此，必须对人因失误的特点、类型、原因以及后果加以分析。

2. 人因失误的分类

1) D · Meister 分类

D · Meister 经研究给出了系统研制的各个阶段中，常见的人因失误的类型及原因，如表 7-3 所列。

表 7-3　人因失误的类型及原因

系统研制的各阶段	失误的类型	失误的原因
设计	设计失误	不适合的功能分配 没有满足必要条件 没有进行人机工程学设计
制造	制造失误 检验失误	不正确的说明书 不正确的指示 不合理的工具 不适宜的环境 没有进行人机工程学设计 车间的布置混乱
检查	操作失误 安装失误 保养失误	不合适、不完全的技术数据 不合适的维修和保管 没有进行人机工程学设计 车间的布置混乱
操作	操作失误 安装失误 保养失误	不合适、不完全的技术数据 不合适的维修和保管 不合适的训练、技术 没有进行人机工程学设计 车间的布置混乱 不适宜的环境 超负荷的条件 工作的复杂性 人员选择的不合理

2) 按信息处理过程分类

(1) 未正确提供、传递信息。分析人因失误时，必须确认提供的信息是否有误，若有误则不能认为是操作人员的差错。

(2) 识别、确认错误。在确认提供的信息无误时，必须进一步判断人是否正确接收到这一信息、是否正确地识别这一信息。这里的识别是指对眼前出现的信号或信息的识别；确认是指操作人员积极搜寻并检查作业所需的信息。

(3) 记忆、判断错误。这类错误是指在进行记忆、判断或者意志决定的中枢处理过程中产生的差错或错误。

(4) 操作、动作错误。运动中枢系统虽正确地发出了指令，但在动作发出的途中产生错误。遗漏了动作，拿错了操作工具及弄错了操作方向等均属此类错误。

3) 从人的信息加工或者行为角度分类

(1) 失误。失误就是没有形成正确的目标或意图，是由人在信息加工层面上造成的错误。

(2) 过失。过失是人在行为实施层面上出现错误而产生的，也就是说正确的意图被错误地执行了。

(3) 遗漏。遗漏是对目标意图没有采取行动，通常与人的记忆失败有关系。

(4) 模式错误。模式错误是指操作者忘记了目前特定的操作模式，而将其他操作模式运用到当前的情形下所产生的错误。

4) 其他分类

(1) 按人因失误产生的原因可以分为随机错误、系统错误、偶发错误。

(2) 按人的因素和状态可以分为操作者差错、个性差错、系统差错和状态差错。

(3) 按作业要求可以分为遗漏了必须做的事、做了多余的事、做了违反规程的事、操作与时间不合拍。

(4) 按哈默的人因失误的理论可以分为疏忽性差错、执行性差错、多余性差错、次序性差错、时间性差错。

3. 引起人因失误的原因

一般而言，人因失误是诸多因素相互作用的结果，如图 7-5 所示。

- 人的因素
  - 正常状态：正常人的偶发过失
  - 不稳定状态
    - 生理因素(紧张、疲劳、体弱、疾病、残疾)
    - 心理因素(心理紧张、注意力降低、心理疲劳、情绪失常等)
    - 人际关系不良
  - 错觉差错(视错觉、听错觉、触错觉、本位错觉、嗅错觉)
- 环境因素
  - 不良环境(空间、照明、温度、湿度、噪声、粉尘、毒物)
  - 紧急事态
    - 异常心理状态(发呆、恐惧、惊慌失措等)
    - 非正规作业
- 技术因素
  - 判断错误
    - 信息加工差错(分析、记忆、比较、判断、决策)
    - 人员选择不当
    - 技术培训不力
    - 人机工程设计错误
    - 经验不足
  - 操作差错
    - 人员选择不当
    - 技术培训不力
    - 人机工程设计错误
    - 经验不足
- 机械因素
  - 信息显示装置差错(信号太弱、太乱、显示不正确、显示不全等)
  - 控制装置差错(灵敏度不够、调解困难、操作不便等)
  - 人机工程设计错误
  - 功能、结构、形式设计不良
- 管理因素
  - 信息传递错误，决策错误
  - 计划不周，劳动组织不严密，法规、制度不健全
  - 监督检查要求不当

图 7-5　人因失误的因素分类

依据以上知识，针对人机系统，可将人因失误(人为失误)的原因归结为以下三条。

(1) 设计机器时，对人机结合面的设计没有很好地进行人机工程研究，致使机器系统本身潜藏着操作失误的可能性，如由于显示和操纵控制装置设计不当，不符合人机工程要求，不适宜人的生理、心理及人体生物力学特性，产生错觉失误(视错觉、听错觉、触错觉等)；操纵不便，易产生疲劳；作业环境恶劣，如空间不足、温湿度不适、照明不足、振动或噪声过大等，这些都是诱发人产生失误的因素。

(2) 由于操作者本身的因素，不能与机器系统协调而导致失误。这里包括人的不稳定因素，如疲劳、体质差等生理因素和注意力不集中、情绪不稳定、单调等心理因素，使大脑觉醒水平下降；人的技术素质较低、缺乏实践经验；由于训练不足，操作技术不熟练；对设备或工具的性能、特点掌握不充分等。

(3) 安全管理不当也是产生失误的原因之一，如计划不周、决策错误；作业管理混乱，相互配合不好；监督检查不力；要求不当；信息传达错误；劳动组织不严密；安全教育、培训措施不力等。

4. 人因失误的后果及控制措施

1) 人因失误的后果

人因失误造成的后果随失误程度的不同以及机械安全设施的不同而不同，一般可归纳为四种类型。

第一种类型：由于及时纠正了人为失误，且设备有较完善的安全设施，故对设备未造成损坏，对系统运行没有影响。

第二种类型：暂时中断了计划运行，延迟了任务的完成，但设备略加修复，工作顺序略加修正，系统即可正常运行。

第三种类型：中断了计划运行，造成了设备的损坏和人员的伤亡，但系统仍可修复。

第四种类型：导致设备严重损坏，人员有较大伤亡，使系统完全失效。

一般来说，在生产、工作过程中人因失误是难以避免的，但是可以通过管理和技术上的措施降低人因失误率。预防人因失误的措施多种多样，不同的角度考虑的控制措施也不同。

2) 控制措施

(1) 从人机工程学的角度出发，减少人因失误可以从以下方面来考虑：①操作人员人因失误原因的预防性措施；②合理设计机器及安全装置；③改进人的操作和加强安全训练的措施；④运用生物节律预防事故。

(2) 从控制论原理出发，可以归纳出以下四个方面：①对操作对象的合理设计；②对环境条件的控制；③增强人的自我调节功能；④明确操作规程。

7.2.3　影响机器可靠性的因素

在人因系统中，机器设备本身的故障以及人机系统设计的协调性差而导致了许多事故的发生。因此，人们为了防止事故发生，在开始进行生产活动时，就要对机器设备的可靠性和安全性进行规划设计。

就机器设备而言，可靠性是指产品(机器、部件、零件等)在规定条件下和规定时间内完成规定功能的能力。

规定条件包括使用条件、维护条件、环境条件、储存条件和工作方式等。某些电子元器件在实验室中使用和在火箭上使用,其可靠性就可能相差几个数量级；机器在超负荷下使用和连续不断工作都会使可靠性降低；相反，产品在降额条件下使用，可靠性较高。

规定时间依据不同对象和工作目的而异，如火箭要求几秒或几分钟内工作可靠，而一台机床要求的可靠使用时间则长得多。一般来说，机器设备的可靠性随使用时间的增加而逐渐降低，使用时间越长，可靠性越低。使用时间不同，可靠性也不同。

规定功能是指机器设备本身的性能指标，也包括人方便、安全、舒适地操纵机器的使用功能。当机器和设备达到规定功能，则可靠；当产品丧失规定功能，则称其发生故障、失效或不可靠。

1. 机器故障及其原因

机器或部件的故障率是随使用时间的递增按不同使用阶段变化的。

1) 机器初始参数的变化

随着时间的推移，机器在内部和外界各种作用的影响下，将逐渐耗损工作能力。机器在使用过程中受到各种能量的作用，因而各个零部件、机构和整台机器的各种参数都会发生变化，原因如下。

(1) 周围介质能量的作用，包括执行任务的操作工人和修理工人的作用。

(2) 与机器运转以及各机构工作有关的内部能源。

(3) 在制造中积聚在机器材料和零件内的潜伏能量。

在机器工作过程中，要特别注意影响机器工作能力的能量，如机械能、热能、化学能、核能、电磁能、生物因素等。

总之，各种能量对机器及其机构都有作用和影响，并在机器内部引起人们所不希望的一系列变化过程，从而使机器的技术特性劣化。

2) 产品工作能力的降低

上面所述各种能量对机器产生作用的同时，也在机器的零部件中引起一种使得产品初期参数降低的过程。这些过程一般都和复杂的物理-化学现象紧密相连，并且使零件发生变形、磨损、断裂、腐蚀等，结果引起产品输出参数变化，最后导致故障发生。

3) 允许损伤和不允许损伤

允许损伤和不允许损伤也可以导致故障的发生。一般情况下，由于静载强度、动载强度和疲劳强度不足而造成的断裂，零件发热所产生的裂纹和在各种情况下的腐蚀都属于不允许损伤；而允许损伤主要是由于材料老化引起的。如果零件的损伤程度超过了允许的数值，机器就发生故障。而不同的机器损伤决定了不同的修理内容。零件的允许损伤一般应通过计划修理来排除，而不允许损伤所造成的零件故障，往往只能在事故修理中排除。

4) 机器运行中发生的某些过程

机器运行中发生的某些过程也会造成故障，但是这些故障同零件和连接件的损坏无关，只是因为机器的技术特性劣化并超出了允许极限。

2. 提高机器可靠性

1) 机器的本质可靠性及其设计方法

机器的本质可靠性是指在任何一个人机系统中，在特定的使用环境下，机器的设计要具有从根本上防止人的操作失误所引起的人机系统功能失常或导致人身伤害事故发生的能力。

本质可靠性设计可以采用以下方法。

(1) 连锁设计。当机器状态不允许采取某种操作时，用适当的电路或机构进行控制，避免人的操作失误而导致故障。例如，为了防止战斗机在地面走火，就可以专门设计一套机构，只有当飞机起飞后和起落架收起时，才能自动接通武器发射线路，只有这时启动发射按钮才能击发武器。而当飞机返航时，只要起落架一放下，就会自动切断武器发射线路，其结果就可完全避免飞机在地面由于人的操作失误而导致的地面走火事故的发生。

(2) 唯一性设计。唯一性设计是指机器的操作或连接只有一种状态(要求的正确位置)才能被接受，其他状态都是排斥的，这就从根本上消除了人的操作失误的可能性。

(3) 允许差错设计。在人操作失误中，相当一部分是遗忘和失误造成的，允许差错设计是指允许操作差错存在，而不危及机器的安全。例如，采取程序控制的方法，完全由操作程序(只有当前一程序完毕后才能进行下一程序的操作)进行控制就可以防止操作差错的出现。

(4) 自动化设计。机器的自动化程度越高，操作的数量和程序就越少、越简单，对操作者的技能要求也越低，因此出差错的可能性也就越小。例如，飞机飞行中的一个难点是飞机着陆，很多飞行员因为着陆技能不佳，造成飞机事故。如果是在航空母舰上降落那就更加困难，因为航空母舰在航行，海浪使甲板摇晃，因此，飞机着舰的事故率就更高。为了保证飞机着陆的安全，可设计飞机自动着陆系统。

(5) 差错显示设计。一旦出现人的操作失误，机器就会立即出现警告提示，通常有灯光显示和语音报警两种。采用差错显示装置可以加强有关操作差错的信息反馈，从而有效防止操作失误的发生。

(6) 保护性设计。保护性设计是将一些非常重要的操作部位，如机炮、火箭、导弹等的发射按钮，都用一个红色的保险盖加以保护，平时不易碰到它们。一旦需要使用，首先必须将保险盖打开，才能进行发射操作。

2) 提高机器可靠性的具体方法措施

提高机器设备可靠性的具体方法：减少机器本身故障，延长使用寿命；提高使用安全性。

(1) 减少机器故障。①采用可靠性高的元件。机器设备的可靠性取决于组成部件或零件的可靠性。因此必须加强原材料、部件及仪表等的质量控制，提高零部件的加工工艺水平和装配质量。②利用备用系统。在一定质量条件下增加备用量，尤其是厂矿的关键性设备，如电源、通风机、水泵等都应有备用的；再如矿井的主风扇、连接电动机及电源都应有备用品，以使井下通风不致因偶然事件而中断。③采用平行的并联配置系统，当其中一个部件出现故障，机器设备仍能正常工作。如果两个单元并联系统中的一个单元发生故障，则系统的可靠性就降低到只有一个单元的水平。所以为保持高可靠性，必须及时察觉故障，并能迅速更换和调整。④对处于恶劣环境下的运行设备应采取一定的保护措施，如通过温度、湿度和风速的控制来改善设备周围的条件;对有些机器设备的零部件要采用防震、防侵蚀、防辐射等防护措施。⑤降低系统的复杂程度。因为机器设备复杂程度的增加就意味着其可靠性的降低，同时机器设备的复杂操作也容易引起人为失误，增高故障率。⑥加强预防件维修。预防性检查和维修是排除事故隐患，消除机器设备潜在危险，提高机器设备可靠性的重要手段。通过检修查明，有的部件仍可继续使用；有的部件已达到使用寿命的耗损阶段，必须进行更换，否则会因为存在隐患而导致更严重的事故发生。

(2) 提高使用安全性。提高机器设备使用安全性的方法措施，主要是加强安全装置的设计，即在机器设备上配以适当的安全装置，尽量减少事故的损失，避免对人体的伤害；同时，一旦机器设备发生故障，可以起到终止事故、加强防护的作用。安全装置的种类很多，如设计安全开口、设置防护屏、加连锁装置、设置双手控制按钮、安装感应控制器、设示警装置、设应急制动开关(紧急状态下，用于停止机器设备的运转，以保证作业者的安全)、设置熔断器或设置限压阀等。因而，实际生产、生活中，要根据机器设备的具体情况来选用不同的安全装置。

7.3 人机系统可靠性分析

近年来，人机系统是安全科学研究的重要对象之一，大多数事故的发生也都涉及人机系统的状态与匹配。在当前“以人为中心”的设计思想指导下，怎样达到人与机的和谐，怎么最大限度地让机器可靠、宜人，是我们必须认真思考的。因而，对人机系统可靠性进行有效的分析、预测，进而提出相应的改进措施，就显得十分重要，同时也对产品创新设计具有指导意义。而对于人机系统分析来说，“安全性”、“可靠性”和“宜人性”是其最终落脚点。

可靠性分析是分析本单元的可靠性指标来评价人机系统中存在的事故隐患的有效途径，它的核心是通过计算出系统的可靠性指标，可进行可靠性预测、分配、优化与管理，它既包括运用于各个工程系统的共同的理论基础和计算原理，又涉及各个系统所特有的属性与特征。

7.3.1 人机系统可靠性设计

为了提高人机系统的可靠性，要合理分配人机功能，在设计过程中，要严把质量关，以保证机的可靠性，同时必须做好人员的选拔、培训和教育等工作，设法挖掘人的潜力，提高人的可靠性。另外，要加强管理，尽可能地为操作者创造一个适宜的环境，这将有助于提高人的工作效率，减轻人的疲劳状况，减少人为失误。

1. 人机系统可靠性设计原则

(1) 系统的整体可靠性原则。从系统的整体可靠性来考虑设计，而不是从系统的局部可靠性考虑。

(2) 高可靠性组成单元要素原则。系统要采用经过检验的、高可靠性单元要素来进行设计。

(3) 具有安全裕度的设计原则。由于负荷条件和环境因素随时间而变化，所以可靠度也是随时间变化的函数，并且随时间的增加，可靠度会降低。因此，设计的可靠度和有关参数应具有一定的安全裕量。

(4) 高可靠性方式原则。为提高可靠度，宜采用冗余设计、故障安全装置、自动保险装置等高可靠度结构组合方式。

(5) 标准化原则。为减少故障环节，应尽可能简化结构，尽可能采用标准化结构和方式。

(6) 高维修度原则。为便于检修故障，且在发生故障时易于快速修复；同时也为提高经济性和具有备用意义。应采用标准化零件、通用化部件、系列化设备产品。

(7) 事先进行试验和评价的原则。对于缺乏时间考验、缺乏实用经验的材料和方法,必须事先进行试验和科学评价然后再根据其可靠性和安全性而适当采用。

(8) 预测和预防的原则。要事先对系统及其组成要素的可靠性和安全性进行预测，对已发现的问题加以必要的改善，对易于发生故障或事故的薄弱环节和部位也要事先制订预防措施和应变措施。

(9) 人机工程学原则。从正确处理人-机-环境的合理关系出发，采用人类易于使用并且差错较少的方式。

(10) 技术经济性原则。不仅要考虑可靠性和安全性，还必须考虑系统的质量因素和输出功能指标，其中还包括技术功能和经济成本。

(11) 审查原则。既要进行可靠性设计，又要对设计进行可靠性审查和其他专业审查，也就是要重申和贯彻各专业各行业提出的评价指标。

(12) 整理、准备资料和交流信息原则。为便于设计工作者进行分析、设计和评价，应充分收集和整理设计者所需要的手册、数据和各种资料，供设计者进行有计划的信息交流活动，以有效地利用实践经验。

(13) 信息反馈原则。应对实际使用的经验进行分析之后，将其分析结果反馈给有关部门。

(14) 设立相应的组织机构。为实现高可靠性和高安全性的目的，应建立相应的组织机构，以便有力地推进综合管理和技术开发。

2. 人机系统可靠性设计的方法步骤

1) 人机系统可靠性设计步骤

(1) 制订为达到可靠性总体指标的各种设计方案。

(2) 分析各种设计方案的可靠性(采用的方法包括理论、经验、模拟试验等)，初步确定可靠性设计方案。

(3) 人、机功能分配与可靠度分配。

(4) 绘制人机系统图，并给予必要的说明。

(5) 试验、检测、检验计划的编制。

(6) 样机试验，发现不足，改进设计。

(7) 完成最终设计，提出包括保证可靠性等要求的设计说明书。

2) 人机系统的可靠度分配

机器与人之间的配合，要尽量使人的操作动作简便、省力，尽量避免作业者在短时间内完成许多不同的操作，使作业者的操作在其能力范围之内。在进行人与机器的功能分配时，要了解人、机各自的功能特性，并进行分析比较，从而使人机系统的整体功能达到最佳。

系统功能的分配要充分考虑人和机器的基本界限。人的基本界限包括：准确度的界限、体力的界限、知觉能力的界限、动作速度的界限。机器的基本界限包括：机器性能维持能力的界限、机器正常动作的界限、机器判断能力的界限、成本费用的界限。

人和机器各有局限性，所以人机间应当彼此协调、互相补充，如笨重、重复的工作，高温剧毒等条件，对人有危害的操作以及快速有规律的运算等都适合于机器(机器人、计算机)承担，而人则适合于安排指令和程序，对机器进行监督管理、维护修理、设计调试、革新创造、故障处理等。

在长期的实践中，人们总结了人机系统功能分配的一般原则。

(1) 比较分配原则。通过人与机器的特性比较，进行客观的和符合逻辑的分配。例如在信息处理方面，机器的特性是按预定程序能高度准确地处理数据，记忆可靠且易于提取，不会遗忘信息；人的特性是有高度的综合、归纳、联想创造的思维能力。因此在设计信息处理系统时，要根据人和机器的各自处理信息的特性来进行功能分配。

(2) 剩余分配原则。在功能分配时，首先考虑机器所能承担的系统功能，然后将剩余部分功能分配给人。在这当中，必须掌握和了解机器本身的可靠度，如果盲目地将系统功能强加于机器，则会造成系统的可靠性和安全性降低。

(3) 经济分配原则。以经济效益为原则、合理恰当地进行人机功能分配，如对某一特定功能，由机器承担时，需要重新设计、生产和制造；由人来承担时，则需要培训、支付费用等。这两者的经济效益通过比较和计算来确定功能的分配。

(4) 宜人分配原则。系统的功能分配要适合于人的生理和心理的多种需求，有意识地发挥人的技能。

(5) 弹性分配原则。即系统的某些功能可以同时分配给人或机器，这样人可以自由选择参与系统行为的程度。例如，许多控制系统可以自动完成，也可手动完成，尤其是现代计算机的控制系统，要有多种人机接口，从而实现不同程度的人机对话。

3) 人、机、环境因素的可靠性设计分析

(1) 人的操作可靠性设计。

人的可靠性设计包括以下几个方面的内容：①人的任务分析，根据系统的总任务要求和人、机、环境功能分析与分配，弄清人要完成的所有任务，并将其分解为具体操作动作；②人员配置及人与人之间的分工；③人完成任务时发生失误的可能性分析；④显示装置、操纵装置的设置对人体操作影响的分析；⑤环境因素对人的影响分析；⑥对人员的心理和生理要求、选拔人员条件与培训要求；⑦对人员的生活、休息、医疗保障等措施的安排与实行。

(2) 机器的可靠性设计。

机器的可靠性设计包括以下几个方面的内容：①安全系数的选择，静强度、疲劳强度的计算，概率设计；②冗余设计；③容错设计、失效保护设计、故障自动诊断和功能恢复能力设计；④易维修性设计；⑤人机界面与接口设计；⑥耐环境设计；⑦降额使用，即在机器设计中，对器件最大额定值的降额使用，这是提高机器可靠性的一项重要措施。

(3) 环境的可靠性设计。

环境的可靠性设计包括以下几个方面的内容：①各种环境因素的分析；②环境因素标准的降额分析；③机器所需要的人造环境条件；④人员对环境因素和生理卫生要求及环境控制、生命保障系统和个人防护装备设计。

4) 人机系统设计注意事项

在人机系统设计时，应注意以下几方面的问题。

(1) 明确人机系统的目的及实现目的的制约条件，如地理、环境、人力、财力、技术装备、技术水平等，必须具体分析，确定人机系统的类型。

(2) 提高系统的功能与可靠性，并不是独立地依靠某子系统的功能和可靠性的改善和提高，而是力求各子系统、单元间的相互匹配，使整体优化。

(3) 尽量将生产过程变为简单操作，且各种操作对作业人员不带危险性。尽量采用坐姿作业方式，并且尽量防止作业者采取不当的姿势。如果站姿作业，作业时间不宜过长。

(4) 最重要的显示器和控制器应当安排在最适宜的位置，并按机能或系统分组。有关联的显示器和控制器要呈对应关系排列。

(5) 要充分考虑人的心理因素与生理条件。

(6) 要考虑人和机器间的相互监督作用，要尽量做到：即使是人发生误动作，也不致造成事故，且还要让人知道动作的错误所在，这就是由机器监督人；当机器出现异常时，人应能准确判断异常原因，及时进行调整，使之恢复正常，这便是由人监督机器。

(7) 人机系统的分析评价是从整体系统的可靠性、安全性、舒适性，以及作业效率等进行的综合分析和评价。

7.3.2　人机系统可靠性计算

1. 人的可靠度

作为人机系统的一个重要组成部分，人的可靠性将直接影响全系统的工作可靠性。当代人机系统的事故，大部分是由人的操作不可靠造成的。而且这种事故的比例仍然在不断上升，其原因在于：①系统的日趋庞大而复杂，致使人的工作能力下降，导致人的失误增加；②虽然人的能力没下降，但是随着科学技术的不断进步，机器或系统的可靠性不断提高，而人的能力又不可能随之而提高，致使人的失误所产生的问题相对突出。因而，在人机系统的可靠性计算中着重考虑人的可靠度。

1) 人的可靠性模型

(1) 连续作业中的人的可靠性模型。

在连续作业中，人的作业特点是一直从事连续的操作活动。例如，飞行员对飞机的操纵，驾驶员对汽车的驾驶等均属于这类操作。

对这类操作，可直接用时间函数进行描述，这时，人的可靠度模型为

$$R_{\mathrm{H}} = \mathrm{e}^{-\int_0^t H(t)\mathrm{d}t} \tag{7-2}$$

式中，R_{H}为人的可靠度；t为连续工作时间；$H(t)$为工作时间内人的差错率。

(2) 不连续作业中的人的可靠性模型。

在不连续作业中，人的作业特点是从事不连续的间断操作活动。例如，汽车的换挡、制动等均属于这类操作。而且，这类操作可能是有规律的，也可能是随机的。对于这类操作，人的可靠度模型可用数学公式描述为

$$R_{\mathrm{H}} = \frac{N_{\mathrm{t}}}{N_{\mathrm{r}}} \tag{7-3}$$

式中，R_{H}为人的可靠度；N_{t}为执行操作任务的总次数；N_{r}为无差错地完成操作任务的次数。

2) 人的可靠度计算

(1) 人的基本可靠度。

系统不因人因失误发生功能降低和故障时人的成功概率称为人的基本可靠度，用R_{H1}表示。

人在进行作业操作时的基本可靠度为

$$R_{\mathrm{H1}} = a_1 a_2 a_3 \tag{7-4}$$

式中，R_{H1}为人的基本可靠度；a_1为输入可靠度，考虑感知信号失误；a_2为判断可靠度，考虑进行判断时的失误；a_3为输出可靠度，考虑输出信息时运动器官执行失误，如按错开关。

式(7-4)得出的是外部环境在理想状态下的可靠度值。a_1、a_2、a_3各值的取值范围如表 7-4 所列。

表 7-4　可靠度计算

作业类别	内容	a_1，a_2	a_3
简单	变量在 6 个以下，人机工程学上考虑全面	0.9995～0.9999	0.999
一般	变量在 10 个以下	0.9990～0.9995	0.995
复杂	变量在 10 个以上，考虑人机工程学不充分	0.990～0.999	0.990

(2) 人的作业可靠度。

考虑了外部环境因素的人的可靠度 R_{H2} 为

$$R_{H2} = 1 - b_1 b_2 b_3 b_4 b_5 (1 - R_{H1}) \tag{7-5}$$

式中，b_1 为作业时间系数；b_2 为作业操作频率系数；b_3 为作业危险度系数；b_4 为作业生理和心理条件系数；b_5 为作业环境条件系数；$1-R_{H1}$ 为作业的基本失效概率或基本不可靠度

R_{H1} 的值可通过表 7-4 及式(7-4)求出，b_1、b_2、b_3、b_4、b_5 可通过表 7-5 来确定。

表 7-5　可靠度 R_{H2} 的系数(b_1～b_5)

系数	作业时间系数 b_1	作业操作频率系数 b_2	作业危险度系数 b_3	作业生理和心理条件系数 b_4	作业环境条件系数 b_5
1.0	宽裕时间充分	适当	人身安全	良好	良好
1.0～3.0	宽裕时间不充分	连续进行	有人身危险	不良	不好
3.0～10.1	无宽裕时间	极少进行	可造成重大恶性事故	非常不好	非常不好

2. 人机系统的可靠度

人机系统一般由两个或两个以上的部件组成(机器和人等都可看成部件)。这样组成的系统的可靠度，不但与每个部件的可靠度有关，而且与各个部件在系统中的组合形式均有关。如前所述，部件在系统中的组合形式，一般有串联及冗余形式等。在进行人机系统的设计时，要具体分析，掌握不同配置方式的优势、劣势，根据不同的功能要求与目标，选用适合具体人机系统的配置方式。由于可靠度数值均小于 1，因此在串联式配置中只要有一个可靠度低的组成部分，整体系统的可靠度就比那个低的还要低；而在并联式配置中，整体系统的可靠度比任何一个组成部分的可靠度都要高。从安全角度考虑，采用串联式配置还是采用并联式配置，要根据具体情况而定。例如，甲乙二人监督机械检修，检修结束后二人都合闸送电，机械才能运转时用的是串联式配置。这样配置虽然降低了送电的可靠度，但却提高了防止事故发生的可靠度。相反，倘若为了防止断电造成的事故，

则应采用并联式配置，即只有甲、乙都断电机械才会停止运转，从而提高送电的可靠度。又如，由两个人值勤防火，一旦发生火警，其中任何一人操作按钮，都可报警并起动灭火装置，这时采用的也是并联式配置。

由以上分析可知，两个人进行监视以避免发生事故时，一般在异常状态下可以提高可靠度，但在正常状态下，却降低了不发生误操作的可靠度，也就是说增加了发生误操作的概率。然而，当人发现异常状态时，为了躲避危险，而且由于紧张、恐慌等心理状态，常会出现动摧失常现象，从这一点考虑，只要正常状态下的误操作不致造成大的危害，提高异常状态下的可靠度要比提高正常状态下不发生误操作的可靠度重要得多。

1) 人机系统结合形式及其可靠度计算

为了提高人机系统的可靠性，可采用两个人进行操作。下面介绍人机系统的四种结合形式及其可靠性计算。为介绍方便，先做如下设定：R_{H}、R_{HA}、R_{HB}为人的可靠性；R_{M}、R_{MA}、R_{MB}为机械的可靠性；R_{S1}、R_{S2}、R_{S3}、R_{S4}为系统的可靠性，示例中人、机可靠性数值均以 0.9 计算。

(1) 人机串联系统。人机串联系统如图 7-6 所示。由上述介绍可知，其可靠性计算过程为

$$R_{S1}=R_{H}R_{M}=0.9\times 0.9=0.81$$

(2) 并联冗长式。为了提高人的可靠性，由两个人进行操作，这就是常用的冗余方式，如图 7-7 所示。但人受感情等因素的支配，随时间和地点不同而有很大变化。由于人是并联的，互相间有依赖性，因而很可能使单个人的可靠性降低。假定 A 和 B 的可靠性都是 0.9，人并列冗余后的可靠性即为 0.99，因而人机系统的可靠性为 0.891。

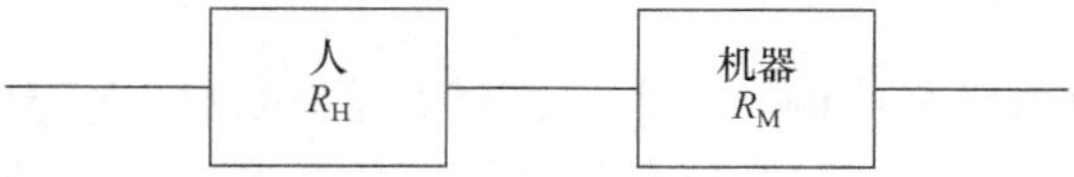

图 7-6　人机串联系统

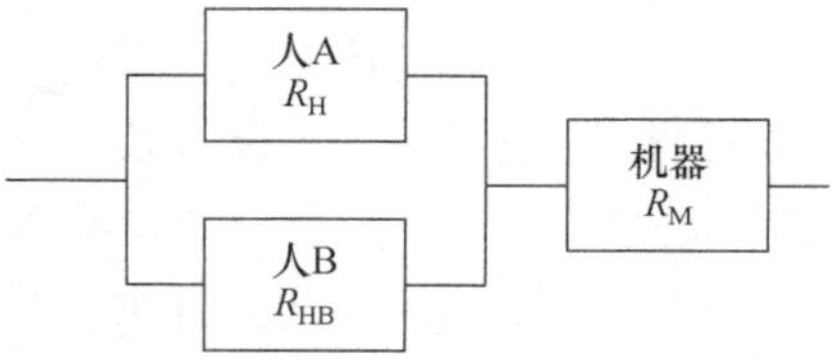

图 7-7　并联冗长式

并联冗长式系统可靠性的计算过程为

$$R_{S2}=\left[1-\left(1-R_{HA}\right)\left(1-R_{HB}\right)\right]R_{M}=0.99\times 0.9=0.891$$

(3) 待机冗长式。此结合形式如图 7-8 所示，机械全部自动化，人在自动化系统发生误差时进行修正。图中的虚线表示信息流动方向，如待机中要素和查出故障的可靠性都一样，即各为 0.9,则这种系统的可靠性为 0.981。

待机冗长式系统可靠性的计算过程为

$$R_{S3}=1-(1-R_{MA}R_{H})(1-R_{MA})=1-0.019=0.981$$

(4) 监督校核式。监督校核式是把并联冗长式中的一个人换成监督者的位置，人和监督者的关系同待机冗长式一样进行考虑。监督校核式系统如图 7-9 所示，该系统的可靠性变为 0.8829。

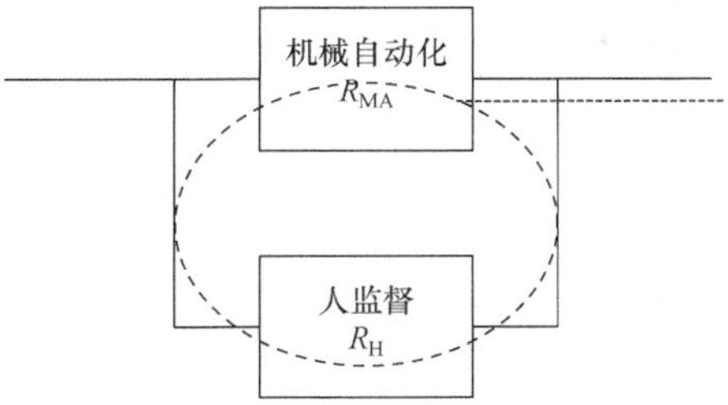

图 7-8　待机冗长式

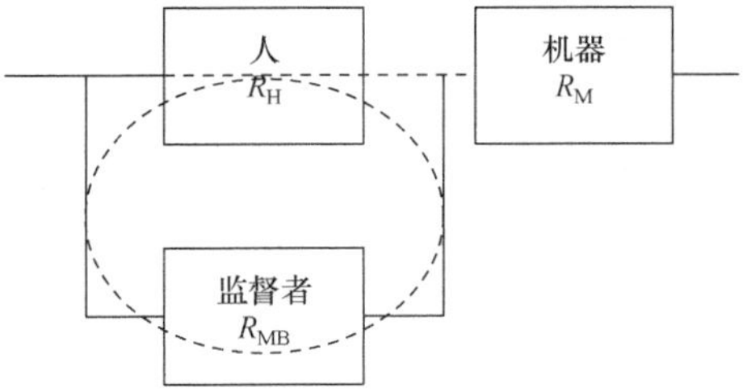

图 7-9　监督校核式

监督校核式系统可靠性的计算过程为

$$R_{S3}=\left[1-(1-R_{MB}R_{H})(1-R_{H})\right]R_{M}=0.981\times 0.9=0.8829$$

2) 提高人机系统可靠性的途径

(1) 合理进行人机功能分配，建立高效可靠的人机系统：①对系统中部件连接尽可能采用冗余的形式；②形成冗余的人机系统，系统运行中应让其有充足的多余时间，不能使系统无暇顾及运行中的错误情形，防止其失误运行；③系统运行时其运行频率应适度；④系统运行时应设置纠错装置，即使操作者出现误操作时，也不能酿成系统事故，如电脑中的纠错系统等；⑤人员应经过上岗前严格培训与考核。

(2) 减少人因失误，如前所述。

(3)对人、机及环境进行可靠性设计，如前所述。

(4)加强机器设备的维护与保养。

习　题　7

1. 什么叫人机系统？如何分类？人机系统的功能是什么？

2. 简述人机系统中人、机分别有什么特点？人机关系是什么？

3. 何谓可靠性(人的可靠性、机器的可靠性)？请结合具体的人机系统阐述人的可靠性与哪些因素有关？

4. 何为人因失误？详述为什么会产生人因失误？结合实例阐述如何减少人因失误？

5. 试结合一种具体机械，分析如何提高机器的可靠性？

6. 详述人机系统设计时应注意的问题？

7. 为什么要进行人机功能分配？其原则是什么？

参 考 文 献

[1] 郭声琨. 实施质量战略: 从 ISO9000 到 6σ. 管理世界, 2004, (12): 1-2.

[2] Marvin R. System Reliability Theory: Models, Statistical Methods, and Applications. 2ed. New York: Wiley-Interscience, 2003.

[3] Shewhart A. Applications of statistical method in engineering. Journal of the American Statistical Association, 1931, 26(173A): 214-221.

[4] AGREE. Reliability of Military Electronic Equipment. Washington: Office of the Assistant Secretary of Defense, 1957.

[5] McLinn J. A short history of reliability. Journal of the Reliability Information Analysis Center, 2011, l: 5-16.

[6] Evans R. Electronics reliability: a personal view. IEEE Transactions on Reliability, 1998, 47(3): 329-332.

[7] Rasmussen N C. The safety study and its feedback. Bulletin of the Atomic Scientists, 1975.

[8] Rasmussen N C. Methods of hazard analysis and nuclear safety engineering. Annals of the New York Academy of Sciences, 1981, 365(1): 20-36.

[9] William K, Mohammad M. A historical overview of probabilistic risk assessment development and its use in the nuclear power industry: a tribute to the late Professor Norman Carl Rasmussen. Reliability Engineering & System Safety, 2005, 89(3): 271-285.

[10] Ebeling C E. An Introduction to Reliability and Maintainability Engineering. New York: McGraw-Hill, 2008.

[11] Zio E. Reliability engineering: old problems and new challenges. Reliability Engineering and System Safety, 2009, 94: 125-141.

[12] 宋保维. 系统可靠性设计与分析. 西安: 西北工业大学出版社, 2008.

[13] 曾声奎, 赵廷弟, 张建国, 等. 系统可靠性设计分析教程. 北京: 北京航空航天大学出版社, 2000.

[14] 曹晋华, 程凯. 可靠性数学引论. 北京: 高等教育出版社, 2012.

[15] Lisnianski A, Levitin G. Multi-State System Reliability Assessment, Optimization, Application. Singapore: World Scientific, 2003.

[16] 郭波, 武小锐. 系统可靠性分析. 北京: 国防科技大学出版社, 2002.

[17] 安伟光. 结构系统可靠性和基于可靠性的优化设计. 北京: 国防工业出版社, 1997.

[18] 陈希儒. 数理统计引论. 北京: 科学出版社, 1982.

[19] 董玉革. 机械模糊可靠性设计. 北京: 机械工业出版社, 2000.

[20] 高社生, 张玲霞. 可靠性理论与工程应用. 北京: 国防工业出版社, 2002.

[21] 郭永基. 可靠性工程原理. 北京: 清华大学出版社, 2002.

[22] 何国伟, 戴慈庄. 可靠性试验技术. 北京: 国防工业出版社, 1995.

[23] 胡昌寿. 可靠性工程——设计、试验、分析、管理. 北京: 宇航工业出版社, 1989.
[24] 胡启国. 机械可靠性设计及应用. 北京: 电子工业出版社, 2014.
[25] 康锐. 可靠性维修性保障性工程基础. 北京: 国防工业出版社, 2012.
[26] 劳利斯. 寿命数据中的统计模型与方法. 茆诗松译. 北京: 中国统计出版社, 1998.
[27] 梁开武. 可靠性工程. 北京: 国防工业出版社, 2014.
[28] 刘惟信. 机械可靠性设计. 北京: 清华大学出版社, 2004.
[29] 刘惟信. 机械最优化设计. 2 版. 北京: 清华大学出版社, 1994.
[30] 刘混举. 机械可靠性设计. 北京: 科学出版社, 2012.
[31] 明志茂, 陶俊勇, 陈循, 等. 动态分布参数的贝叶斯可靠性分析. 北京: 国防工业出版社, 2011.
[32] 莫毓昌. 高可靠实时多阶段系统可靠性分析. 哈尔滨: 哈尔滨工业大学, 2008.
[33] 秦大同, 谢里阳. 现代机械设计手册: 单行本——疲劳强度与可靠性设计. 北京: 化学工业出版社, 2013.
[34] 孙志礼, 陈良玉. 实用机械可靠性设计理论与方法. 北京: 科学出版社, 2003.
[35] 王金武, 张兆国. 可靠性工程基础. 北京: 科学出版社, 2013.
[36] 唐雪梅. 武器装备小子样试验分析与评估. 北京: 国防工业出版社, 2001.
[37] 谢干跃, 宁书存, 李仲杰. 可靠性维修性保障性测试性安全性概论. 北京: 国防工业出版社, 2012.
[38] Elsayed E A. 可靠性工程. 杨舟译. 北京: 电子工业出版社, 2013.
[39] 盐见弘. 可靠性工程基础. 北京: 科学出版社, 1982.
[40] 原菊梅. 复杂系统可靠性 Petri 网建模及其智能分析方法. 北京: 国防工业出版社, 2011.
[41] Hamada M S, Wilson A G, Reese C S, et al. 贝叶斯可靠性. 曾志国译. 北京: 国防工业出版社, 2014.
[42] 张晓楠. 军用工程机械可靠性设计理论与方法. 北京: 国防工业出版社, 2014.
[43] 张增照, 潘勇. 电子可靠性预计. 北京: 科学出版社, 2007.
[44] 朱文予. 机械可靠性设计. 2 版. 上海: 上海交通大学出版社, 1997.